国家重点研发计划：高寒复杂条件混凝土坝性态仿真方法及软件与全过程防裂技术研究（2018YFC0406703）

U0224551

严寒地区

某水利枢纽工程安全监测系统鉴定及评价

朱赵辉　李新　武学毅　尚层　田振华　刘健◎著

中国水利水电出版社
www.waterpub.com.cn

·北京·

内 容 提 要

　　本书主要介绍了新疆高寒地区某水利枢纽工程概况及水文地质情况；碾压混凝土重力坝的温度控制；工程安全监测设计与施工；安全监测仪器鉴定方法和成果；碾压混凝土坝监测资料分析，包括变形监测、渗流渗压监测、应力应变监测、温度监测等；越冬层面部位监测资料综合分析；发电引水系统监测资料分析；最终对本工程进行了总体综合评价。

　　本书可供从事水利工程安全监测的技术人员、管理人员参考，也可供相关专业高等院校师生学习参考。

图书在版编目（CIP）数据

严寒地区某水利枢纽工程安全监测系统鉴定及评价 / 朱赵辉等著. -- 北京 : 中国水利水电出版社，2018.6
ISBN 978-7-5170-6601-9

Ⅰ. ①严… Ⅱ. ①朱… Ⅲ. ①水利枢纽－安全监测－研究－新疆 Ⅳ. ①TV632

中国版本图书馆CIP数据核字(2018)第144401号

书　　名	**严寒地区某水利枢纽工程安全监测系统鉴定及评价** YANHAN DIQU MOU SHUILI SHUNIU GONGCHENG ANQUAN JIANCE XITONG JIANDING JI PINGJIA	
作　　者	朱赵辉　李新　武学毅　尚层　田振华　刘健 著	
出版发行	中国水利水电出版社 （北京市海淀区玉渊潭南路 1 号 D 座　100038） 网址：www. waterpub. com. cn E - mail：sales@waterpub. com. cn 电话：(010) 68367658（营销中心）	
经　　售	北京科水图书销售中心（零售） 电话：(010) 88383994、63202643、68545874 全国各地新华书店和相关出版物销售网点	
排　　版	北京时代澄宇科技有限公司	
印　　刷	北京虎彩文化传播有限公司	
规　　格	175mm×245mm　16 开本　20.75 印张　442 千字	
版　　次	2018 年 6 月第 1 版　2018 年 6 月第 1 次印刷	
定　　价	**128.00 元**	

凡购买我社图书，如有缺页、倒页、脱页的，本社营销中心负责调换

前言

北疆严寒区某水利枢纽工程自 2004 年开始筹建，2008 年 9 月下闸蓄水，总工期约 5 年，截至目前已运行 9 年。

从工程重要性来看，本工程是具有不完全多年调节功能的控制性工程，也是重要的水源工程之一。

从工程规模来看，本工程属 I 等大（1）型工程，其主要建筑物包括碾压混凝土重力坝、副坝、泄水建筑物、发电引水系统、厂房及发电洞进水口闸井。

从地理位置来看，本水利枢纽工程地理位置纬度高，太阳辐射量小，具有气候干燥、春秋季短、夏季凉爽、冬季多严寒，气温年较差悬殊，日较差明显等特征。

从地质方面来看，坝址区位于两条大断裂挤压带内复向斜南翼，主要构造形迹有断层和裂隙。

基于以上诸多方面原因，本枢纽工程布置了较为全面的监测项目，在施工期，监测施工单位能够及时将采集到的监测数据反馈给建管局，保障了工程建设的顺利进行；在运行期，所获取的监测数据为工程的安全运行起到了保驾护航的作用，同时为其他位于高寒地区的水利工程提供了宝贵的建设和运行管理经验。

本书的编纂立意是面向从事工程安全监测的各方面技术人员，通过总结本水利枢纽安全监测项目的布置、安全监测仪器的埋设方法和监测成果，力求对其他安全监测工程和安全监测技术人员有一定的参考和使用价值，力图为我国安全监测事业拓展、深入起到推动作用。

第 1 章为概述，介绍了工程概况、工程地质及水文气象条件等。

第 2 章为碾压混凝土重力坝的温度控制，介绍了本工程温度控制的特点、难点，温度场计算成果，温控标准和主要温控措施。

第 3 章为工程安全监测设计与施工，介绍了监测设计原则、监测设计、仪器选型、仪器埋设方法、观测方案及整编方法。

第 4 章为安全监测仪器鉴定方法和成果，介绍了安全监测仪器鉴定规范规程、鉴定工具，依据本工程埋设传感器特点，制定了鉴定方法、标准和综合评价标准，介绍了本工程安全监测系统的检测成果。

第 5 章为监测资料分析方法及标准，介绍了监测资料分析规范规程、资料分析方法、监测资料中的误差及粗差处理方法。

第 6 章为环境量监测资料分析，介绍了气温和上游库水位监测资料的分析方法。

第 7 章为碾压混凝土坝变形监测资料分析，针对本工程大坝主体内埋设的各类变形监测仪器在施工期、蓄水期、运行期的长序列监测成果进行了定性和定量分析，结合大坝运行工况和工程特性总结了大坝变形规律。

第8章为碾压混凝土坝渗流渗压监测资料分析，对本工程坝基扬压力、坝体渗压、渗流量、绕坝渗流等监测资料进行了定性和定量分析，总结出大坝渗流渗压的变化规律，并指出了本工程坝基扬压力中存在的问题。

第9章为坝体混凝土应力应变监测资料分析，介绍了由混凝土实测应变计算混凝土应力的计算方法，通过定性和定量分析，揭示了不同运行工况下大坝应力变化规律。

第10章为大坝温度监测资料分析，通过对基岩、坝前库水、坝体等不同工程部位温度监测资料的分析，得出了不同部位温度变化的规律。

第11章为越冬层面部位监测资料综合分析，本工程位于高寒地区，在每一施工自然年的越冬停工层面布置了有温度计、测缝计和渗压计用以监测越冬层面这一薄弱部位，通过测缝计和渗压计监测资料反映出该部位在运行期的工作状态。

第12章为发电引水系统监测资料分析，通过以流道为主线，对引水发电系统各建筑物的变形、渗流渗压和应力应变监测资料进行深入分析，进而评价引水发电系统运行状况。

第13章为安全监测工程总体评价。

全书共计13章。第1章由朱赵辉、孙建会、顾艳玲执笔；第2章由李新、朱赵辉、田振华、程恒、周秋景执笔；第3章由尚层、李光远、武学毅、王鹏、上官瑾执笔；第4章由李新、高鹏、朱赵辉、唐斌执笔；第5章由朱赵辉、武学毅、尚静石执笔；第6章由武学毅、李秀文执笔；第7章由李新、朱赵辉、刘健、李光远、李秀文执笔；第8章由武学毅、云磊、朱赵辉、张石磊、李政锋执笔；第9章由朱赵辉、李新、上官瑾、吴浩、刘健、尚静石执笔；第10章由吴浩、贺虎、魏波、程恒、李秀文、顾艳玲执笔；第11章由刘健、杨庚银、孙建会、朱赵辉、李政锋执笔；第12章由田振华、谢小勇、高鹏、张石磊、王鹏执笔；第13章由朱赵辉、李新、尚层、孙建会执笔。全书由朱赵辉、李新、武学毅、尚层、田振华、刘健统稿。

本书编写过程中，得到新疆额尔齐斯河流域开发工程建设管理局、新疆水利水电勘测设计研究院、新疆水利水电科学研究院、南京南瑞集团公司和中国水利水电科学研究院等单位的大力支持，在此向他们表示诚挚谢意。本书定稿过程中，中国水利水电科学研究院张金接教授、葛怀光教授、窦铁生教授、夏世法教授，河海大学顾冲时教授、三峡大学黄耀英教授都提出了宝贵意见和建议，在此向他们表示诚挚谢意！

限于编者水平，书中难免存在缺点和错误，敬请广大读者批评指正。

作者

2018 年 6 月

| 目录 |

第1章 概　述

1.1　工程概况

位于北疆严寒区的某水利枢纽由碾压混凝土重力坝、溢流表孔、泄洪中孔、放水底孔、发电引水系统、电站厂房和副坝等组成。枢纽主坝采用全断面碾压混凝土重力坝，坝长1489m，主坝最大坝高121.50m，坝顶总长1570m，副坝最大坝高14.00m。水利枢纽规模为Ⅰ等大（1）型工程，大坝、副坝、泄水建筑物为1级建筑物，发电引水系统、厂房为3级建筑物，发电洞进水口按1级建筑物设计。碾压混凝土主坝及黏土心墙副坝按1000年一遇洪水设计，主坝按5000年一遇洪水校核，副坝按10000年一遇洪水校核；发电厂房按100年一遇洪水设计，200年一遇洪水校核。枢纽区地震基本烈度为Ⅶ度，主、副坝设计烈度为Ⅷ度，其余建筑物设计烈度均为Ⅶ度。枢纽水库总库容24.19亿m³，调节库容19.18亿m³，水库正常蓄水位739.00m，死水位680.00m。电站装机容量140MW，年发电量5.19亿kW·h。

泄水建筑物布置于河床坝段，从左至右依次布置表孔、底孔、中孔。表孔采用4孔，单孔堰宽12m，堰顶高程730.00m，共占5个坝段；中孔采用1孔，进口底板高程690.00m，出口孔口尺寸为5m×5m，共占1个坝段；底孔采用1孔，进口底板高程660.00m，出口孔口尺寸为4m×4m，共占1个坝段。泄水建筑物均采用连续式挑坎消能。

发电引水洞及电站地面厂房布置于右岸，电站采用1洞4机供水方式。进口闸井与大坝结合，闸井后接高压钢管。发电引水系统由进口引渠段、闸井段、斜井段、下平洞段和岔管段组成，最大洞长约466m（沿洞轴线至主厂房上游）。电站厂房布置于坝轴线下游460m处的右岸岸边。

本工程于2006年9月开工建设，2007年4月大坝开始埋设安全监测仪器，2008年9月25日导流洞下闸蓄水。安全监测自动化系统自2009年6月开始逐步实施，2010年基本完成，2011年主体工程竣工。图1.1～图1.7为工程建设期和运行期照片。

图1.1　枢纽截流现场

图 1.2　大坝混凝土浇筑

图 1.3　混凝土养护

图 1.4　施工期全貌

图 1.5　冬季保温施工

图 1.6　大坝建成远景

图 1.7　大坝泄水

1.2　工程地质

1.2.1　区域地质

1. 地形地貌

工程区地形地貌特征受北西向构造的控制与影响。北部 F_6 断裂以北地区为中山—高中山，海拔 2200.00～3000.00m，基岩裸露，地形较平坦。F_6 断裂—F_5 断裂之间为低中山区，海拔 1600.00m 左右，地形略向南西倾斜。中部 F_5 断裂—F_2 断裂之间，为中低山区，海拔 750.00～1000.00m，为库坝区的主要地貌。南部 F_2 断裂以南为丘陵区，海拔 700.00～800.00m。

沿河两岸零星发育有四级阶地，Ⅰ级阶地为堆积阶地，Ⅱ级、Ⅲ级、Ⅳ级阶地均为侵蚀基座阶地。

2. 地层岩性

中泥盆统（D_2b）：主要分布在库坝区左岸 F_2 断裂和 F_3 断裂之间、两河汇合口以上河床及两岸，为一套浅海相—滨海相中基性火山喷发岩及火山碎屑—陆源碎屑沉积建造。

下石炭统（C_1n^a）：主要分布在库区 F_3 断裂以南，为一套海陆交互相正常陆源碎屑沉积。

上石炭统（C_3K）：主要分布于 F_1 断裂与 F_2 断裂所夹的坝址区左右岸，为一套陆相—浅海相沉积物。

第三系地层为一套内陆湖泊相沉积物。

第四系地层呈零星分布，堆积于不同基底之上。

3. 地震与区域稳定性

自有历史记载以来，场区遭受的最高地震烈度为Ⅷ度，其余地震对场区的影响烈度均不大于Ⅴ度。

根据新疆防御自然灾害研究所 1998 年 3 月关于本工程坝区地震安全性评价报告结论：水库库坝区 50 年超越概率 10% 的基岩峰值加速度为 71.3g，地震基本烈度为Ⅷ度。

1.2.2　坝址区工程地质条件

1. 地形地貌

坝址区属于 F_1 断裂与 F_2 断裂之间所夹的Ⅳ级夷平面内，河谷两岸边坡左陡右缓，呈不对称 U 形谷，在高程 690.00m 段，河谷宽约 280～325m，河床宽 120～140m。

右岸Ⅲ级阶地平台宽 700m，地形略有起伏，高程 694.00～750.00m，左岸Ⅳ级阶地平台宽 600m，高程 724.00～753.00m。

2. 地层岩性

坝址区出露的地层主要为上石炭统（C_3K^{a+b}）地层和上石炭统（C_3K^c）地层及第四系地层。

（1）上石炭统（C_3K^{a+b}）。主要分布在坝址河床及左右岸平台，岩性以变质砂岩、变质砂岩夹石英片岩为主。

（2）上石炭统（C_3K^c）。主要分布坝址区右岸，岩性为深灰色斜长角闪石片岩夹角闪黑云母石英片岩，具有微细层理，片理发育，变晶结构。

（3）第四系上更新统冲积物（Q_3^{al}），主要分布在坝址区左、右岸Ⅱ级、Ⅲ级侵蚀阶地表层，岩性为冲积砂砾石层。第四系全新统（Q_4^{al}）冲积砂砾石层，分布在坝址区河床左、右岸Ⅰ级阶地及河床，厚度5～15m。

3. 地质构造

坝址区位于 F_1 断裂与 F_2 断裂挤压带内的复向斜南翼，发育的主要断裂有：F_1 断裂：分布在坝址右岸以北2.8km处，垂直通过喀喇额尔齐斯河，产状280°～290°NE∠50°～80°，破碎带宽约100m。

F_2 断裂：分布在坝址左岸距河床200～800m，产状280°NE∠85°，破碎带宽120m。

F_4 断裂：位于坝址右岸下游1.2km处斜穿河床，并通过坝右以北800m处的 $2^\#$ 副坝进入库区，破碎带宽30～70m，产状50°～75°SE∠75°。

此外，坝址区附近发育有NE、NW及EW向规模不大的小断层。同时在左坝肩还发育 F_{99}、F_{100}、F_{101} 和 F_{102} 一组缓倾角断层，产状分别为：332°NE∠13°、316°NE∠16°、300°NE∠5°～10°、340°NE∠10°。其中 F_{99}、F_{100} 和 F_{102} 断层延伸长，从坝址上游到下游均穿过了上坝线。该组断层走向与谷坡夹角约17°，倾向河床偏上游，破碎带宽3～15cm。

另在坝址区分布有4组节理，以NW、NE向两组节理最为发育，其次还发育有缓倾角节理，这些节理裂隙除风化层以外，基本都被方解石或石英充填。

4. 物理地质现象

岩体风化：坝址左岸平台强风化层厚度3～14m，弱风化层厚2.5～12m；左岸边坡强风化层水平厚3～4m，弱风化层水平厚2.5～4.0m。坝址右岸平台强风化层厚4～12m，弱风化层厚3～6m；右岸边坡强风化水平厚4～6m，弱风化层水平厚4～5m。坝址河床基岩强风化层厚2～7m，弱风化层厚2～4m。坝址左岸额尔齐斯断裂（F_2）破碎带，强风化层厚16m。

不稳定岩体：SL_1 卸荷不稳定体，分布于坝轴线左岸谷坡，不稳定岩体方量约0.96万 m^3，需削坡处理。SL_2 卸荷不稳定体，分布于坝轴线左岸上游边坡340m处的导流洞进口部位，不稳定岩体方量约2.2万 m^3，需清除。SL_3 构造不稳定岩体，分布于坝轴线右岸上游边坡440m处，不稳定体方量1.06万 m^3。

5. 水文地质条件

区内发育线状延伸的构造断裂带，多由构造角砾岩、碎裂岩构成，断层上部一般有潜水分布，当地形条件适宜时以泉的形式出露，泉眼分布亦呈线状排列。第四系堆积物孔隙潜水主要埋藏于额尔齐斯河河床砂砾石层中，渗透系数 $1.2×10^{-2}$ cm/s。

坝址区左岸平台地下水位埋深 50.80～51.38m，高于河水位 32～56m。坝址区右岸平台地下水位埋深 28.8～53.2m，高于河水位 7.9～45.0m，地下水水力坡降 5.4%～7.3%，由两岸向河床径流排泄。

坝址左岸地下水中硫酸根离子含量为 720.4～1052.8mg/L；坝址区右岸地下水中硫酸根离子含量为 689.13～1280.5mg/L。坝址区两岸地下水对普通水泥具有硫酸盐强腐蚀性。

1.2.3 坝基分段地质条件

1. 左岸坝段

左岸 $1^{\#}$～$25^{\#}$ 坝段，包括左岸台地坝段和左岸岸坡坝段，桩号 0+000.00～0+485.00，总长 485m。地基岩性主要为 C_3K^{a+b} 变质砂岩，少量为石英片岩（如 $4^{\#}$～$6^{\#}$ 坝段），岩层产状 310°～315°NE∠65°～70°。

$1^{\#}$～$7^{\#}$ 坝段（桩号 0+000.00～0+150.00）：地基岩体为弱风化（中～下部），岩石中～坚硬，完整性尚好，$V_p=3000～3500m/s$。

$8^{\#}$～$13^{\#}$ 坝段（桩号 0+150.00～0+270.00）：地基岩体为微风化～新鲜，完整性较好，$V_p=4000～4500m/s$。

$14^{\#}$～$25^{\#}$ 坝段（桩号 0+270.00～0+485.00）：岩体为微风化～新鲜，完整性好，$V_p=4000～5000m/s$。

左岸坝基中发育有少量小断层，宽度多为数厘米，且为中高倾角。对坝基抗滑稳定影响不大。坝基已进行固结灌浆，对小断层已作混凝土塞处理，其承载力、抗剪强度满足设计要求。

2. 河床坝段

河床 $26^{\#}$～$34^{\#}$ 坝段（桩号 0+485.00～0+620.00），坝基岩性为 C_3K^{a+b} 变质砂岩，中厚层状，岩层产状 315°NE∠69°，地基岩体为微风化～新鲜，$R_c=77MPa$，软化系数 0.66，抗剪强度 $c=1.01MPa$，$\varphi=48.5°$，$V_p>4000m/s$。坝基中仅有一条小断层（F_{1116}），产状 310°～320°NE∠36°，宽 2～8cm。节理有 4 组，其中 3 组为陡倾角节理，1 组为缓倾角节理，产状 290°～340°NE 或 SW∠11°～25°，节理面呈铁锈色，多闭合，充填有少量方解石脉及钙膜。节理连通率低，坝基中未形成滑动组合体，坝基抗滑稳定主要受混凝土与岩石接触面的抗剪强度控制。坝基已做固结灌浆处理，其地基强度、承载力和抗剪强度满足设计要求。

3. 右岸坝段

右岸坝段包括右岸岸坡坝段（$35^{\#}$～$44^{\#}$ 坝段）和右岸台地坝段（$45^{\#}$～$83^{\#}$ 坝

段），分布桩号 0+620.00~1+570.00，总长 950m。

$35^{\#}$~$39^{\#}$坝段（桩号 0+620.00~0+695.00）：如前所述，因受 F_{24}、F_{24-1} 断层和黄铁矿富集带的影响，该段坝基建基面比初设建基面低 3.0~21.5m。变质砂岩岩体大部为微风化~新鲜岩体，V_p=4000~5000m/s，部分为弱风化下部岩体 V_p=3000~3500m/s，地基岩体强度具有不均一性。

$40^{\#}$~$44^{\#}$坝段（桩号 0+695.00~0+780.00）：坝基岩性为变质砂岩，岩体微风化~新鲜，V_p=4000~5000m/s，有 4 组陡倾角节理发育，未见缓倾角结构面。

$45^{\#}$~$83^{\#}$坝段（桩号 0+780.00~1+570.00）：该段坝基岩性主要为变质砂岩，局部为石英片岩，为弱风化岩体，V_p=3000~4000m/s。坝基发育有 35 条规模不大的中~陡倾角断层，断层宽度一般小于 20cm。$44^{\#}$坝段的 F_{1252} 断层破碎带宽 1.7~1.8m，为此进行了混凝土塞处理；对 $48^{\#}$坝段的 F_{1249}、F_{1248}、F_{1247}、F_{1246} 形成的断层密集带，进行了挖槽、回填、钢筋网混凝土处理，对 $74^{\#}$坝段的 F_{1070} 和 $83^{\#}$坝段的 F_{1074} 断层等作了混凝土塞处理。

1.3 气象条件

本工程地理位置纬度高，太阳辐射量小，加之受准噶尔盆地古尔班通古特沙漠的影响。其特征是气候干燥、春秋季短、夏季较凉爽，冬季多严寒，气温年较差悬殊，日较差明显。

本工程区域海拔 1500.00m 以上的山区，年降水量在 300~500mm 之间。冬季山区多降大雪，积雪深，积雪时间长。夏季冰雪融化，是工程所在河流径流的主要补给来源。

根据工程所在地气象站 1961—2000 年的气象资料统计：多年平均气温 2.7℃；极端最高气温 40.1℃；极端最低气温-49.8℃；多年平均降水量 183.9mm；多年平均蒸发量 1915.1mm；多年平均水面蒸发量 1168.2mm；多年平均相对湿度 60%；多年平均雷暴日数 13.7d；多年平均日照时数 2864.5h；多年平均风速 1.8m/s；最大风速 25m/s；风向 WNW；最大积雪 75cm；最大冻土深 175cm。气象要素的年月统计见表 1.1。

1.3.1 特殊气象特征值统计

由于本工程主坝为碾压混凝土坝，因此根据碾压混凝土坝施工特点和运行特性，对相关气象资料进行了特征统计。

1.3.1.1 碾压混凝土坝温控计算所需的特殊气象特征值统计

根据大坝温控计算要求，进行特殊气象特征值统计如下：

（1）骤降：以六日之内降温不小于 6℃为标准，分一日型、二日型、三日型、四日型、五日型、六日型，对富蕴气象站 1962—2004 年日平均气温资料进行统计，得到坝址区气温、水温要素表（表 1.2），气温骤降特征表（表 1.3），按降温历时划分气温骤降类型及频率统计表（表 1.4），各月最大一次降温过程表（表 1.5）和累年各月各类型最大骤降值统计表（表 1.6）。

表 1.1　坝址区气象站气象特征统计表

项目		1月	2月	3月	4月	5月	6月	7月	8月	9月	10月	11月	12月	全年
气温	月平均气温/℃	-20.9	-17.9	-6.8	7.2	14.8	20.1	21.9	19.9	13.6	5.0	-7.0	-17.4	2.7
	极端最高气温/℃	5.1	7.7	24.5	31	34.6	37.7	40.1	38.7	35.2	28.4	18.0	10.0	40.1
	日期	31	28	31	28	25	30	4	3	5	6	2	3	4/7
	年份	1966	1963	1989	1972	1974	1992	1995	1979	1998	1990	1978	1989	1995
	极端最低气温/℃	-49.8	-46.5	-40.7	-17.7	-5.9	-0.3	4.7	0.6	-6.0	-19.3	-41.8	-47.5	-49.8
	日期	26	14	4	2	5	1	4	25	27	23	26	19	26/1
	年份	1969	1969	1971	1969	1992	1961	1972	1978	1967	2000	1987	1966	1969
降水量	多年平均降水量/mm	8.8	6.9	9.5	13.1	14.9	18.4	29.3	15.3	15.7	15.2	21.4	15.3	183.9
蒸发量	多年平均蒸发量/mm	9.0	16.2	51.4	174.2	298.9	357	355.5	316.3	203.1	97.8	26.7	9.0	1915.1
湿度	多年平均相对湿度/%	76	75	73	51	43	44	48	47	49	58	73	78	60
雷暴	多年平均雷暴日数/d	—	—	—	0.3	1.3	3.5	5.2	2.5	0.7	0.1	—	—	13.7
日照	多年平均日照时数/h	166.3	190.5	225.7	256.7	314.2	320.0	321.4	305.1	261.6	209.3	156.8	136.9	2864.5
风速风向	多年平均风速/(m·s⁻¹)	0.4	0.5	1.4	3	3.3	3.1	2.7	2.5	2.1	1.6	1.0	0.4	1.8
	最大风速及风向/(m·s⁻¹)	16 WNW	16.7 WNW	25 WNW	>20 W	>20 WNW	>20 W	>20 EW	>20 W	>20 W	>20 W	20 WNW	14 W	25 WNW
	最多风向及其频率/%	C E 78 13	C E 74 14	C W 61 14	C W 37 22	C W 33 25	C W 38 25	C W 43 23	C W 43 23	C W 51 19	C W 55 15	C E 64 3	C E 75 14	C W 54 15
冻土	最大积雪深度/cm	56	58	75	20	8	—	—	1	—	12	42	63	75
	最大冻土深度/cm	142	168	175	172	129	—	—	—	12	18	70	116	175

表1.2   本工程坝址气温、水温要素表

单位：℃

月份	1	2	3	4	5	6	7	8	9	10	11	12	全年
多年平均各月气温	−20.9	−17.9	−6.8	7.2	14.8	20.1	21.9	19.9	13.6	5.0	−7.0	−17.4	2.7
累年各月平均最高气温	−7.2	−0.7	11.5	22.0	26.0	30.7	31.8	31.5	25.7	19.1	7.2	−1.8	13.1
累年各月平均最低气温	−35.7	−37.9	−21.1	−5.2	3.3	9.6	11.3	8.7	2.3	−4.7	−19.0	−32.2	−7.2
多年平均逐月最高气温	−12.2	−8.1	1.2	14.6	22.8	27.9	29.3	28.2	22.2	13.1	0.6	−10.0	10.8
多年平均逐月最低气温	−26.3	−24.2	−13.1	0.4	7.1	12.4	14.5	12.1	6.0	−1.2	−11.9	−22.8	−3.9
累年各月极端最高气温	5.1	7.7	24.5	31.0	34.7	39.2	42.2	38.7	35.2	28.4	18.0	10.0	42.2
累年各月极端最低气温	−49.8	−46.5	−40.7	−17.7	−5.9	−0.3	4.7	0.6	−6.0	−19.3	−41.8	−47.5	−49.8
多年平均逐月日较差	14.1	16.2	14.2	14.2	15.7	15.5	14.8	16.0	16.2	14.4	12.5	12.8	14.7
多年平均逐月地面温度	−20.8	−14.4	−3.3	11.2	20.9	27.0	28.4	25.6	17.0	6.4	−5.5	−17	6.3
多年平均逐月最高地温	−7.3	−1.2	8.6	29.6	42.7	50.6	51.1	48.7	38.6	24.0	5.1	−6.6	23.7
多年平均逐月最低地温	−37.5	−28.0	−14.9	−1.9	4.0	9.5	11.7	9.0	2.6	−4.4	−15.4	−26.8	−7.1
多年平均河水温度　逐月				4.7	10.2	14.0	17.7	17.6	12.8	5.7			
多年平均河水温度　上旬				2.2	8.9	12.7	16.9	18.6	14.5	8.2			
多年平均河水温度　中旬				4.9	10.2	14.0	18.1	17.9	12.8	5.5			
多年平均河水温度　下旬				7.2	11.2	15.4	18.1	16.5	11.1	3.6			
统计年数/a				3	8	9	9	9	9	8			

表 1.3

气温骤降特征表

月份	1	2	3	4	5	6	7	8	9	10	11	12	全年
统计年数/a	43	43	43	43	43	43	43	43	43	43	43	43	43
骤降总次数/次	121	104	97	102	86	81	63	96	104	115	112	123	1204
平均年出现次数/次	2.81	2.42	2.26	2.37	2.00	1.88	1.47	2.23	2.42	2.67	2.60	2.86	28
占全年百分数/%	10.05	8.64	8.06	8.47	7.14	6.73	5.23	7.97	8.64	9.55	9.30	10.22	100
一次最大骤降值/℃	30.7	30.2	22.7	18.7	16.0	12.8	16.4	17.2	17.1	22.0	35.5	36.1	36.1
相应骤降历时/d	3	5	3	2	6	4	6	3	6	4	2	3	3
年内最多骤降次数/次	5	4	4	4	4	3	3	4	4	5	5	4	34
气温骤降幅度/℃	13.66	14.03	10.96	10.32	9.86	8.76	8.71	9.38	10.27	11.87	14.64	14.72	11.43

表 1.4   按降温历时划分气温骤降类型及频率统计表

单位：次

类型	1月	2月	3月	4月	5月	6月	7月	8月	9月	10月	11月	12月	合计	频率/%	最大降幅/℃
一日型	17	7	11	7	6	1	0	0	0	2	4	15	70	5.81	22.3
二日型	23	30	27	34	14	15	7	13	16	21	27	33	260	21.58	35.5
三日型	34	19	15	24	23	14	12	21	25	22	21	21	251	20.83	36.1
四日型	11	17	15	14	14	11	10	19	13	16	22	13	175	14.52	35.3
五日型	13	14	11	13	15	17	9	16	10	19	20	18	175	14.52	33.7
六日型	23	17	18	10	14	23	25	27	40	35	18	23	273	22.66	35.5
合计	121	104	97	102	86	81	63	96	104	115	112	123	1204	99.92	198.4

（2）寒潮：统计富蕴气象站 1962—2004 年降温过程，挑选具有代表性的 8 场典型降温过程，见表 1.7。

（3）水温：将坝址区水文站 1986—2000 年实测 9 年水温资料进行统计，得到 9 年平均各月水温及最高最低水温和年统计值，见表 1.2。

（4）地温：统计工程所在地县级气象站 1962—2004 年 43 年地面温度、地下 0.4m、0.8m、1.6m、3.2m 的不同深度各月地温，见表 1.8。

（5）辐射：统计工程所在地县级气象站 1962—2004 年多年平均各月辐射热量，经分析计算得本水利枢纽大坝辐射热量，见表 1.9。

表 1.5　　　　　　　　　　　　各月最大一次降温过程表

月份	1						
出现日期	1969 年 1 月 23—26 日（3d 降温 30.7℃）						
日期	23	24	25	26			
平均气温/℃	−12.1	−23.6	−37.0	−42.8			
月份	2						
出现日期	1974 年 2 月 16—21 日（5d 降温 30.2℃）						
日期	16	17	18	19	20	21	
平均气温/℃	−7.3	−13.5	−31.2	−17.1	−22.1	−37.5	
月份	3						
出现日期	1999 年 3 月 14—17 日（3d 降温 22.7℃）						
日期	14	15	16	17			
平均气温/℃	−2.4	−8.4	−22.9	−25.1			
月份	4						
出现日期	1984 年 4 月 23—25 日（2d 降温 18.7℃）						
日期	23	24	25				
平均气温/℃	14.3	4.5	−4.4				
月份	5						
出现日期	1981 年 5 月 19—25 日（6d 降温 16.0℃）						
日期	19	20	21	22	23	24	25
平均气温/℃	24.8	18.5	16.9	16.0	10.7	9.6	8.8
月份	6						
出现日期	1997 年 6 月 1—5 日（4d 降温 12.8℃）						
日期	1	2	3	4	5		
平均气温/℃	26.1	23.2	18.4	16.3	13.3		

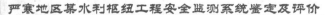

续表

月份	7						
出现日期	2004 年 7 月 14—20 日 （6d 降温 16.4℃）						
日期	14	15	16	17	18	19	20
平均气温/℃	34.3	33.4	31.1	29.4	25.2	21.3	17.9
月份	8						
出现日期	1996 年 8 月 28—31 日 （3d 降温 17.2℃）						
日期	28	29	30	31			
平均气温/℃	25.2	22.5	9.8	8.0			
月份	9						
出现日期	1967 年 9 月 19—25 日 （6d 降温 17.1℃）						
日期	19	20	21	22	23	24	25
平均气温/℃	22.4	13.7	14.9	15.1	12.4	7.6	5.3
月份	10						
出现日期	1968 年 10 月 28 日—11 月 1 日 （4d 降温 22.0℃）						
日期	28	29	30	31	1		
平均气温/℃	13.2	−0.9	−0.9	−2.8	−8.8		
月份	11						
出现日期	1987 年 11 月 23—25 日 （2d 降温 35.5℃）						
日期	23	24	25				
平均气温/℃	−2.7	−25.0	−38.2				
月份	12						
出现日期	1966 年 12 月 16—19 日 （3d 降温 36.1℃）						
日期	16	17	18	19			
平均气温/℃	−7.5	−28.1	−40.7	−43.6			

表 1.6　　　　累年各月各类型最大骤降值统计表 （1962—2004 年）　　　　单位：℃

类型	1 月	2 月	3 月	4 月	5 月	6 月	7 月	8 月	9 月	10 月	11 月	12 月	全年
一日型	19.6	19.5	14.5	15.1	11.9	8.9	7.1	12.7	12.5	14.1	22.3	21.2	22.3
二日型	27.8	25.9	20.5	18.7	13.8	10.8	12.4	15.4	16.0	17.5	35.5	33.2	35.5
三日型	30.7	26.1	22.7	15.7	15.2	12.1	12.6	17.2	16.5	17.4	33.7	36.1	36.1
四日型	28.5	26.2	21.1	16.6	14.4	12.8	14.5	14.9	14.8	22.0	32.3	35.3	35.3

类型	1月	2月	3月	4月	5月	6月	7月	8月	9月	10月	11月	12月	全年
五日型	27.5	30.2	20.2	16.3	15.4	12.3	15.5	15.7	14.8	20.7	30.5	33.7	33.7
六日型	25.1	29.4	19.5	15.3	16.0	11.5	16.4	16.0	17.1	19.4	31.9	35.5	35.5
最大	30.7	30.2	22.7	18.7	16.0	12.8	16.4	17.2	17.1	22.0	35.5	36.1	36.1
历时	3	5	3	2	6	4	6	3	6	4	2	3	5

表 1.7   典型寒潮降温过程表   单位：℃

寒潮	各日平均气温						发生日期
	第1日	第2日	第3日	第4日	第5日	第6日	
H_1	−7.5	−28.1	−40.7	−43.6			1966 年 12 月 16—19 日
H_2	−2.7	−25.0	−38.2				1987 年 11 月 23—25 日
H_3	−10.0	−12.9	−13.7	−34.9	−41.4		1976 年 12 月 20—24 日
H_4	−12.1	−23.6	−37.0	−42.8			1969 年 1 月 23—26 日
H_5	−7.3	−13.5	−31.2	−17.1	−22.1	−37.5	1974 年 2 月 16—21 日
H_6	−1.4	−8.6	−28.8	−30.2			1984 年 11 月 30 日—12 月 3 日
H_7	5.6	−9.0	−14.4	−20.3	−23.7		1993 年 11 月 11—15 日
H_8	0.8	−5.6	−21.1	−27.2			1990 年 11 月 25—28 日

表 1.8   坝址区县级气象站多年平均逐月不同深度地温统计表   单位：℃

深度	月份												全年
	1	2	3	4	5	6	7	8	9	10	11	12	
0.0m（地面）	−21	−14	−3.3	11.2	20.9	27.0	28.4	25.6	17.0	6.4	−5.5	−17	6.3
0.4m	−3.3	−3.1	0.1	8.7	16.3	22.1	24.6	23.9	19.3	11.3	3.5	−1.7	10.1
0.8m	−0.3	−1.0	0.7	6.9	13.4	18.5	21.4	21.7	19.2	13.4	6.9	2.0	10.2
1.6m	4.0	2.5	2.5	5.3	9.8	14.1	17.2	18.6	18.2	15.2	10.9	6.8	10.4
3.2m	8.4	6.7	5.6	5.7	7.4	9.9	12.4	14.3	15.4	14.9	13.2	10.8	10.4

表 1.9   坝面各月热辐射量表

月份	1	2	3	4	5	6	7	8	9	10	11	12
辐射/$(MJ \cdot m^{-2})$	190	287	476	583	715	750	730	640	492	321	184	147

1.3.1.2 该水利枢纽工程碾压混凝土坝有效施工工日统计

根据有效施工工日分析计算要求,对富蕴气象站1962—2004年实测气象资料进行多年统计,得到以下数据。

(1) 多年平均各月气温及各月最高、最低气温,多年日平均最高、最低气温及各月极值表(表1.2)。

(2) 一日型、二日型、三日型、四日型骤降值及实测最大值统计表(表1.6)。

(3) 历年各月降水量统计表(表1.10)。

(4) 历年各月不同降水量出现天数统计表(表1.11)。

表1.10　　　　　　历年各月降水量统计表(1961—2000年)　　　　单位:mm

项目	月　份												全年
	1	2	3	4	5	6	7	8	9	10	11	12	
月平均	8.8	6.9	9.5	13.1	14.9	18.4	29.3	15.3	15.7	15.2	21.4	15.3	183.9
月最大	24.6	19.4	37.2	35.4	49.9	54.9	122.9	43.5	80.9	48.2	45.5	56.1	309.3
月最小	0.8	0.6	1	0	0.6	0.8	2.7	0.6	1.8	0.2	0.9	1.3	83.4
一日最大	8.4	18.4	11.6	13.1	18	41.9	28.2	23.6	29.4	16.6	20.1	20.6	41.9

表1.11　　　　历年各月不同降水量出现天数统计表(1956—1975年)　　　　单位:d

降水量		月　份												全年
		1	2	3	4	5	6	7	8	9	10	11	12	
≥5mm	最多	2.00	3.00	3.00	4.00	5.00	2.00	5.00	4.00	4.00	3.00	4.00	3.00	23.00
	最少	0.00	0.00	0.00	0.00	0.00	0.00	0.00	0.00	0.00	0.00	0.00	0.00	3.00
	平均	0.40	0.50	0.70	1.10	0.85	0.70	1.60	1.15	1.20	0.75	1.45	0.95	0.95
≥10mm	最多	0.00	1.00	1.00	1.00	1.00	1.00	3.00	3.00	1.00	1.00	2.00	1.00	9.00
	最少	0.00	0.00	0.00	0.00	0.00	0.00	0.00	0.00	0.00	0.00	0.00	0.00	0.00
	平均	0.00	0.10	0.05	0.35	0.15	0.40	0.55	0.55	0.40	0.15	0.35	0.15	0.27
≥20mm	最多	0.00	1.00	0.00	0.00	1.00	1.00	2.00	1.00	1.00	0.00	1.00	0.00	4.00
	最少	0.00	0.00	0.00	0.00	0.00	0.00	0.00	0.00	0.00	0.00	0.00	0.00	0.00
	平均	0.00	0.05	0.00	0.00	0.05	0.05	0.15	0.15	0.05	0.05	0.00	0.05	0.05

1.3.2　冰情、水温及水化学

1.3.2.1　冰情

坝址水文站实测冰情资料统计:最早开始结冰日期为10月28日,最早开始封冻日期为11月16日,最早解冰日期为3月28日,最早全部融冰日期为4月5日,平均封冻天数为150d,最大冰厚为1.22m。最晚开始结冰日期为11月14日,最晚开始封冻日期为12月7日,最晚解冰日期为4月17日。

1.3.2.2 水温

根据水温观测资料，坝址水文站 5—10 月平均水温为 13.1℃，最高水温为 25℃。

1.3.2.3 水化学

河流上游的矿化度仅为 1.53mg/L，总硬度为 0.45，属软水。pH 值为 7.54，水的类型属阿列金分类 ClCa 型。

第2章 碾压混凝土重力坝的温度控制

2.1 温度控制特点、难点

本工程为全断面碾压混凝土重力坝，碾压混凝土中掺入大量的粉煤灰，代替了相当数量的水泥，导致了混凝土水化热温升的减少。因此，一般情况下碾压混凝土的温度控制问题并不突出，但本工程在温度控制方面有与其他工程不同的特点，主要表现如下：

（1）坝址区气候条件十分恶劣。流域处于欧亚大陆腹地，属大陆性北温及寒温带气候。根据距坝址约100km的气象站1961—2000年气象资料统计的气象特征值见表2.1。该水利枢纽工程纬度高，位于高寒地区，气温骤降会给坝体表面应力带来不利影响。

（2）从统计资料不难看出，坝区气候特点是：冬季长而寒冷，春、秋二季时间短，只有4月、10月这2个月，期间还时有寒流南下，气温变化剧烈。6—8月气温较高且干燥少雨，年温差（多年月平均最高气温与月平均最低气温相差42.8℃）与昼夜温差极大；蒸发强盛，多年平均蒸发量是多年平均降水量的10.41倍；多年平均风速1.8m/s，每年3—11月还有风速超过20～25m/s大风的记录。全年只有4—10月这7个月的时间可以进行碾压混凝土施工。

（3）建设工期安排十分紧张。根据施工进度安排，本工程碾压混凝土施工安排在开工后第3年4月1日至第5年10月31日期间进行，历时3年。由于每年11月至次年3月不能施工，所以实际施工总时间只有21个月，混凝土月平均浇筑强度达12.88万 m^3。如果扣除施工期间气温、大风、降水和法定假日等因素的影响，混凝土浇筑实际只有18个月，混凝土平均浇筑强度将达到15.0万 m^3/月。

（4）溢流坝段（22号、23号、24号、25号、26号坝段）、放水底孔坝段（27号坝段）、泄洪中孔坝段（28号坝段）和电站进水口坝段（39号坝段），结构比较复杂，影响坝体全断面碾压混凝土快速上升。

2.2 温度场计算成果分析

选取主河床最高挡水坝段、溢流坝段、中孔坝段、底孔坝段和岸坡坝段，进行三维有限元仿真分析，采取逐步优化的方法，进行各种温控方案的优化组合，对其施工期、运行期温度场和温度徐变应力场以及气温骤降引起的混凝土表面应力进行计算，下面对各典型坝段计算成果进行介绍。

2.2.1 河床坝段非稳定温度场计算成果

（1）在坝体高程 624.00～625.00m 常态混凝土垫层区，该部位为基础强约束区，因采取通仓薄层浇筑，层厚仅1m，故散热条件好，该常态混凝土垫层区最高

表 2.1　　工程所在地的县级气象站气象特征值统计表

项目	1月	2月	3月	4月	5月	6月	7月	8月	9月	10月	11月	12月	全年
月平均气温/℃	−20.9	−17.9	−6.8	7.2	14.8	20.1	21.9	19.9	13.6	5.0	−7.0	−17.4	2.7
极端最高气温/℃	5.1	7.7	24.5	31.0	34.6	37.7	40.1	38.7	35.2	28.4	18.0	10.0	40.1
极端最低气温/℃	−49.8	−46.5	−40.7	−17.7	−5.9	−0.3	4.7	0.6	−6.0	−19.3	−41.8	−47.5	−49.8
多年平均降水量/mm	8.8	6.9	9.5	13.1	14.9	18.4	29.3	15.3	15.7	15.2	21.4	15.3	183.9
多年平均蒸发量/mm	9.0	16.2	51.4	174.2	298.9	359	355.5	316.3	203.1	97.8	26.7	9.0	1915
多年平均相对湿度/%	75	75	73	51	43	44	48	47	49	58	73	78	60
多年平均风速/(m·s⁻¹)	0.4	0.5	1.4	3.0	3.3	3.1	2.7	2.5	2.1	1.6	1.0	0.4	1.8
最大风速/(m·s⁻¹)	16	16.7	25	>20	>20	>20	>20	>20	>20	>20	20	14	25
最大积雪深度/cm	56	58	75	20	8	—	—	—	—	12	42	63	75
最大冻土深度/cm	142	168	175	172	129	—	1	1	12	18	70	116	175

温度为20.99℃。按规范要求，当常态混凝土极限拉伸值不低于$0.85×10^{-4}$，浇筑块长边长度40m以上时，基础强约束区基础容许温差为16℃，该部位的稳定温度约为7℃，则该部位的最高温度允许达到23℃。河床坝段该常态混凝土垫层区最高温度都未超过23℃。

（2）在坝体高程625.00～645.00m范围内，该部位碾压混凝土位于基础强约束区。按规范要求，当碾压混凝土极限拉伸值不低于$0.70×10^{-4}$，浇筑块长边长度70m以上时，基础强约束区基础容许温差为12℃，该部位的稳定温度约为7℃，则基础强约束区的最高温度允许达到19℃。

在各坝段中该区域温度较高，主河床最高挡水坝段最高温度为31.99℃；溢流坝段最高温度为33.24℃；中孔坝段最高温度为33.15℃；底孔坝段最高温度为32.16℃。

经温控仿真计算，在各坝段中坝体温度除上游高程645.00m以下外部混凝土（上游水位不变区）和下游水位变化区（高程650.00m以下）外部混凝土的局部区域温度较高而超过规范基础强约束区基础允许温差要求外，其他部位温度基本满足规范要求。

（3）在坝体高程645.00～665.00m范围内，该部位碾压混凝土位于基础弱约束区。按规范要求，当碾压混凝土极限拉伸值不低于$0.70×10^{-4}$，浇筑块长边长度70m以上时，基础弱约束区基础容许温差为14.5℃，该部位的稳定温度约为7℃，则基础弱约束区的最高温度允许达到21.5℃。

在各坝段中该区域温度较高，主河床最高挡水坝段最高温度为33.30℃；溢流坝段最高温度为35.28℃；中孔坝段最高温度为34.52℃；底孔坝段最高温度为50.13℃，出现在底孔底板耐磨层混凝土内。

在各坝段中该区域温度较高，均超过规范基础弱约束区基础允许温差要求。经温控仿真计算，在各坝段中坝体温度除高程675.00m以下外部混凝土的局部区域温度较高而超过规范基础弱约束区基础允许温差要求外，其他区域温度基本满足规范要求。

（4）在坝体高程665.00～745.50m范围内，各坝段在该区域温度较高，最高温度均超过36℃。主河床最高挡水坝段最高温度为36.66℃，；溢流坝段最高温度为51.45℃，出现在溢流坝坝体下游耐磨层混凝土区域内；中孔坝段最高温度为54.15℃，出现在中孔底板耐磨层混凝土内；底孔坝段最高温度为43.19℃，出现在底孔底板耐磨层混凝土内。

（5）溢流坝的坝体上游防渗体和溢流坝下游耐磨层区域的混凝土温度较高，坝体上游防渗体最高温度为33.24℃，溢流坝下游耐磨层区域混凝土最高温度达51.45℃，主要原因是坝体上游防渗体和溢流坝下游耐磨层区域混凝土标号高，水泥用量大，绝热温升大，而坝体内部混凝土标号低，水泥用量少，绝热温升小。

（6）坝体中心温度场沿坝高出现两个高温区和两个低温区。高温区均在6—8月施工的部位，低温区出现在冬季停工季节以及4月和10月浇筑部位。这是因为高温季节混凝土入仓温度高，外界气温高（20～22℃），且散热条件差，导致坝体中心温度值大；低温季节混凝土入仓温度低外界气温低（5～7.2℃），且散热条件好，坝体中心温度值小；冬季停工季节，外界气温很低，最低达－20.6℃，靠近坝体表面的温度与其他部位相比较低。

（7）埋设冷却水管，水管排间距 1.5m×1.5m，浇筑后 2d 通河水冷却，通水历时 15d，坝体温度可降低 5～6℃，可见采取埋设冷却水管通河水冷却对降低坝体温度是有效的。

（8）采用保温材料进行保温，保温材料为厚 8cm 的 XPS 挤塑板，保温后的等效热交换系数 $\beta_s = 1.241\text{kJ}/(\text{m}^2 \cdot \text{h} \cdot \text{℃})$，混凝土初凝后开始保温，全年保温。经温控仿真计算，坝体温度和应力的情况将得到改善，可见采取厚 8cm 的 XPS 挤塑板保温材料进行保温是有效的。

（9）从温度等值线图可看出：坝体由表及里温度逐渐增大，靠近表面的温度梯度大，坝体内部的温度梯度小。其原因是环境温度和库水温度对坝体表层混凝土的温度影响较大，而对内部混凝土的温度影响较小。坝体内部最高温度值仅与混凝土浇筑温度和龄期有关，随着时间的推移，坝体内部同一部位的温度逐渐降低，但降温速度比较缓慢。

（10）坝体表层温度随外界环境温度变化比较明显，坝体内部温度受外界环境温度的影响很小，其温度在混凝土浇筑后一个月左右达到最高值并开始缓慢下降，而且从历时曲线可以看到水库上、下游变化对坝体表面温度有明显影响。

2.2.2 岸坡坝段非稳定温度场仿真计算成果

（1）在坝体高程 681.10～682.10m 常态混凝土垫层区，该部位为基础强约束区，因采取通仓薄层浇筑，层厚仅 1m，故散热条件好，在岸坡坝段中该常态混凝土垫层区最高温度未超过 13.62℃。按规范要求，当常态混凝土极限拉伸值不低于 0.85×10⁻⁴，浇筑块长边长度 40m 以上时，基础强约束区容许温差为 16℃，该部位的稳定温度约为 7℃，则该部位的最高温度允许达到 23℃。岸坡坝段常态混凝土垫层区最高温度满足规范要求。

（2）在坝体高程 682.10～690.70m 范围内，该部位碾压混凝土位于基础强约束区。按规范要求，当碾压混凝土极限拉伸值不低于 0.70×10⁻⁴，浇筑块长边长度在 30～70m 时，基础强约束区基础容许温差为 14.5℃，该部位的稳定温度约为 15℃，则基础强约束区的最高温度允许达到 29.5℃。

在岸坡坝段中该区域局部区域温度较高，最高温度为 32.76℃，局部区域超过基础强约束区基础容许温差要求。溢流坝段最高温度为 33.24℃；中孔坝段最高温度为 33.15℃；底孔坝段最高温度为 32.16℃。其他区域温度基本满足规范要求。

（3）在坝体高程 690.70～700.30m 范围内，该部位为基础弱约束区。按规范要求，当碾压混凝土极限拉伸值不低于 0.70×10⁻⁴，浇筑块长边长 30～70m 时，基础弱约束区基础容许温差为 16.5℃，该部位的稳定温度约为 15℃，则基础弱约束区的最高温度允许达到 31.5℃。

在岸坡坝段中该区域除个别点之局部区域温度达 32.56℃外，局部区域最高温度稍微超过规范基础弱约束区基础允许温差 1.06℃，基本满足规范要求，其他区域温度满足规范要求。

（4）在坝体高程 700.30～745.50m 范围内，该部位为非约束区，在岸坡坝段中该区域的局部区域最高温度达 40.73℃，而稍微超过允许最高温度要求外，其他区域温度基本满足允许最高温度要求。

（5）埋设冷却水管，水管排间距 1.5m×1.5m，浇筑后 2d 通河水降温，通水历时 15d，可将坝体温度降低，可见采取埋设冷却水管通河水冷却对降低坝体温度是有效的。

（6）采用保温材料进行保温，保温材料为厚 8cm 的 XPS 挤塑板，保温后的等效热交换系数 $\beta_s = 1.241$kJ/(m²·h·℃)，混凝土初凝后开始保温，全年保温。经温控仿真计算，坝体温度和应力的情况将得到改善，可见采取厚 8cm 的 XPS 挤塑板保温材料进行保温是有效的，但坝体表面最低温度在最寒冷的月份仍然在 -3℃ 左右。

（7）坝体由表及里温度逐渐增大，靠近表面的温度梯度大，坝体内部的温度梯度小。其原因是环境温度和库水温度对坝体表层混凝土的温度影响较大，而对内部混凝土的温度影响较小。坝体内部最高温度值仅与混凝土浇筑温度和龄期有关，随着时间的推移，坝体内部同一部位的温度逐渐降低，但降温速度比较缓慢。

（8）坝体表层温度随外界环境温度变化比较明显，坝体内部温度受外界环境温度的影响很小，其温度在混凝土浇筑后一个月左右达到最高值并开始缓慢下降，而且从历时曲线可以看到水库上、下游变化对坝体表面温度有明显影响。

2.2.3 寒潮引起的温度场计算成果

根据寒潮资料，假设在坝体施工过程中每年 2 月与 5 月各发生一次寒潮，2 月寒潮发生在 2 月 16—21 日，历时 6d，气温骤降 30.2℃；5 月寒潮发生在 5 月 12—18 日，历时 7d，气温骤降 9.86℃。

（1）寒潮对坝体混凝土的影响深度不大，对坝体中心温度影响很小，约降低 0.24℃。

（2）寒潮对坝体表面混凝土的拉应力影响较大，由于寒潮影响产生的拉应力将超过相应龄期的混凝土的抗拉强度。因此，应加强刚刚浇筑的混凝土表面的保护，否则，混凝土表面将会产生大量的表面裂缝。

另外，寒潮对坝体混凝土温度的影响深度一般在 1～1.5m 范围内。

（3）两次寒潮对坝体表面和坝体内部混凝土温度的影响，当 2 月寒潮发生时，由于寒潮使气温骤降 30.2℃，而使坝体表面温度由 0.32℃ 降低到 -3.59℃，温度降低 3.91℃；5 月寒潮发生时，由于寒潮的影响，坝体表面温度由 0.83℃ 降低到 1.53℃，温度降低 2.36℃。由于对混凝土表面采取了保温材料为厚 8cm 的 XPS 挤塑板保温，混凝土初凝后保温，因此寒潮对表面温度影响比没有保温时影响小得多，由此可见保温材料为厚 8cm 的 XPS 挤塑板有效的保温作用。

（4）由于混凝土表面采取了保温材料为厚 8cm 的 XPS 挤塑板保温，寒潮对坝体中心温度几乎没有影响。

2.2.4　越冬层面的温度场仿真计算成果

河床坝段第一个越冬层面高程为 645.00m，第二个越冬层面高程为 699.00m；岸坡坝段第一个越冬层面高程为 699.00m，第二个越冬层面高程为 714.00m。

在坝址区，由于冬季长时间停歇而造成越冬层面，无论在河床坝段还是在岸坡坝段，坝体长时间间歇越冬层面部位出现低温。由于冬季气温很低，尤其是上下游棱角部位处于双向散热状态，致使上下游棱角部位超冷。冬季混凝土表面温度很低，第二年春天混凝土浇筑时层面混凝土温度低，而混凝土入仓温度较高，加之水化热的影响，新浇混凝土的温度较高，因而形成了较大的上下层温差和内外温差。

因此，提高越冬层面的温度，能有效减少越冬层面的拉应力。

2.2.5　河床坝段应力场计算成果分析

对碾压混凝土重力坝进行了施工期和运行期温度徐变应力场仿真计算，根据施工期和运行期温度应力及综合应力计算成果，经分析可以看出：

（1）河床坝段基础常态混凝土垫层的温度应力均较大。

最高挡水坝段基础常态混凝土垫层施工期最大温度应力 $\sigma_{zmax}=3.60\text{MPa}$。

溢流坝段基础常态混凝土垫层施工期最大温度应力 $\sigma_{zmax}=3.38\text{MPa}$。

中孔坝段基础常态混凝土垫层施工期最大温度应力 $\sigma_{zmax}=3.31\text{MPa}$。

底孔坝段基础常态混凝土垫层施工期最大温度应力 $\sigma_{zmax}=3.39\text{MPa}$。

寒潮方案基础常态混凝土垫层施工期最大温度应力 $\sigma_{zmax}=3.61\text{MPa}$。

最高挡水坝段基础常态混凝土垫层运行期最大温度应力 $\sigma_{zmax}=3.45\text{MPa}$。

溢流坝段基础常态混凝土垫层运行期最大温度应力 $\sigma_{zmax}=2.63\text{MPa}$。

中孔坝段基础常态混凝土垫层运行期最大温度应力 $\sigma_{zmax}=3.10\text{MPa}$。

底孔坝段基础常态混凝土垫层运行期最大温度应力 $\sigma_{zmax}=3.28\text{MPa}$。

寒潮方案基础常态混凝土垫层运行期最大温度应力 $\sigma_{zmax}=3.47\text{MPa}$。

坝体基础常态混凝土垫层部位出现较大的拉应力区的主要原因是，施工期需要在垫层上面进行坝基固结灌浆，造成垫层混凝土长间歇，在外温变化及基岩约束双重作用下出现较大的拉应力。

（2）坝体因为在冬季无法施工，长时间停歇而造成越冬面，坝体在高程 645.00m（2007 年 11 月 1 日—2008 年 3 月 31 日）长间歇和高程 699.00m（2008 年 11 月 1 日—2010 年 3 月 31 日）长间歇时，坝体的温度应力、综合应力均较大。

坝体长间歇层面部位出现较大拉应力区的主要原因是，由于冬季长时间停歇而造成越冬面，尤其是上下游棱角部位过冷，造成过大的上下层温差，加之内外温差的作用，在越冬层面出现较大的拉应力。

（3）溢流坝段坝体下游面耐磨层混凝土的温度应力、综合应力均较大。溢流坝段坝体下游面耐磨层局部部位的施工期最大温度应力 $\sigma_{zmax}=3.38\text{MPa}$，施工期最大

综合应力 $\sigma_{zmax} = 2.47MPa$。

温度应力、综合应力较大的原因是下游面耐磨层混凝土标号高，绝热温升大（达 52.33℃），由于温降产生的拉应力大。

2.3 温控标准

（1）约束区划分。本工程分基础强约束区、基础弱约束区和非约束区三个区域。对河床最大坝高部位，约束区划分见表 2.2。

表 2.2 大坝约束区划分表

约束区分类	部位高程/m
基础强约束区（0~0.2）L	624.00~645.00
基础弱约束区（0.2~0.4）L	645.00~665.00
非约束区	665.00 以上

注 L 为浇筑块的长边尺寸；混凝土龄期超过 28d 按强约束区考虑。

（2）基础允许温差及坝体混凝土容许最高温度。

表 2.3 基础容许温差

坝体控制高度	基础容许温差/℃	
	常态混凝土	碾压混凝土
基础强约束区（0~0.2）L	16	12
基础弱约束区（0.2~0.4）L	19	14.5

注 L 为浇筑块的长边尺寸。

表 2.4 坝体混凝土设计容许最高温度 单位：℃

部位	区域	月份		
		4、10	5、9	6—8
常态混凝土	基础强约束区	23.0	23.5	26.0
	基础弱约束区	26.0	27.5	29.0
	非约束区（0.4L 以上）	32.0	34.0	36.0
碾压混凝土	基础强约束区	19.0	20.0	22.0
	基础弱约束区	21.5	23.0	24.5
	非约束区（0.4L 以上）	30.0	32.0	34.0

（3）上、下层混凝土的容许温差。

连续浇筑且坝体浇筑高度大于 0.5L 时，上、下层容许温差为 15~18℃。

上层混凝土高度小于 0.5L 或非连续浇筑时，应提高上、下层容许温差的标准。

（4）内外温差按 17~19℃ 控制。

（5）水管冷却容许温差。

初期通水容许温差：15～18℃。

后期通水容许温差：20～22℃。

日冷却降温幅度：0.5～1.0℃。

上述标准要本着基础块从严、正常块从宽的原则进行选择，在规定幅度内选取。

冷却水管埋设部位：基础约束区（高程 624.00～645.00m）、坝体度汛缺口及 5—9 月浇筑的混凝土。

冷却水管的排间距及长度：排间距 1.5m×1.5m，长度小于 200m。

（6）碾压混凝土坝的稳定温度。综合考虑了水库上、下游水位变化情况及水温分布、坝址平均气温的影响，结合坝体结构特点，运用三维有限单元法计算了坝体稳定温度场。计算结果表明：坝体稳定温度平均为 6～7℃。

（7）坝体混凝土允许最高温度。根据坝体不同的部位、不同的施工时段、不同的施工时间歇、混凝土温差控制标准、气温以及坝体稳定温度等因素综合考虑，确定坝体混凝土容许最高温度见表 2.5。

表 2.5　　　　　　　　　　坝体混凝土设计容许最高温度　　　　　　　　单位：℃

部位	区域	月 份		
		4、10	5、9	6—8
常态混凝土	基础强约束区	23.0	23.5	26.0
	基础弱约束区	26.0	27.5	29.0
	非约束区（0.4L 以上）	32.0	34.0	36.0
碾压混凝土	基础强约束区	19.0	20.5	22.0
	基础弱约束区	21.5	23.0	24.5
	非约束区（0.4L 以上）	30.0	32.0	34.0
	非约束区（0.4L 以上）	30.0	32.0	34.0

（8）混凝土入仓温度控制标准。根据坝体允许最高温度计算结果，以及碾压混凝土水化热温升值（此值为 10～14℃）确定混凝土的入仓温度的控制标准见表 2.6。

表 2.6　　　　　　　　　　　　混凝土入仓温度控制标准

区域 \ 月份	4	5	6	7	8	9	10
强约束区（高程 624.00～645.00m）	自然入仓方式浇筑	≤12℃	≤12℃	≤12℃	≤12℃	≤12℃	自然入仓方式浇筑
弱约束区（高程 645.00～665.00m）	自然入仓方式浇筑	≤15℃	≤15℃	≤15℃	≤15℃	≤15℃	自然入仓方式浇筑
非约束区（高程 665.00m 以上）	自然入仓方式浇筑	自然入仓方式浇筑	≤18℃	≤18℃	≤18℃	自然入仓方式浇筑	自然入仓方式浇筑

2.4 主要温控措施

理论计算和实践都表明，碾压混凝土坝温度应力是导致坝体发生裂缝的主要因素，其他荷载引起的应力与温度应力相比相对较小，温度应力起着控制作用。虽然碾压混凝土水泥用量较少，混凝土的绝热温升较常态混凝土小，但由于碾压混凝土是多个坝段一起连续上升，只有通过顶面和上下游面散热，如不采取措施，坝体降温是一个漫长的过程，有资料表明可能需要几十年后坝体才能达到稳定温度。施工期间如果温度控制不当，一旦坝体混凝土的温度超过允许值，在基础温差、内外温差和上下层温差的作用下，混凝土将产生裂缝，使混凝土的整体性、抗渗性、耐久性受到破坏。因此，做好施工期间的温度控制，是碾压混凝土坝浇筑成败的关键，在这样恶劣气候条件下修建碾压混凝土坝，温度控制工作显得尤为重要。本工程将采取以下温控措施。

（1）施工安排。基础约束区的混凝土尽可能安排在低温季节进行施工。根据坝址区气候特点，基础混凝土安排在4月、10月浇筑较为合适。

（2）在满足混凝土设计强度前提下，尽量选用水化热低的水泥，优化混凝土配合比，加大集料粒径，但不宜大于8mm；适量掺入粉煤灰和其他混合材料减少水泥熟料用量，从而减少发热量，降低绝热温升。

（3）采取结构措施，减少基础对坝体的约束。两岸岸坡坝段和主河床坝段，坝体横缝间距采用15m；两岸台地坝段横缝间距采用30m，在30m中间设诱导缝一条。

（4）高温季节温控。本工程高温季节施工时段是每年的5—9月。高温季节温控的主要目标是控制坝体混凝土的浇筑温度，保证坝体的最高温度不超过设计允许最高温度。

1）砂石系统、拌和系统温控措施。在碾压混凝土夏季施工中，砂石系统、拌和系统温控的主要目的是控制混凝土的出机口温度，而控制混凝土出机口温度最有效、最简易的方法是控制骨料温度。骨料在每方混凝土中所占比重达90%，因此，控制骨料的温度是控制混凝土入仓温度的关键。采用的措施是：①骨料成品料堆搭设防晒棚，防止阳光直射料堆，减少阳光直射引起骨料的温升；②增加堆料高度，各料场应尽量多储备骨料以加大成品料堆高度，要求堆料高度大于10m；③利用地龙取料从料堆底部取料，在输送骨料的皮带机上设遮阳棚，并在适当位置安装喷雾装置进行喷雾；④骨料风冷。修建制冷厂，利用冷风机将冷风送至储料罐，将骨料预冷至小于7℃，骨料运送至拌和楼（料仓）由冷风机继续保温。

2）水泥、粉煤灰的温控措施。①建立水泥库。将袋装水泥、粉煤灰储存在仓库内，仓库要遮阳、干燥、通风；②水泥、粉煤灰罐表面涂刷白色漆并用白帆布外包，以反射阳光，减少水泥、粉煤灰罐的吸热；③降低水泥、粉煤灰的温度。在每个水泥、粉煤灰罐的下部锥体部位，用ϕ38mm的塑料管紧密缠绕且外用保温被将塑料管包裹严密，然后在管内通3~4℃冷水，以达到降低水泥、粉煤灰温度目的。

3）拌和用水的温控措施。采用 3～4℃冷水拌和。采取的措施是：①修建蓄水池存储拌和水，蓄水池上方搭设凉棚，挡住阳光直射，减少阳光直射引起水温的升高；②冬季储存块冰，在高温季节投入蓄水池以降低拌和水的温度；③修建制冷厂，制备 3～4℃冷水；④外加剂用冷水溶化。

4）混凝土运输过程的温控措施。①自卸汽车在运输混凝土过程中要搭设活动遮阳棚（用塑料编织布制作），避免阳光直射混凝土，防止温度倒灌，派专人负责该项工作；②加强混凝土运输的组织管理，加快混凝土的入仓速度，确保混凝土在运输过程中温度回升不超过 1℃。

5）混凝土仓内的温控措施。①在混凝土浇筑仓内上下游侧的顶部架设喷雾管，利用冷却水和高压风形成低温雾气，以改变仓内小环境，降低仓内气温，可以有效防止温度倒灌和减少 V_c 值的损失；②加快混凝土的入仓覆盖速度，缩短混凝土暴露时间，保证从拌和开始到碾压完毕的时间间隔不超过 2h；③在仓内配备可收展的保温被，在阳光直射强烈和有大风时，混凝土应做到随摊铺随碾压随用保温被覆盖，待混凝土升至环境温度且没有大风和直射阳光时，再打开保温被散热；④在高温季节在混凝土内埋设冷却水管。对 5—9 月浇筑的混凝土，进行通水冷却。冷却水管排间距 1.5m×1.5m，长度小于 200m。浇筑后 2d 通河水冷却，通水 15d。为使混凝土均匀降温，通水方向应每 0.5d 变换一次。对基础约束区（高程 624.00～645.00m）、坝体度汛缺口也应在混凝土内埋设冷却水管进行通水冷却；⑤尽量避开白天中午阳光直射的施工时段，利用早晚和夜间低温时段浇筑混凝土。当气温超过 25℃时，停止混凝土浇筑；⑥混凝土达到终凝，及时进行薄层流水养护，削减水化热温升，降低混凝土的最高温度。养护时间不少于 28d。

（5）大坝越冬保护措施。本工程施工期为每年 4—10 月，11 月进入负温期，此时混凝土浇筑龄期较短，强度较低，而混凝土内部水化热温升导致坝体内外温差很大。理论研究和国内外的工程实践都表明，由于混凝土的内外温差，在严寒地区修建的碾压混凝土坝上下游越冬层面和水平施工缝是薄弱部位，极易开裂，是工程的隐患。为了避免上述情况的发生，拟采取以下措施：

1）根据其他工程的经验，在坝体上下游面采取"四季穿棉袄"的方法，即在坝体上下游面长年覆盖高密度聚苯乙烯泡沫板，对减少由于内外温差引起的裂缝效果十分显著。本工程上下游面也覆盖厚 10cm 高密度聚苯乙烯泡沫板作为永久保温措施。

2）坝体混凝土施工期第一年冬季，坝体浇筑顶面高程为 645.00m 左右，此时大坝浇筑还未出坑，除坝体上下游面覆盖 10cm 厚高密度聚苯乙烯泡沫板外，坝体上下游基坑回填石渣保温。同时，在混凝土顶面覆盖棉被及聚乙烯薄膜，然后回填厚 2m 石渣。

3）坝体混凝土施工期第二年冬季，坝体浇筑顶面高程为 700.00m 左右，顶面覆盖聚乙烯泡沫板、棉被及聚乙烯薄膜各一层，然后回填厚 1m 石渣。

4）在采取了以上越冬保护措施后，第二年 4 月大坝混凝土浇筑时老混凝土仍处于低温状态，对新浇筑的新混凝土的约束力较大，此时应提前在老混凝土预埋的聚乙烯水管中通热水预热老混凝土，同时，严格控制新混凝土的入仓温度不大于13～14℃，以减少新老混凝土上下层温差。

5）在越冬层面设置与横缝止水连接的水平止水铜片。如前所述，冬季水平间歇面是一个施工薄弱环节，层间结合强度低，极易产生水平裂缝。为了防止此层面成为渗水通道，建议在越冬层面设置水平止水铜片。

（6）在秋冬季低温季节和气温骤降时，将廊道、中孔和底孔等孔口部位进行严密封闭保护，以防冷风贯通混凝土发生表面裂缝；或采取加热措施，使廊道、中孔和底孔等孔口内不出现负温。

（7）控制模板拆除时间。模板拆除时间，根据混凝土强度和混凝土的内外温差确定，避免在夜间和气温骤降时拆除模板。预计拆除模板后混凝土表面降温可能超过6℃时，推迟拆模时间。

（8）垫层部位采用微膨胀混凝土。根据其他工程的经验，垫层采用微膨胀混凝土，可有效降低温度应力及综合应力，降低幅度为5％～10％，混凝土微膨胀量可达到100×10^{-6}左右。据此，在基础垫层混凝土中掺用一定量的 MgO，以补偿混凝土温降收缩。本工程基础垫层混凝土中掺用一定量的 MgO 后，混凝土自身体积变形呈微膨胀型，但自身体积变形量仅为27.9×10^{-6}，膨胀量不高。MgO 的掺量一般为胶凝材料的2％～3％。贵州索风营水电站碾压混凝土坝现场试验成果表明，大坝混凝土掺用3％的 MgO，可得到$20 \sim 50 \mu\varepsilon$的膨胀变形。

（9）在大坝迎水面涂刷水泥基高分子材料，提高混凝土表面的抗渗和抗裂性能。

（10）工地建立气象预报室，对气温、降水和风进行预报与监测，为施工安排和决策提供依据。

2.5 小结

本工程地处高寒地区，冬季寒冷；夏季炎热，昼夜温差大，干燥少雨，蒸发量大；春秋两季只有4月、10月这2个月，还常有寒潮袭击。施工期为每年4—10月，只有7个月时间。在7个月的时间里，5—9月为高温季节施工。在这种气候条件下进行碾压混凝土施工，必须高度重视混凝土的温度控制，通过综合性的温度控制措施，力争做到不发生或少发生因温度变化引起的裂缝，杜绝危害性裂缝的出现。这是参与本水利枢纽工程建设者面临的一件大事，在大坝浇筑的过程中引起了各参建单位的高度重视，并制订了严密的温控措施，在实施过程中不断反馈改进和完善，积累在高寒地区修建高碾压混凝土坝的经验。

第3章 工程安全监测设计与施工

3.1 安全监测设计原则及依据

安全监测系统是为了解工程建筑物在施工期、初蓄期及运行期各阶段工作状况和安全性态而逐步建立起来的重要系统，其建设与工程主体同步设计、同步施工、同步运行。在施工期安全监测起着检查和监督施工质量、改进和完善施工工艺、校核设计计算假定、检验参数优化方案的重要作用；在初蓄期和运行期起着监控工程运行情况、评价工程安全性态、指导工程综合调度的作用。安全监测系统的建设已经成为水利水电工程建设的一个重要组成部分，安全监测设施的安装埋设、成活运行，监测资料的可靠获取、有效合理以及监测成果的分析评价、反馈预警等日益受到建设各方高度重视。在工程建设的每个阶段，设计、施工、监理、业主都需要通过监测资料及时了解建筑物的性状变化，以便对施工安全和建筑物的运行状态作出正确的评价。因此，安全监测系统的建设、运行及管理是一项复杂的工程，其管理工作应从工程施工准备阶段开始，紧密地配合施工进程进行，直到安全监测系统建成正式移交给运行管理单位。

3.1.1 安全监测目的

（1）保证安全。通过对工程的监测，及时发现异常情况，随时采取补救加固措施，确保边坡稳定和相关建筑物安全运行。

（2）检验设计、改进施工工艺。检验设计方案和施工工艺的正确性，为设计方案优化，改进施工工艺、确定设计参数提供监测依据。

（3）进行安全鉴定及评价。全面掌握监测项目及影响因素的发展趋势，及时了解工程整体和局部范围的变化趋势和稳定过程，及时对其稳定性和安全度作出评价。

（4）科学技术研究。为科学技术研究积累资料，为反馈设计分析提供实测数据。

3.1.2 安全监测设计原则

（1）监测布置以保证工程安全运行、全面反映其工作状况为主题，以国家有关规程规范和工程安全管理条例为依据，突出重点，兼顾全面，合理安排。

（2）以地质缺陷、薄弱环节和工程关键部位为监测重点，以变形监测、渗流渗压监测和应力应变监测为主，做到内部监测与外部监测相结合。

（3）各部位、各区域的各类监测项目或仪器设备，尽量能够具备相互配合、相互补充、相互校核的功能，确保观测资料的准确性和可靠性。

（4）根据土建工程的进度安排，对监测工作统一规划，分期实施，明确施工期和运行期监测的重点项目和要求。

3.1.3 主要执行技术规范

(1)《混凝土坝安全监测技术规范》(SL 601—2013)。

(2)《土石坝安全监测技术规范》(SL 551—2012)。

(3)《大坝安全监测自动化技术规程》(DL/T 5211—2005)。

(4)《大坝安全监测仪器安装标准》(SL 531—2012)。

(5)《大坝安全监测仪器检验测试规程》(SL 530—2012)。

(6)《大坝安全自动监测系统设备基本技术条件》(SL 268—2001)。

(7)《岩土工程仪器系列型谱》(GB/T 21029—2007)。

(8)《混凝土坝安全监测资料整编规程》(DL/T 5209—2005)。

(9)《大坝安全监测系统验收规范》(GB/T 22385—2008)。

3.2 安全监测系统设计

本工程监测系统主要包括碾压混凝土重力坝主坝、引水发电系统、厂房、沥青心墙副坝、库岸监测及其自动化系统等。按监测内容分有变形监测、应力应变及温度监测、渗流渗压监测、边坡稳定监测、水力学监测、上游库水位和尾水位、坝址区的气温和湿度等。本工程监测项目齐全,监测类型多样,监测仪器布置精细,确保了大坝安全运行。本工程监测部位及项目见表3.1,大坝监测部位及仪器数量统计见表3.2,典型监测断面布置见本章第3.3节。

表 3.1 　　　　　　　　　　　大坝监测部位及项目表

序号	监测部位	监测项目		监测内容
1	主坝	变形	水平位移	坝体位移、基础位移
2			垂直位移	坝体位移、基础位移
3			挠度	水平位移
4			倾斜	沉降
5		应力应变及温度	应力	坝体混凝土应力
6			温度	库水温、混凝土温度、基础温度
7			接缝	接触缝、结构缝开合度
8		渗流渗压	渗透压力	坝基、坝体扬压力、绕坝渗压
9			渗流量	坝体、坝基渗流量
10		水力学	原因量、效应量	脉动压力、时均压力、掺气等
11	边坡	边坡变形	边坡变形	内部变形
12			表面变形	水平位移、沉降
13		地震监测	地震监测	地震强震、孔隙动水压力
14	防渗帷幕	防渗帷幕	帷幕监测	帷幕前后渗透压力、渗流量

表 3.2　　　　　　　　　　　　　大坝监测部位及仪器数量统计表

工程部位	监测项目	仪器名称	监测坝段	设计数量	完成数量
碾压混凝土坝	变形	正垂	14#、21#、25#、29#、35#、42#、48#、62#、80#坝段	28	28
		倒垂	14#、21#、25#、29#、35#、42#、48#、62#、80#坝段	9	9
		引张线	48#~62#坝段	7	7
		静力水准	纵向灌浆廊道	14	14
			横向排水廊道	19	18
		双金属管标	14#、21#、29#、35#、42#、80#坝段	12	12
		激光准直	21#~42#坝段高程706.00m廊道	9	9
			14#~80#坝段高程745.00m廊道	31	31
		多点位移计	29#、35#、37#、57#坝段	32	28
	渗流	渗压计	29#、35#、37#、57#坝段	46	46
			29#、35#、57#坝段越冬层	20	18
			25#、29#、35#、37#、57#坝段帷幕前后	10	10
			13#、14#坝段	6	6
			泄水坝段	10	10
		测压管	11#~77#坝段上游纵向廊道	47	47
			25#~38#坝段下游纵向廊道	14	14
			37#坝段	2	2
			25#、28#、31#、34#、39#、42#坝段	22	22
			左岸坝肩	6	6
	应力应变及温度	应变计组	29#坝段	36	36
			35#坝段	36	36
		无应力计	中孔	2	2
		钢筋计	29#坝段	4	4
			底孔	14	14
			中孔	9	9
		钢板计	底孔	6	6
			中孔	4	4
		压应力计	29#、35#、57#坝段	3	3

续表

工程部位	监测项目	仪器名称	监测坝段	设计数量	完成数量
碾压混凝土坝	应力应变及温度	测缝计	25# 坝段	3	3
			29# 坝段	9	9
			32#、33# 坝段	4	4
			35# 坝段	10	10
			37# 坝段	3	3
			57# 坝段	7	7
			越冬层	32	32
			29#、30#、31# 坝段	5	5
			13#、14# 坝段	8	8
			24#~25#、38#~39# 坝段横缝	24	24
			26#~27# 坝段横缝	15	15
			29#~30# 坝段横缝	12	12
			32#~33# 坝段横缝	15	15
			35#~36# 坝段横缝	15	15
			18#、19#、25#、26#、38#、39# 坝段斜坡	12	12
		温度计	25# 坝段	51	51
			29# 坝段	61	61
			31# 坝段	3	3
			35# 坝段	62	62
			57# 坝段	33	33
			底孔	16	16
			中孔	10	10
			26#、29#、32#、35# 坝段越冬层	24	24
			57#、58# 坝段越冬层	6	4
			25#、35#、57# 坝段下游	3	3
			25#、29#、35#、57# 坝段	25	25

续表

工程部位	监测项目	仪器名称	监测坝段	设计数量	完成数量
发电引水系统	变形	基岩变位计	进水口	8	8
			厂房	8	8
	渗流	渗压计	发电洞	8	6
			机组蜗壳	6	6
	应力应变及温度	钢筋计	闸井段、洞身段	18	18
			厂房	12	12
		钢板计	岔管段	27	27
			厂房	8	8
		无应力计	闸室底板	1	1
		锚杆应力计	闸室底板	2	2
		水温度计	进水口	6	6
		测缝计	结构缝	5	5
			厂房	5	5
副坝	渗流	渗压计	副坝	10	10
	温度	温度计	副坝	16	16
合计				1075	1064

3.2.1 监测仪器布置

3.2.1.1 碾压混凝土重力坝（主坝）

本工程大坝主坝为碾压混凝土重力坝，坝址岩性以变质砂岩、变质砂岩夹石英片岩为主，坝址区具有工程地质意义的物理地质现象是岩体的风化、岸边卸荷不稳定体及崩塌现象。主副坝的地震设防烈度为Ⅷ度，其余建筑物的地震设防烈度为Ⅶ度，主坝的监测重点为变形监测、渗流监测、应力应变及温度监测，另外还包括坝体的地震反应监测。重点监测断面包括：溢流坝段 29# 坝段（桩号 0+537.50）、主河床坝段 35# 坝段（桩号 0+627.00）、右岸台地 57# 坝段（桩号 1+030.00）；辅助监测断面 25# 坝段（桩号 0+478.00）、中孔 33# 坝段以及底孔 32# 坝段。

1. 变形监测

（1）水平位移。重力坝坝体和坝基的水平位移采用引张线法和真空激光准直系统观测。坝体挠度采用垂线法观测，坝基挠度采用倒垂组观测。垂线设置在地质或结构复杂的具有代表性的坝段。正垂线采用"一线多测站式"。倒垂线钻孔深度参照坝工设计计算结果，达到变形可忽略不计处。在各高程廊道内与垂线相交处均设置监测坝体内部变形的监测点。水平位移监测点布设在坝顶和观测廊道内，每一坝段均设置一个测点，引张线采用浮托式。

大坝共设三层廊道，在坝顶设一条引张线和一条真空激光准系统，监测坝体表面变形，在廊道内设置真空激光准直系统和引张线，监测坝体内部变形。

在 50#~61# 坝段的坝顶平行坝轴线分别布设了一条引张线，共计 7 个测点。在 14#~80# 坝段的坝顶高程 745.00m 廊道内设置真空激光准直系统，在 21#~42# 坝段高程 706.50m 廊道内平行坝轴线布设真空激光准直系统。

根据大坝结构和布置共设 9 条垂线，分别在 14# 坝段（桩号 0+280.00）、21# 坝段（桩号 0+417.00）、25# 坝段（桩号 0+478.00）、29# 坝段（桩号 0+537.50）、35# 坝段（桩号 0+627.00）、42# 坝段（桩号 0+732.50）、48# 坝段（桩号 0+850.00）、62# 坝段（桩号 1+130.00）、80# 坝段（桩号 1+490.00），垂线为正倒垂组。

桩号坝 0+280.00 处，垂线从坝顶钻孔至高程 719.50m 廊道，形成一条正垂线 PL1-1，倒垂线 IP1 从高程 719.50m 廊道钻孔穿过基础至高程 688.50m，基础部分孔深 31m，该垂线在 719.50m 设置测点，共 2 台坐标仪。

桩号坝 0+417.00 处，垂线从坝顶钻孔穿过高程 706.50m 廊道，形成正垂线 PL2-2，从高程 706.50m 廊道至上游灌浆廊道高程 678.00m，形成一条正垂线 PL2-1，倒垂线从高程 678.00m 灌浆隧洞钻孔穿过基础至高程 635.00m，孔深 43m，形成倒垂 IP2。

桩号 0+478.00 处，垂线从坝顶钻孔至高程 706.50m 廊道，形成一条正垂线 PL3-3，从 706.50m 廊道钻孔穿过高程 675.70m 廊道至高程 651.00m 灌浆廊道，形成一条正垂线，分布 PL3-1、PL3-2 两个测点，从高程 651.00m 灌浆廊道钻孔至基岩高程 596.00m，形成倒垂线 IP3。

桩号 0+537.50 处，垂线从坝顶钻孔至高程 629.00m 灌浆廊道形成一条正垂线，分布 PL4-3、PL4-2、PL4-1 三个正垂线测点，从高程 629.00m 灌浆廊道钻孔至基岩高程 576.00m，形成倒垂 IP4。

桩号 0+627.00 处，垂线从坝顶钻孔至高程 633.00m 灌浆廊道形成一条正垂线，分布 PL5-3、PL5-2、PL5-1 三个正垂线测点，从高程 633.00m 灌浆廊道钻孔至基岩高程 586.00m，形成倒垂 IP5。

桩号 0+732.50 处，垂线从坝顶钻孔至高程 706.50m 廊道，形成一条正垂线 PL6-2，从高程 706.50 廊道钻孔穿至高程 676.00m 廊道，形成正垂线 PL6-1，从高程 676.00m 廊道钻孔至基岩高程 628.30m，形成倒垂 IP6。

桩号 0+850.00 处，垂线从高程 697.00m 廊道钻孔至基岩高程 663.00m，形成倒垂线 IP7。

桩号 1+130.00 处，垂线从高程 697.00m 廊道钻孔至基岩高程 658.00m，形成倒垂线 IP8。

桩号 1+490.00 处，垂线从高程 745.50m 廊道钻孔至基岩，形成倒垂线 IP9。

由垂线顺河向水平位移观测值可得坝体挠度。

（2）垂直位移。坝体、坝基和近坝区岩体的垂直位移监测采用流体静力水准、双金属管标和多点位移计测量。

在 28#~32# 坝段基础廊道纵横向布设静力水准：纵向的静力水准线设在坝基上游帷幕灌浆廊道，布设 5 个点，横向静力水准设在桩号 0+151.00（27#~28#）、

0+552.20（30#～31#）、0+605.00（33#～34#）横向排水廊道内，各设 5 个测点观测坝体沿横向的变形分布，并以此计算坝基的倾斜；在桩号 0+575.00 坝段横向廊道内的高程 675.10m 布设 3 个静力水准测点，在 48#～62# 坝段的高程 697.00m 廊道内平行坝轴线布设 9 个静力水准测点，监测坝体垂直变形。纵横向静力水准仪系统在坝基中部的纵横廊道交点附近设共用标定点。

双管金属标主要埋设于桩号 0+280.00（14# 坝段）、0+417.00（21# 坝段）、0+537.50（29# 坝段）、0+732.50（42# 坝段）、0+850.00（48# 坝段）和 1+490.00（80# 坝段）。

在三个重点监测断面的上下游坝基内埋设四点式多点位移计各 2 组，另在 37# 坝段上游埋设 1 组四点式多点位移计，监测坝基垂直变形量。

2. 渗流监测

渗流渗压观测包括大坝坝基扬压力、两坝肩渗透压力、坝体混凝土渗透压力以及大坝和坝基渗流量观测。

（1）坝体混凝土渗透压力。在碾压施工缝面布设渗压计，由各高程上游侧的第一支渗压计，可得到坝体混凝土在高程方向的渗透压力分布，各层渗压计可得到混凝土的沿水平方向的渗透压力分布。在重点监测断面：挡水坝段、溢流坝段、右岸台地 57# 坝段的中心断面上布设渗压计测点间距自上游面起，由密渐疏布置 34 支渗压计；在中孔坝段孔口底部及腰线位置布设 4 支渗压计；在底孔坝段孔口底部及腰线布设 6 支渗压计。

（2）坝基扬压力。沿平行坝轴线、垂直坝轴线布设测压管以观测河床坝段坝基帷幕前后纵横向的扬压力分布，共计 83 支测压管。在测压管内安装渗压计，测压管安装应在固结和帷幕灌浆后进行，以免管内堵塞，监测孔在建基面以下 1.0m 深度。在 25#、29#、35#、37# 以及 57# 坝段上游帷幕前后各布设 1 支渗压计，共计 10 支。

（3）绕坝渗流及地下水位监测。主要观测坝肩的渗压分布，并同帷幕监测结合布置。左右岸各设 3 个测点，钻孔安装测压管，在测压管内安装渗压计，共计 6 支。绕坝渗流测压管可同时作为地下水位长期监测孔。

（4）拐点坝段和施工越冬层渗流监测。在 13#、14# 两个坝段中心断面高程 718.00m，由坝面至坝体排水管之间由密渐疏布设渗压计各 3 支，共计 6 支渗压计。

对 29#、35#、57# 坝段两层施工越冬层进行渗流监测。在越冬层新旧混凝土结合面处，由坝面至坝体排水管之间由密渐疏布设渗压计各 4 支，共计 20 支。

（5）渗流量。对坝体、坝基的渗流量进行分段分区观测。坝体渗水是分段排出坝外的：主河床坝段和右岸台地坝段。主河床坝段基础设有两个集水井，渗水由各纵横向基础廊道汇集到坝基集水井内，在集水井左右排水沟内分段设置安装量水堰观测碾压混凝土坝的渗流量，右岸台地坝段渗水分别由基础灌浆廊道汇集后由左右岸交通廊道排至坝外的渗流量，共 21 个量水堰；量水堰采用标准三角堰，均采用量水堰仪进行自动化量测。

3. 大坝应力应变及温度监测

大坝应力应变及温度监测包括应力应变、坝体和坝基温度、结构缝和裂缝开合度等项目。

（1）大坝应力应变。对两个重点监测断面挡水坝段35#、溢流坝段29#，另外对中孔和底孔坝段进行应力应变监测。29#坝段及35#坝段的上、中、下游布设12组五向应变计组，每组配备1支无应力计。在中孔控制闸井的边墙内外侧、底板上下侧的受拉受压比较大的部位布设5支钢筋计和1支无应力计，中孔过水孔洞四周布设4支钢筋计、4支钢板计、4支渗压计。在底孔控制闸井的边墙内外侧、底板上下侧受拉受压比较大的部位各布设8支钢筋计和1支无应力计，过水孔洞四周布设钢筋计、钢板计、渗压计各6支。

29#、35#、57#坝段坝趾处各布设1支土压力计，监测坝趾基础压力。在溢流坝段表面的常态混凝土内布设3支钢筋计，监测溢流面混凝土内钢筋应力。

（2）大坝温度。温度监测有库水温度、坝体内部碾压混凝土温度和坝体表面温度及坝基基础温度等。对坝体表面温度和库水温观测，采用将温度计埋设在距坝体上下游表面5～10cm的坝体混凝土内，且测点沿高程分布，坝体内部混凝土温度采用网格布置温度测点，网格间距为8～15m。基岩温度在温度监测断面的基础底部，靠上、下游采用在基础面设置一排5～10m深的钻孔，在孔内不同的深度处设置测点布设温度计，以监测基础温度分布，完成后用水泥砂浆回填孔洞。

主监测断面分别是挡水坝段35#、溢流坝段29#、右岸台地57#坝段、辅助监测断面25#坝段中心位置按高程布设温度计，对大坝温度进行监测。另外对中孔坝段、底孔坝段的孔洞周围进行温度监测。

库水温度监测：一般在死水位以上，由于受运行水位变化和日照影响，温度变化较大，越靠近库水表面温度波动越大，本工程水库死水位680.00m，正常水位739.00m，大坝坝高121.50m，在死水位以上，水温度计布置间距为5m左右，死水位以下一般为10～15m，各监测断面的温度计布设在相同高程，位置控制在距上游表面5～10cm内，共计27支温度计。

坝体混凝土温度监测：挡水坝段35#、溢流坝段29#、右岸台地57#坝段、辅助监测断面25#坝段中心位置上沿高程按矩形网格布设电阻温度计，以监测坝体内部温度，共计146支温度计。在中孔坝段其孔洞周围布设温度计，共计10支温度计；在底孔坝段其孔洞周围布设温度计，共计16支温度计。

基础温度监测：在大坝主监测断面基础上、中、下游钻孔，分别埋设5支温度计，监测基岩在混凝土水化热温升时对基础的温度传递和基础不同深度下温度分布，共计50支温度计；另在温度监测断面的基础混凝土垫层内埋设温度计，监测垫层常态混凝土的温度，共计12支温度计。

越冬层温度监测：越冬层温度监测是一个重点监测部位。由于新旧混凝土的温差比较大，根据温控计算表面，施工期越冬层会由于温度应力较大而引起水平裂缝。因此，选择主河床 26#、29#、32#、35# 坝段施工越冬层上、中、下游新旧混凝土接触面的 5～10cm 范围内各埋设温度计各 3 支，共计 24 支。

（3）坝体横缝及裂缝。缝的监测包括坝体横缝的开合度和坝体有可能发生裂缝的部位，如受拉区、坝体与两岸坡的结合部位、陡坡段并缝灌浆处、碾压混凝土上游防渗层与内部碾压混凝土的界面处、溢流坝下游碾压混凝土台阶与常态混凝土的结合面处以及施工越冬面。

横缝监测：根据坝体结构的布置，在 24#、26# 号、29#、35#、39# 坝段横缝高程 638.00m、643.00m、648.00m、668.00m、698.00m、718.00m、738.00m 的上、中、下处设置测缝计各 3 支，共计 81 支。

裂缝监测：在重点监测断面即挡水坝段、溢流坝段、右岸台地 57# 坝段、辅助监测断面 25# 坝段的中心断面布设 21 支裂缝计；在左右岸陡坡段 18#、25#、26#、35#、36#、39# 坝段垫层与基岩接触的斜坡段坝轴线布设 2 支裂缝计，共计 12 支裂缝计。

施工越冬层的裂缝监测作为一个重点监测部位。由于新旧混凝土的温差比较大，根据温控计算表面，施工期越冬层会由于温度应力较大而引起水平裂缝。因此，选择主河床 26#、29#、32#、35# 坝段施工越冬层即高程 645.00m、699.00m 平面上下游新旧混凝土埋设 24 支裂缝计。

接触缝的监测：25#、29#、35#、37#、57#、中、底孔坝段坝体与基础结合部位的上下游布设裂缝计监测坝体基础面的开合度，共计 20 支裂缝计。

（4）拐点两侧坝段裂缝监测。在 13#、14# 两坝段的拐点结构缝处，选择高程 725.00m、738.00m 截面作为监测断面，在各截面的上、下游布设测缝计各 2 支，共计 4 支，同时在两坝段基础与坝基结合部位的上、下游布设裂缝计各 2 支，共计 4 支。

3.2.1.2 发电引水系统

发电引水系统主要包括进水口、引水隧洞、高压力钢管等监测部位。

1. 进水口监测

通过埋设应变计组和无应力计监测其应力应变，埋设钢筋计、钢板计监测钢筋、钢板应力。在进水口墩墙内外侧、底板上下侧布设钢筋计和无应力计以监测进水口边墩底板的钢筋应力和混凝土应变，共计 12 支钢筋计，1 支无应力计；在进水口基岩与闸室常态混凝土结合面布设 2 支裂缝计和 3 支渗压计，在基岩内埋设 2 组多点位移计，监测进水口基础的变形和扬压力；底板设有锚固结构，沿纵向中心线方向设置 2 支锚杆应力计；在进水口上游面 5～10cm 的混凝土内沿高程方向设置 6 支温度计，以监测库内水温。

进水口渐变段设置 2 个监测断面，各监测断面布设 3 支钢筋计，在渐变段衬砌混凝土与洞身结合部位埋设 2 支测缝计、1 支渗压计。

2. 引水隧洞监测

引水隧洞设置 2 个监测断面。在各监测断面底部埋设 1 支渗压计，监测隧洞衬砌外水压；在衬砌与围岩之间设置 1 支测缝计，监测衬砌混凝土与围岩之间缝的开合度；在钢板表面布设 4 支钢板计，以监测钢板应力。

3. 高压力钢管监测

在钢岔管、支管设置钢板计，监测钢管管壁的应力。在各监测断面的四周布设钢筋计、钢板计，共计 3 支钢筋计、31 支钢板计。

3.2.1.3 发电厂房

本工程厂房基础为弱风化—微风化变质砂岩，因此需进行厂房沉陷和变形监测，同时监测基础底板扬压力的分布情况。

1. 厂房底板基础监测

在 1#、3# 机组中心线上，沿上下游方向基础与基岩结合面上各埋设 3 支渗压计，监测厂房基础的渗透压力；同时，在 1# 机组沿中心线上下游方向基岩内埋设 2 组多点位移计监测厂房基岩变形。

2. 尾水管监测

在 1#、3# 机组桩号厂 0+007.00 和 0+014.00 尾水管底、顶部埋设 8 支钢筋计，以监测尾水管的受力情况。

3. 蜗壳监测

在 1#、3# 机组蜗壳及其外围混凝土内埋设 2 支钢筋计，4 支钢板计。

4. 厂房分缝监测

沿主厂房中心线结构缝处高程 636.30m 和 639.10m 监测断面的上、中、下游布设 5 支测缝计，以监测厂房结构缝的开合度。

3.2.2 监测系统自动化

本工程安全监测自动化系统工程主要包括：数据采集装置、监控通信网络、计算机软硬件及外部设备、监控管理及分析软件。数据采集装置根据传感器类型分为四类模块：振弦式传感器、差阻式传感器、电容式传感器（变形监测仪器）和电位器式传感器（多点位移计）。数据采集装置和监控管理及分析软件生产厂家均为南京南瑞集团公司。

安全监测自动化系统自 2009 年 6 月开始逐步实施，2010 年基本完成，2011 年主体工程竣工。目前系统监测频次为 1 次/d。

3.3 典型断面监测仪器布置图

25#、29#、35#、57# 坝段安全监测仪器布置情况如图 3.1～图 3.4 所示。大坝变形监测仪器布置情况如图 3.5 所示。大坝渗流监测仪器布置情况如图 3.6 所示。

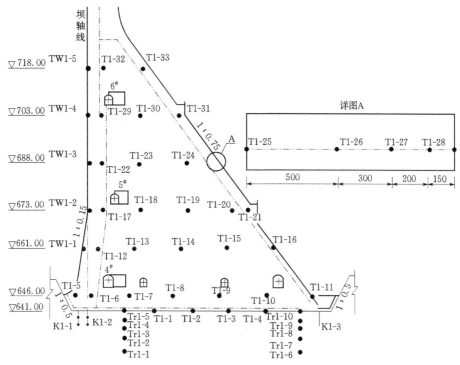

图 3.1　25#坝段安全监测仪器布置图（单位：mm；高程：m）

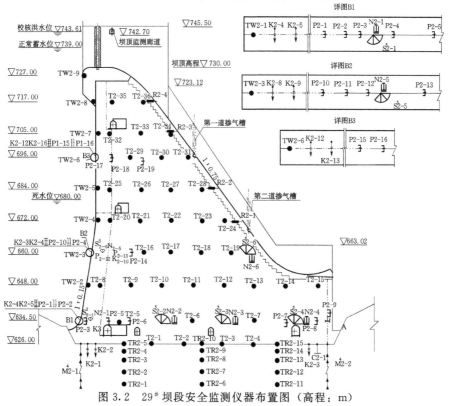

图 3.2　29#坝段安全监测仪器布置图（高程：m）

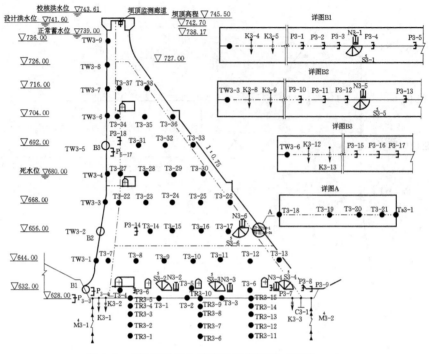

图 3.3　35# 坝段安全监测仪器布置图（高程：m）

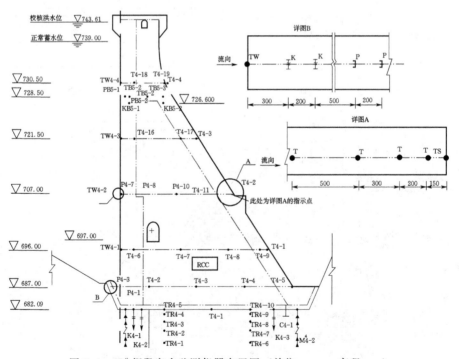

图 3.4　57# 坝段安全监测仪器布置图（单位：mm；高程：m）

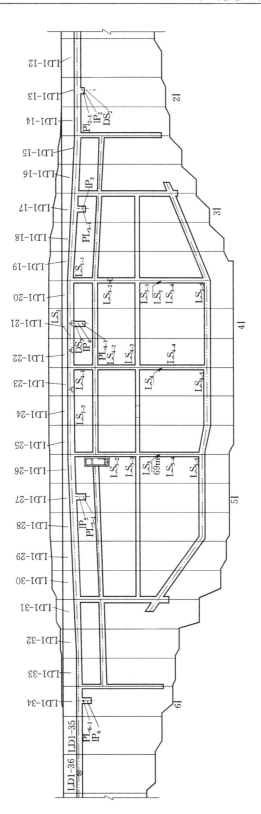

图3.5 大坝变形监测仪器布置图

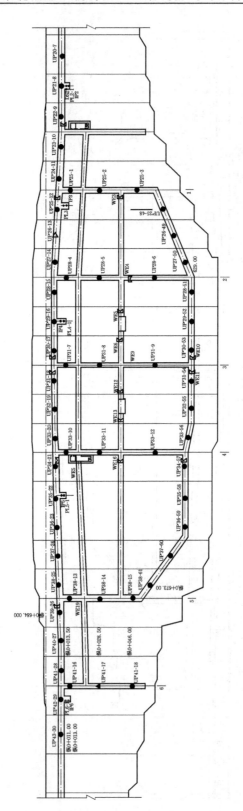

图3.6 大坝渗流监测仪器布置图

3.4 安全监测仪器设备的选型、率定和安装埋设

3.4.1 仪器设备的选型

监测仪器从安装开始，历经施工、蓄水过程工作期限长达3年，而且要求在竣工移交时可更换的监测仪器设备完好率为100%，不可更换的监测仪器设备完好率为90%以上。因此选择性能稳定、质量可靠、技术指标满足时间要求的仪器，并保证安装埋设的质量，是监测工作成功的先决条件。综合考虑工程所使用的监测仪器设备的规格及其厂商在国内同类工程中的使用情况、可靠性、技术指标、仪器设备价格等因素，所提供的仪器设备的生产厂家符合《中华人民共和国计量法》的有关规定，国产仪器设备生产厂家持有工业产品生产许可证并已通过ISO9001质量体系认证；进口仪器设备拥有相关证书，并有相关应用实例，针对仪器的分布特点进行专门配备，如碾压混凝土内考虑选用大弹模仪器，水压较高部位考虑选用耐高压仪器等。各监测仪器选择情况如下所述，传感器的技术指标见表3.3。

表3.3 监测仪器技术指标一览表

序号	传感器名称	传感器类型	规格型号	主要技术参数	生产厂家
1	正、倒垂	电容式	ZC-40、DC-40	量程：40mm；最小读数：0.01mm；精度：0.3%F.S；温度系数≤0.01%F.S/℃；环境温度：-20～60℃；相对湿度≤95%	南瑞集团
2	引张线	电容式	RY	量程：20mm（可扩展到40mm）；最小读数：0.01mm；基本误差≤0.3%F.S；温度附加误差≤0.01%F.S/℃；环境温度：-20～+60℃；相对湿度≤95%	南瑞集团
3	静力水准	电容式	RJ	量程：10mm/20mm/40mm/50mm；分辨率≤0.05%F.S；最小读数：0.1mm；环境温度：-20～+60℃	南瑞集团
4	双金属管标	电容式	RW-30S	量程：30mm；分辨率≤0.05%F.S；精度：0.7%F.S；长期稳定性<0.5%F.S/a；环境温度：-20～+60℃	南瑞集团
5	激光准直系统	自定义	NJG	量程：100mm或200mm，最小读数：0.01mm；精度≤0.1mm；真空度：20～40Pa；漏气率：5～10Pa/h	南瑞集团
6	多点位移计	电位器式	NDW-100W	标距：205mm；直径：26mm；测量范围：100mm；分辨率≤0.05%F.S；精度≤0.5%F.S；耐水压≥0.5MPa；环境温度：-30～+65℃	南瑞集团
7	渗压计	振弦式	VW-200～1500	量程：0.2/0.5/1.2/1.5，可定制；超量程：1.5×额定量程；分辨率：0.025%F.S；精度：±0.1%F.S；温度系数<0.04%F.S	美国新科

序号	传感器名称	传感器类型	规格型号	主要技术参数	生产厂家
8	应变计	差阻式	NZS-15	标距：150mm；有效直径：21mm，端部直径：27mm；测量范围：1200～－1200$\mu\varepsilon$；弹性模量：150～250MPa，耐水压：0.5MPa；环境温度：－25～＋60℃	南瑞集团
9	温度计	差阻式	NZWD	量程：－30～＋70℃；测量精度：±0.3℃；耐水压：1.0MPa	南瑞集团
10	测缝计	差阻式	NZJ-12G	量程：12～－1mm；环境温度：－25～＋60℃；抗外水压：2.0MPa	南瑞集团
11	钢筋计	差阻式	NZR	量程：200MPa/300MPa/400MPa 可定制；环境温度：－25～＋60℃	南瑞集团
12	钢板计	差阻式	NZGS-15	标距：150mm；有效直径：21mm，端部直径：27mm；测量范围：1200～－1200$\mu\varepsilon$；弹性模量：150～250MPa，耐水压：0.5MPa或3.0MPa、5.0MPa；环境温度：－25～＋60℃	南瑞集团
13	压应力计	差阻式	NVTY	界面、介质土压力计，量程3MPa型号可定制；环境温度：－25～＋60℃	南瑞集团
14	锚杆测力计	差阻式	NZGR	量程：200MPa/300MPa/400MPa 可定制；耐水压：0.5MPa、3.0MPa或5.0MPa；环境温度：－25～＋60℃	南瑞集团

内观仪器如应变计、测缝计、温度计、钢筋计、钢板计、锚索测力计等均选用南瑞集团公司研制生产的差动电阻式仪器。

外观变形监测仪器的选用：垂线坐标仪、引张线仪、静力水准仪、双金属管标仪选用南瑞智能电容式仪器，真空激光准直系统选用南京南瑞集团公司生产的 NJG 型真空激光准直系统。

渗流渗压仪器为进口的 SINCO 公司的 VW 型渗压计。

监测仪器的电缆使用南瑞公司的产品，差动电阻式仪器采用 YSZW 型五芯水工电缆，振弦式仪器采用 NDBX 型四芯屏蔽监测电缆，其余仪器采用相应配套专用监测电缆，电缆芯线在 100m 内无接头。

3.4.2 仪器设备的性能检验与率定

仪器设备的性能检验主要包括防水密封性能、温度性能及最小读数检验。

3.4.2.1 防水密封性能检测

1. 目的

对有高压要求的仪器，检验仪器在高压水作用下的防水密封性能和绝缘电阻。

2. 主要设备

能施加 2MPa 水压力的水压力计 1 台；二级压力表 1 支，量程 2MPa；兆欧表 1

台；高压容器筒 1 台，可承受 2MPa 水压力，筒身备有进水管，筒盖上有排气管和压力表安装接头，备有可密封的电缆引出管。

3. 试验方法

接通水压机和高压容器，在高压容器和水压机中灌满水。将仪器放入高压容器中，引出电缆，加以密封。排去空气，关闭排气管，将压力增至仪器量程的 80%，恒压 30min 后打开排气阀，取出仪器。测量仪器与外壳之间的绝缘电阻，要求绝缘大于 50MΩ。

3.4.2.2 温度性能检测

1. 目的

多数监测仪器需要监测测点的温度，以便对计算物理量进行温度修正，温度检验的目的是检验温度测值的准确性或温度系数的可靠性，并检验仪器在各种温度下的绝缘性能。

2. 主要设备

双层保温筒 1 支；可调节温度的恒温水槽 1 台（带搅拌器）；二级标准水银温度计 1 支；兆欧表 1 台；频率读数仪和数字式电桥各 1 台。

3. 检验方法

先在双层保温筒中放入碎冰块，加入洁净自来水（水与冰的比例为 1：2），放入仪器，在 0℃ 情况下恒温 2h，测值稳定时测读温度。

再将仪器放入恒温槽内，在水温为 20℃、40℃、60℃ 时进行检验。水温在每个检验温度上保持 15min，仪器的读数稳定后同时测读标准温度计和监测仪器的温度值或电阻。每个检验温度稳定时，测定绝缘电阻。

4. 差动电阻式仪器

（1）零度电阻。

$$R_0' = R_0 \left(1 - \frac{\beta}{8} T_1^2\right) \tag{3.1}$$

式中　R_0'——计算零度电阻；

　　　　R_0——实测零度电阻；

　　　　β——钢丝电阻温度二次系数，取 $\beta = 2.2 \times 10^{-6}$；

　　　　T_1——最大试验温度，可取 $T_1 = 60℃$。

（2）零点温度系数。

$$\alpha' = \frac{1}{R_0(\alpha + \beta T_1)} \tag{3.2}$$

式中　α'——钢丝电阻温度系数，取 $\alpha = 2.89 \times 10^{-3}$。

（3）零下温度系数。

$$\alpha'' = 1.09\alpha' \tag{3.3}$$

温度性能检验限差见表3.4。

表3.4 温度性能检验限差表

项目	R_0'/Ω	$R_0'a'/^{\circ}\mathrm{C}$	$T/^{\circ}\mathrm{C}$	绝缘电阻/$\mathrm{M}\Omega$
限差	≤0.03	≤0.3	≤0.5	≥200

5. 振弦式、差动式仪器的限差

读数仪量测温度与标准温度计读数之差不大于 0.5℃，绝缘电阻不小于200MΩ。

3.4.2.3 主要仪器的率定

1. 线位移、差动电阻式仪器的检验

（1）率定工具。

1）应变计、测缝计率定工具：大校正仪、小校正仪；钢筋计率定工具：万能材料实验机（或者油压千斤顶、高精度油压力表）。

2）高精度大量程数字游标卡尺、大量程千分表。

3）与仪器类型对应的检测仪。

（2）率定步骤。

1）将传感器两端小心地固定在相应的校正仪上（或承压平台上）。

2）按照仪器的量程，将测试档等间距地划分成5～10个档（量程小的档位少，量程大的档位多），转动校正仪丝杆每一个行程，读取一个测值，并做好记录。

3）按上一步方法进行正反行程三个循环。

4）检验传感器的端基线性、回差、重复性、灵敏度系数等指标，并与技术指标要求进行对比判定仪器是否合格。

检验时先将仪器下行至下限值，量测电阻比后，逐档上行，每档测试，全量程共测得 m 个电阻比后向下行，逐档测试，同样测得 m 个电阻比。共做三次循环。

各点总平均值：

$$(Z_a)_i = \frac{(Z_u)_i + (Z_d)_i}{2} \tag{3.4}$$

各档测点的理论值：

$$(Z_t)_i = \frac{\Delta Z \times i}{m-1} + (Z_a)_i \tag{3.5}$$

式中　$(Z_u)_i$——上行第 i 档测点电阻比测值的平均值；

$(Z_d)_i$——下行第 i 档测点电阻比测值的平均值；

ΔZ——量程上下限六次电阻测值的平均值之差。

各测点电阻比测值的偏差：

$$\delta_i = (Z_a)_i - (Z_t)_i \tag{3.6}$$

仪器端基线性度误差：

$$\alpha_1 = \frac{\Delta_1}{\Delta Z} \times 100\% \tag{3.7}$$

回差：

$$\alpha_2 = \frac{\Delta_2}{\Delta Z} \times 100\% \qquad (3.8)$$

重复性误差：

$$\alpha_3 = \frac{\Delta_3}{\Delta Z} \times 100\% \qquad (3.9)$$

式中　Δ_1——取 δ_i 的最大值；

　　　Δ_2——每一循环中各测点上行及下行两个电阻比测值之间的差值，取最大值；

　　　Δ_3——三次循环中各测点上行及下行的各自三个电阻比测值之间的差值，取其最大值。

力学性能检验的各项误差，根据《差动电阻式应变计》（GB/T 3408—1994）规定要求，其绝对值不得大于表 3.5 中的规定。

表 3.5　　　　　　　　　　　差阻式仪器力学性能检验限差

项目	α_1	α_2	α_3
限差/%	2	1	0.5

差阻式仪器的最小读数检验：利用力学性能检验中上下限电阻比平均值之差 ΔZ 计算下列各种仪器的最小读数。

①钢板计（应变计）：

$$f = \frac{\Delta L}{L \Delta Z} \qquad (3.10)$$

式中　ΔL——相应于全量程的变形量，mm；

　　　L——钢板计标距，mm。

②钢筋计：

$$f = \frac{P}{A_e} \frac{1}{\Delta z} \qquad (3.11)$$

式中　P——检验时的最大拉力，N；

　　　A_e——钢筋计钢套截面积，cm。

限差：

$$\left| \frac{f_T - f}{f_T} \right| \times 100\% \leqslant 3\% \qquad (3.12)$$

式中　f_T——厂家给定值；

　　　f——现场检验计算值。

③测缝计（裂缝计）：

$$f = \frac{\Delta L}{\Delta z} \qquad (3.13)$$

式中　ΔL——相应于全量程的变形量，mm；

　　　ΔZ——测量范围上下限测试点的各自 6 次电阻测值的平均值之差。

2. 渗压计的检验率定

（1）率定工具。砝码压力仪，与仪器类型对应的检测仪。

（2）率定步骤。

1）将传感器小心固定在砝码压力仪上。

2）按照仪器的量程，将测试档等间距地划分成 5～10 个档（量程小的档位少，量程大的档位多），逐级加压和读取测值，并做好记录。

3）按上一步方法进行正反行程三个循环。

4）振弦式仪器的力学性能检验项目有分辨率、非直线度、滞后、不重复度和综合误差等项，各项的计算方法如下：

①零点荷载输出频率：

$$f_0 = \frac{1}{m}\sum_{i=1}^{m} f_{0i} \tag{3.14}$$

式中　m——检验循环次数；

　　　f_{0i}——第 i 次加荷和退荷测量时，零荷载下的输出频率。

②额定荷载输出频率：

$$f_d = \frac{1}{m}\sum_{i=1}^{m} f_{di} \tag{3.15}$$

式中　f_{di}——第 i 次加荷至额定荷载时的输出频率。

分辨率：　　　　　　　　$r = 1/(f_d - f_0) \times 100\% \tag{3.16}$

③非直线度：　　　　　　$L = \Delta f_L / F \times 100\% \tag{3.17}$

式中　Δf_L——平均校准曲线与工作直线偏差的最大值；

　　　F——额定输出频率与零荷载输出频率的平方差。

④滞后：　　　　　　　　$H = \Delta f_H / F \times 100\% \tag{3.18}$

式中　Δf_H——回程平均校正曲线与进程平均校正曲线，在负载相同测点输出偏差的最大值。

⑤不重复度：　　　　　　$R = \Delta f_R / F \times 100\% \tag{3.19}$

式中　Δf_R——进程和回程重复校准时，各测点输出偏差的最大值。

⑥综合误差：　　　　　　$E_c = \Delta f_c / F \times 100\% \tag{3.20}$

式中　Δf_c——进程平均校准曲线和回程平均校准曲线二者与工作直线偏差的最大值。

限差即以上各项力学性能检验的误差，其绝对值不得大于表 3.6 的规定。

表 3.6　　　　　　　　　振弦式仪器力学性能检验限差

项目	L	H	R	E_c
限差/%	2	1	0.5	2.5

3. 接收仪表、测量仪器的年检

按国家制定的有关规程规范的规定，接收仪表、测量仪器在使用期间均进行年检，按期由有国家认证的计量部门或有资质的检验机构检定合格后方能投入使用。

3.4.3　监测仪器安装埋设

3.4.3.1　多点位移计安装埋设

多点式位移计有多个锚头，灌浆后各锚头与被测点结合在一起，多根带保护管的传递杆一端分别与多个测点锚头相连，另一端穿过封孔锚头同外面的传感器相连。测点锚头因嵌固于混凝土中，故测点锚头与传感器底板间混凝土的变形可通过测杆传递到传感器上，从而测得该处多个测点围岩的位移。

本工程多点式位移计主要布置在坝基、厂房及进水口基础部位，以监测大坝及厂房基岩变位情况。

多点位移计钻孔孔径76mm，钻孔应通畅，要求钻孔扩孔段与钻孔同心，安装前用水清洗钻孔；对岩芯进行拍照、描述，作出钻孔岩芯柱状图。钻孔结束后应冲洗干净，检查钻孔通畅情况，测量钻孔深度、方位、倾角；按照设计的测点深度，将锚头、位移传递杆、护管、隔离支架和传感器组装后运至埋设地点；画出锚头布置图，依据孔深标出灌浆管的位置；将预埋安装管用膨胀螺栓固定在孔口，调整预埋管的位置，使预埋管与钻孔同轴，然后用水泥砂浆固定；将多点位移计测杆放入孔中，在固定支座与预埋管的连接处涂抹环氧黏剂，将多点位移计测杆支撑在该位置，直到环氧固化为止；灌浆管随最深的锚头一起送到孔内，深入长度比最深的锚头加深0.5m；为确保注浆饱满，应根据不同的孔深、倾角以及部位，选择适当的注浆压力灌入水泥砂浆，当排气管中开始回浆即表明已灌满，即可停止灌浆，堵住灌浆管和排气管；钻孔内水泥砂浆凝固后，剪去外露的灌浆管和排气管，将传感器固定到孔口的环形锚头上；依次将各传感器连接到连接杆座上；传感器与电缆连接好并做好记录，采用读数仪进行检测；安装完毕后，将位移计电缆从保护罩的电缆孔中引出，安装保护罩。多点位移计安装埋设示意图，如图3.7所示。

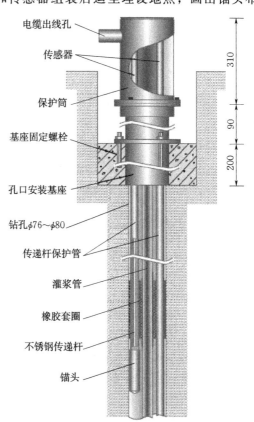

图3.7 多点位移计安装埋设示意图（单位：mm）

3.4.3.2 应力计的安装埋设

应变计是埋设在混凝土中监测混凝土应力应变的仪器，由于碾压原因，仪器较容易被损坏，因此必须采用特殊的施工工艺，在应变计埋设位置附近混凝土浇筑达到埋设高程时，将自制的无底保护箱（长×宽×高＝110cm×110cm×80cm）埋设点位围住，即在埋设仪器高程预留坑的方法，待混凝土浇筑超过保护箱高度、混凝土碾压合格后，埋入支架、支杆，之后进行应变计组安装，严格控制方向，角度位置无误后，取出保护箱，在预留坑内回填满足要求的回填材料，每层厚 30cm，并用插钎人工捣实，捣实时切不可碰撞应变计，直至仪器全部被混凝土覆盖，按规定测读混凝土浇筑前、中、后的读数。

无应力计与应变计配套布置。安装时应先将应变计用细铅丝悬置于无应力计筒中心，无应力计筒大口朝上。仪器布设点高程混凝土碾压合格后，挖除该处碾压混凝土，放入无应力计筒及仪器，用人工将同碾压混凝土标号一致的普通混凝土（去掉大于 8cm 的骨料）细心填入无应力计筒内，并用插钎轻轻捣实，在其上部覆盖混凝土时不得在振动半径范围内强力振捣，回填层厚不小于 30cm。

应变计（无应力计）在埋设期间必须边埋设边用读数仪进行测量，以防止在埋设过程中损坏，以便及时补埋，从而确保仪器的埋设成功率。应变计组和无应力计安装埋设示意图如图 3.8 所示。

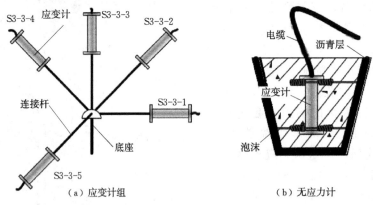

图 3.8　应变计组和无应力计安装埋设示意图

3.4.3.3　钢板计的安装埋设

钢板计由小应变计改装而成。主要布置在压力管道、厂房蜗壳及大坝中、底孔钢衬外表面埋设，以监测钢板应力。

钢板计的夹具与钢板焊接时应采用模具定位。夹具焊接冷却至常温后，安装小应变计。钢板计表面设保护盖。将专用夹具焊接在压力钢管外表面，夹具有足够的刚度保证钢板应力计不受弯。仪器外盖上保护铁盒，盒周边与压力钢管接触处点焊，接触处填沥青等防水材料，避免浆液流入盒内。

3.4.3.4　压应力计的安装埋设

压应力计埋设时应特别注意受压板与混凝土之间应完全接触。垂直方向的压应力计埋设方法如下：先在混凝土表面预留约 30cm 的坑，过 1d 将埋设坑表面刷毛，在坑底部用砂、浆铺平（厚度约 5cm），约 1.5h 砂浆初凝后，再用塑性砂浆（粒径 ≤0.6mm）做成一圆锥状放在中央，然后用应力计轻轻旋转使砂浆从压应力计底盘边缘挤出，再用一个三脚架放在压应力计表面，加上 400～500N 荷重，再将除去 8cm 以上大骨料的同标号混凝土覆上，并用小型振捣器振捣，然后轻取出三脚架，并在埋设处插上标志。安装前后用读数仪表对仪器进行测量，并记录测量值，仪器在具体埋设期间必须边埋设边用读数仪表进行测量，以防止在埋设过程中损坏，以便及时补埋，从而确保仪器的埋设成功率。

3.4.3.5 钢筋计/锚杆应力计的安装埋设

锚杆应力计、钢筋计结构原理相同，安装时的操作方法基本类似。

按钢筋（锚杆、锚筋）直径选配相应规格（一般选择等直径、或者应力相称）的钢筋计（锚杆应力计、锚筋桩应力计），将仪器两端的连接杆分别与钢筋（锚杆、锚筋）焊接在一起，焊接强度不低于钢筋强度。焊接过程中应采取措施避免温升过高而损伤仪器。安装、焊接带钢筋计（锚杆应力计）的钢筋，电缆引出点朝下。混凝土入仓应远离仪器，振捣时振捣器至少应距离钢筋计 0.5m，振捣器不可直接插在带钢筋计的钢筋上。带钢筋计的钢筋绑扎后作明显标记，留人看护。混凝土浇筑之前，应用遮盖保护。待仪器周围 50cm 范围内混凝土浇筑完毕后，看护人员方可离开。钢筋计安装示意图如图 3.9 所示。

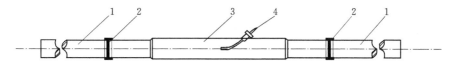

图 3.9　钢筋计安装示意图

1—加长钢筋；2—对焊点；3—传感器；4—电缆

3.4.3.6 测缝计的安装埋设

测缝计安装，可采用挖坑或者预留坑的方式进行埋设。

采用预留坑方式时，预留坑应满足一定的尺寸要求，在混凝土碾压完毕后安装测缝计，外罩保护罩，并在坑内回填混凝土。在仪器埋设前，坑的所有表面应按照混凝土施工缝的要求进行处理，回填的混凝土应仔细振捣密实。

当采用挖坑方式时，在混凝土碾压完毕后，将埋设点碾压混凝土挖开，坑深应不小于 20cm，将仪器固定在缝的两侧，外罩保护罩，再回填混凝土，并振捣密实。

对于埋设在基岩与混凝土接触面的测缝计：

（1）在岩体中钻孔，孔径不小于 90mm，孔深 1m。

（2）在孔内填满有微膨胀性的水泥砂浆，将带有加长杆的套筒挤入孔中，筒口与孔口齐平。然后将螺纹口涂上机油，筒内填满棉纱，旋上筒盖。在混凝土浇至高出仪器埋设位置 20cm 时，挖去捣实的混凝土，打开套筒盖，取出填塞物，旋上测缝计，回填混凝土。

对于埋设在不同混凝土浇筑块接缝处的测缝计，在先浇混凝土内预埋套筒，筒口与接触面齐平。然后将螺纹口涂上机油，筒内填满棉纱，旋上筒盖。在混凝土浇至高出仪器埋设位置 20cm 时，挖去捣实的混凝土，打开套筒盖，取出填塞物，旋上测缝计，回填混凝土。坝体测缝计安装示意图如图 3.10 所示。

对于裂缝计埋设，除加长杆弯钩和仪器凸缘盘外应全部用多层塑料布包裹；在埋设位置上将捣实的混凝土挖深约 20cm 的坑，将裂缝计放入，回填混凝土。

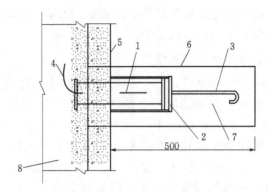

图 3.10　坝体测缝计安装示意图（单位：mm）

1—测缝计；2—测缝计套筒；3—加长杆；4—观测电缆；5—基岩开挖面；

6—钻孔（孔径91）；7—水泥砂浆；8—坝体混凝土

3.4.3.7　温度计的安装埋设

埋设在坝体上游面附近的库水温度计，应使温度计轴线平行坝面，且距坝面5～10cm。埋设在混凝土内的温度计，可在该层混凝土碾压后挖坑埋入，再回填混凝土，并人工捣实。

埋设在大坝混凝土内温度计：先测量放样，确定温度计的高程、埋设位置。埋设在碾压混凝土内的温度计，可在该层混凝土碾压后挖坑埋入，再回填混凝土，并人工捣实。仪器埋设过程中及混凝土振捣密实后应进行观测，如发现不正常应立即处理或更换仪器进行重埋。

埋设在坝基内温度计：按先测量放样，确定温度计的高程、埋设位置。在坝基面按设计深度钻孔，将温度计按设计深度绑扎在电缆上，小心地放入孔内。将电缆引出，用水泥砂浆回填钻孔。

3.4.3.8　渗流监测仪器设备的安装调试

渗流监测仪器分测压管渗压计及埋入式渗压计两种。埋入式渗压计主要用于监测坝体渗透压力、混凝土的层间渗透压力及钢衬与衬砌接触部位的渗透压力。

1. 测压管渗压计的安装埋设

测压管渗压计的安装方式分为有压孔、无压孔和时有时无等三种方式。

依照设计及现场放样，精确决定渗压计的接长电缆。电缆接长应牢固，接头处作好绝缘处理；电缆头部的标记应醒目、牢固、耐久、不易损坏；根据设计情况确定渗压计的安装位置。根据渗压孔口情况加工好连接法兰等孔口附件，对于常年有压的测点，可根据设计的要求将渗压计安装在测压管管口或测压管内。对于无压或时有压时无压的测点，渗压计必须安装在测压管内最低水位以下约1m的位置；安装前必须进一步确定测压管的测值变化情况，检查以前的人工测值变化范围，并对测压管水位进行实际测量，保证设计的仪器安装位置与实际情况相符；按照设计安装测压管管口附件，需保证管口附件与测压管的结合处不漏水。记录仪器的安装位置，对仪器进行测量，同时测读测压管内水位或压力表读数等初始安装参数；进行一段时间的自动化与人工对比观测。必须保证人工观测设备的精度，所用的压力表或测绳必须经过检验。如自动化与人工测值差别较大时，应查找原因并予以改正。测压管安装示意图如图 3.11 所示。

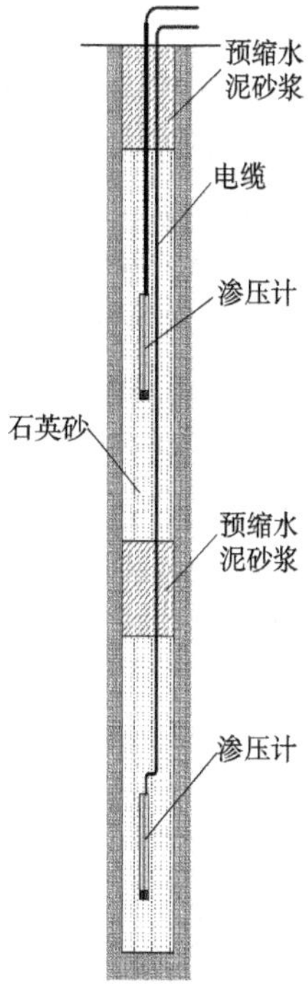

2. 埋入式渗压计的安装

安装前取下仪器端部的透水石，将仪器在水中浸泡 2h 以上，使其达到饱和状态，在测头上装有干净的饱和细砂的沙袋，使仪器进水口通畅，并防止水泥浆进入渗压计内部。在安装前应按厂家提供的方法建立仪器的初始读数，检查和标定仪器的参数，并做好记录。

在混凝土内埋设渗压计，可采用挖坑法，坑深 30～40cm，成坑后应清理。安放孔隙水压力计前应填入 15cm 细石英砂，细石英砂也需充分饱和。将渗压计进水口朝上游放入，坑内回填干净砂和碎石至坑顶面并捣实，仪器电缆引向观测站。记录首次读数，并及时填写埋设记录。埋入式渗压计的安装埋设如图 3.12 所示。

在基岩面上埋设渗压计时，应先在预定位置钻一个直径不小于 50mm 的孔，孔内充填砾石，再将装入砂袋的渗压计放到集水孔上。渗压计就位并固定后，周围用砂浆糊住。砂浆终凝后，即可在其上浇筑混凝土。

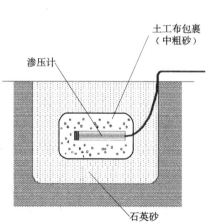

图 3.12　埋入式渗压计安装示意图

渗压计采用便携式读数仪进行测量。仪器在被混凝土埋没前和刚被埋没时应进行观测，在具体埋设期间必须边埋设边用仪表进行测量，以防止在埋设过程中损坏，以便及时补埋，从而确保仪器的埋设成功率。

图 3.11　测压管安装示意图

3.4.3.9 量水堰的安装埋设

量水堰用以监测坝体和坝基渗流水量。按照设计要求和现场的渗流量情况选购和加工堰板，量水堰的堰板应采用厚度不小于8mm的不锈钢板制作。过水堰口下游侧切削成45°坡口。堰槽长度应大于7倍的堰上水头，且总长不小于2m，其中堰板上游的堰槽长度应大于5倍堰上水头，且不小于1.5m；堰板下游的堰槽长度应大于2倍堰上水头，且不小于0.5m。堰槽宽度应不小于堰口最大水面宽度的3倍。

在堰槽的预留位置安装堰板，堰顶至排水沟沟底的高度应大于5倍的堰上水头，堰板应直立且与水流方向垂直。堰板应为平面，局部不平处不得大于±3mm。堰口的局部不平处不得大于±1mm。堰板顶部应水平，两侧高差不得大于堰宽的1/500。直角三角堰的直角，误差不得大于30″。堰板和侧墙应铅直，在堰口上游3～5倍的堰上水头处安装量水堰计。量水堰安装及结构埋设如图3.13所示。

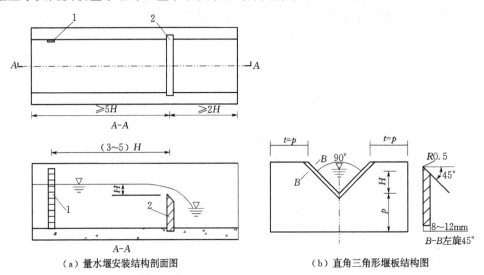

（a）量水堰安装结构剖面图 （b）直角三角形堰板结构图

图3.13 量水堰安装及结构埋设示意图

1—水尺；2—堰板

3.4.3.10 环境量监测仪器的安装埋设

环境量监测主要包括水位监测、温湿度监测、降雨量监测等。

1. 水位监测

（1）水尺。水位水尺的施工：水尺在大坝混凝土浇筑完毕后设置，水尺要求定位准确，并绘出铅直中心线，用红白相间涂料绘制刻度，水尺宽度为10～15cm。

（2）测水位计。水位计可直接置于水中或悬挂于测井内，测井可采用$\phi500$mm的钢管，钢管最下端（5m）加工成花管，管底用堵头封死。镀锌钢管安装在坝上、下游合适的部位，具体安装部位视现场实际情况确定。上游库水位计放在死水位以下0.5～1m处。仪器安装完成后用读数仪测读，正确以后将电缆引至测站。

2. 温湿度监测

将百叶箱设置在设计指定位置，温湿度计直接置于百叶箱内。

3. 降雨量监测

安装固紧仪器时，环口应置水平，否则要适当调节垫圈调试，环口水平后，卸下筒身，调节调平螺杆，使仪器水泡居中，仪器信号线应妥善固定好，避免意外。本仪器配有尼龙排水管供用户利用，一般讲，尼龙管不宜太长，以防折弯堵水。安装完成后，通电调试。

3.4.3.11 水力学监测通用底座的安装埋设

通用底座位置应按施工图放样，将仪器电缆由穿线嘴引入，底座内预留 1～2m，电缆端部短路（便于埋设施工中对电缆检测），并热缩或其他密封处理。为不影响过流面混凝土外观，通用底座采用直接固定在模板一侧方法，以保证通用底座表面同过流面齐平。通用底座与电缆管（PVC 管）的连接处要包裹严密不得漏浆。再用适量黄油将盖板与法兰环缝、螺栓、提盖螺孔及盖板等外表面涂抹密实。底座出线（或电缆保护管）与结构钢筋绑扎固牢。浇筑与过流道壁面混凝土同仓浇筑，设专人盯仓，避免振捣棒或其他施工机械损伤底座或电缆。

特殊要求：鉴于底流速测头和掺气仪具有方向性，为流速和掺气测点安装埋设底座时，要注意测点所在断面过流道的水流方向，须以盖板上两个安装螺孔中心线作为方向标志，并应保证其与水流方向线平行，如图 3.14 所示。

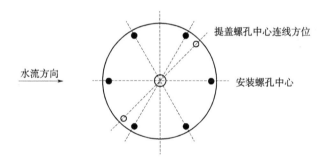

图 3.14 水力学通用底座安装示意图

3.4.3.12 正、倒垂线系统

在两岸坝肩及重点观测坝段埋设正垂线和倒垂线，以监测坝体的挠度以及坝体、坝基的水平位移。

1. 正垂线观测设备的安装

正垂孔施工完成并验收合格后方可进行正垂观测设备的施工。正垂观测设备由垂线悬挂装置、垂线、重锤、油桶和观测台组成。为了使垂线设置在垂孔中的最佳位置处，发挥倒垂的最大效用，安装好倒垂线悬挂装置是十分重要的工作。安装前将认真做好准备工作。

（1）根据垂线保护管各高程的偏心值作图。其步骤同倒垂线。

（2）各圆共同组成的部分（阴影部分）即为有效孔段。根据此阴影部分即可确定正垂线悬挂装置埋设的最佳位置。

（3）在埋设施工时，在坝顶保护管处向下开挖 40cm×40cm×40cm 的坑，在坑内预埋 10mm 厚钢板（钢板中间留有保护管口大的孔）。按保护管口大小制作一个木圆板。过圆心画 x、y 轴，并把设计的垂线钢丝位置在木板上标出，钻一小孔，以备安装时应用。

（4）根据选定的最优位置，把钢丝在圆形木板上的小孔中通过，用"倒垂法"悬挂钢丝，检查垂线钢丝位置是否符合要求。在不锈钢丝上相应于孔口标记处做出记号，以便焊接正垂线悬挂装置时用。

（5）正垂线悬挂装置焊接前，对钢丝与悬挂装置连接处，进行拉力试验，经试验钢丝断了，但连接处未断未脱，即符合要求。

（6）正垂线悬挂装置穿钢丝，确保钢丝位置同孔口标记一致。将正垂线悬挂装置底板与坑内预埋钢板焊接牢固。

（7）安装钢丝、重锤、油桶组及组建观测支架，做线体实验，检查自由度。

2. 倒垂线观测设备的安装

在倒垂钻孔完成及保护套管施工完成，并经验收合格后，才可以进行倒垂监测设备的安装工作。倒垂观测设备由浮体组、垂线、锚块（锚固点）和观测台组成。为了使垂线设置在倒垂孔中的最佳位置处，发挥倒垂的最大效用，埋设好倒垂线锚块是十分重要的工作。埋设前应认真做好准备工作。

（1）根据垂线保护管各高程的偏心值作图。其步骤如下：①取一页白纸、确定 x 轴和 y 轴，坐标原点为保护管"孔口"高程处的中心位置；②把保护管中心各高程测点的坐标标在该白纸上。以各高程的中心位置为同心、保护管相应的半径值为半径作圆。

（2）各圆共同组成的部分（阴影部分）即为有效孔段。根据此阴影部分即可确定倒垂线锚块埋设的最佳位置。为了保证必要的测量范围，要求垂线钢丝距保护管壁任何一点均应大于 40mm。

（3）在埋设施工时，可按保护管口大小制作一个木圆板。过圆心画 x、y 轴，并把设计的锚块位置在木板上标出，钻一小孔，以备安装时应用。

（4）根据选定的最优位置，把钢丝在圆形木板上的小孔中通过，先将锚块试放一次，检查锚块位置是否符合要求。当锚块放至孔底时，需在不锈钢丝上相应于孔口标记处做出记号，以便埋设时，判断锚块是否达到孔底。

（5）锚块埋设前，须对钢丝与锚块连接处进行拉力试验，经试验钢丝断了，但连接处未断未脱，即符合要求。

（6）埋设锚块时采用放浆筒法。水泥砂浆用 1:1，水泥标号 52.5。其稠度以能顺利放浆为准。数量以将锚块埋入为限。

（7）锚块埋设时，依据保护管的内径及锚杆的长度准确计算所需的砂浆量，使锚块沉入砂浆后垂线与锚块杆的连接部露出砂浆以上 3~5cm，严格按设计规定的砂浆混合比拌浆，控制好砂浆量，用灌浆桶快速将砂浆送入孔底。调整锚块上定位杆的直径使其小于有效孔径 2mm，用垂线将锚块送入孔底沉入砂浆后再提起距孔底

10cm，并用专用夹具将钢丝固定在孔口标识出的有效孔心的位置使锚块归心，并将孔口保护以防杂物掉入。终凝7d以上后，拆除专用夹具，并用1/3的浮力张拉倒垂线，线体稳定自由后检查测试线体的位置，确认是否满足设计要求。终凝21d以上后安装好倒垂浮体组。做线体实验，检查自由度。

（8）浮体组的安装。倒垂锚块埋设5d后，可进行浮体组的安装。浮体安装时主要注意以下几点：①油箱应水平，浮体位于油箱正中，并保持平衡；②将浮体移动后，能恢复到原来的位置；③油箱加盖后，浮体能自由移动，并满足测试精度要求。

3. 垂线坐标仪的安装

（1）结构及原理。RZ型双向垂线坐标仪由测量部件、标定部件、挡水部件及屏蔽罩组成，测量信号由电缆引出，如图3.15所示。

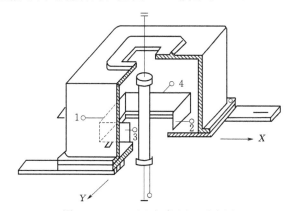

图 3.15　RZ 型坐标仪原理示意图

仪器采用差动电容感应原理非接触的比率测量方式。在垂线上固定了一个中间极板，在测点上仪器内分别有一组上下游向的极板 1、2 和左右岸向的极板 3、4，每组极板与中间板组成差动电容感应部件，当线体与测点之间发生相对变位时则两组极板与中间板间的电容比值会相应变化，分别测量二组电容比变化即可测出测点相对于垂线体的水平位移变化量。

（2）安装、调试方法。

1）根据设计图纸加工仪器支架。

2）将仪器支架安装到位。安装过程中应仔细检查仪器支架的安装位置及安装方向是否满足设计要求，并用水准尺检查仪器支架是否水平。

3）用螺栓将坐标仪固定在支架上。安装应根据季节适当调整，将坐标仪安装在最佳位置。

4）按照电缆连接约定连接坐标仪电缆，将电缆芯线与坐标仪焊接。

5）将电缆引入数据采集单元。电缆头标记必须醒目、牢固，防止牵引过程中脱落或损坏。

6）人工给定位移，利用百分表人工读数，同时自动化测读，现场检查坐标仪灵敏度系数，电缆接线是否准确无误；仪器安装完成后，对垂线线体进行复位实验，核实垂线线体是否自由。

为了便于计算，垂线坐标仪的测值方向为坝体向下位移为正，坝体向左位移为正；若不一致，在模块接线端子处将该组二桥压线进线位置互相调换使其一致。

4. 现场调试

为确保仪器使用质量，并使在现场能检查仪器性能，每个工程配置了一套标定部件，用于检查仪器输出数值是否正常，可用标定部件在坐标上标定。

标定部件由专用标定架 1 台，30（或 50）mm 百分表 1 支，磁性表架 1 个及连接在屏蔽罩上的 2 块不锈钢标定架定位块组成。将标定架用 2 个 M6×16 的螺丝固定在标定架定位块上，垂线固定在标定架推动块中心刻槽中，将表架吸在另一块定位块上，将百分表对准标定架推动块，并使表杆与坐标方向平行。推动块刻槽中有 −25mm、−12.5mm、0、12.5mm、25mm 五个刻槽位置，在左右方向和上下游方向分别从中间位置（0mm 位置）进行标定，将测量范围均分 10 档，全量程测得 11 个测值。共完成三个正、反行程测量，将所得资料经计算得到仪器在左右方向、上下方向的线性误差、回差和重复性误差。

量程求正、反行程测值的均值为 a_i（$i=0$、1、2、…、10）。

满量程输出值的均值：

$$\overline{U_n}=a_{10}-a_0 \tag{3.21}$$

单位格值：

$$K_f=\frac{S}{\overline{U_n}} \tag{3.22}$$

S 表示标定位移量程，取 25mm 或 50mm。

线性度误差：

$$\delta_1=\frac{|a_i-\overline{a_i}|_{max}}{U_n}\% \tag{3.23}$$

式中　$|a_i-\overline{a_i}|_{max}$——$i$ 测点端基线拟合值与该点测值平均值之偏差的最大值。

回差：

$$\delta_2=\frac{|a_{正i}-a_{反i}|_{max}}{\overline{U_n}}\% \tag{3.24}$$

式中　$|a_{正i}-a_{反j}|_{max}$——三个测回中，正反行程测值之最大偏差值。

重复性误差：

$$\delta_3=\frac{\Delta_{max}}{\overline{U_n}}\% \tag{3.25}$$

式中　Δ_{max}——同测点三个正反行程中三测值之最大偏差。

测量基本（总）误差：

$$\delta=\sqrt{\delta_1^2+\delta_2^2+\delta_3^2} \tag{3.26}$$

坐标仪的温度附加误差试验、长期稳定性试验、双向灵敏度影响试验，一般现场不具备一定条件和设备，可不做此试验，仅做线性标定或做灵敏度标定。

3.4.3.13 引张线系统

在廊道内埋设引张线以监测所在高程的水平向位移。引张线系统安装时需注意以下两点：①要求引张线线体保护管准直，以便引张线线体有足够的变形空间；②要求测点墩与待测部位紧密结合，能代表该处变形，且在同一高程面上。

1. 引张线设备的安装

（1）安装要求。

1）依据设计测点部位，埋设安装相应的设备。

2）端点、测点埋设时需在先期的混凝土上插筋，处理接面，使端点的混凝土墩完全反映该点的状况。

3）张紧端夹线装置的 V 形定位槽中心线，要与引张线方向一致，且 V 形槽的水平高程略高于滑轮顶端。固定端固线装置中固线头的中心线必须与引张线的方向一致。

4）测点部分的埋设必须可靠，能准确反映测点的变位。并且尽可能使测点在同一高程上，高程误差在±5mm 之内。如用人工比测装置，则要求测量标尺必须水平并且垂直于引张线方向。

5）测点、端点及线体必须有保护设施。保护管要置于支架上，相邻两管用管箍或法兰连接，测点保护与管道之间连接要考虑防风。

6）遥测引张线系统考虑电缆的保护。

（2）安装步骤。

1）先放出端点、测点及管道支架的平面位置，并测出其相对高差，以便按设计尺寸埋设时调整部件的高度。

2）按照设计要求安装引张线支架。

3）若事先未留二期混凝土或连接物，需用风钻或人工打孔予埋测点的插筋，再埋设安装各测点保护箱底板。要求底板保持水平。

4）埋设固定端、张紧端的混凝土墩及埋设件，保证端点部件的底板水平。

5）安装线体保护管道及端点的保护箱。

6）放线并将各测点遥测引张线仪的中间板穿在线上，将钢丝张紧，在浮箱中加"SG"溶液，使浮体托起至设计高程。

7）调整安装光学比测装置，保证测尺水平且与引张线垂直。调整标尺的高程，使线体到标尺面之间的距离在 1～1.5mm 之间。

8）检查线体在测量范围内是否完全自由：在某点线体人为给定一位移，分别测读各测点读数，并记录。最后放弃使线体自由并记录各测读数，重复三次。分析观测数据判断线体是否自由，若不自由需排查处理，使线体自由。

2. 引张线仪的安装

（1）将仪器安装到位。安装过程中应仔细检查仪器支架的安装位置及安装方向是否满足设计要求，并用水准尺检查仪器支架是否水平。

（2）用螺栓将坐标仪固定在支架上。了解测点以往的测值变化规律，对于测值变化较大的测点，应根据安装季节适当调整，将坐标仪安装在最佳位置。

（3）按照电缆连接约定连接坐标仪电缆，将电缆芯线与坐标仪焊接。

（4）将电缆引入观测站。电缆宜放入保护管或电缆桥架。

（5）外露电缆必须放入钢保护管内，保护管之间攻丝套扣连接。

（6）电缆头标记必须醒目、牢固，防止牵引过程中脱落或损坏。

（7）人工给定位移，利用百分表人工读数，检查坐标仪灵敏度系数，电缆接线是否准确无误。

（8）仪器安装完成后，对线体进行复位实验，核实线体是否自由。

3. 现场调试

智能电容式引张线仪的现场调试方法参照垂线坐标仪进行。

3.4.3.14 静力水准系统的安装埋设

坝体横向、纵向廊道内埋设静力水准系统 6 套，采用连通管法监测坝体和坝基的倾斜。静力水准系统安装时要求各测点支撑用钢板安装于同一高程面上，放样要求较高。

1. 静力水准仪的安装

（1）利用水准仪等仪器，依据设计位置现场具体放样。

（2）安装静力水准仪。静力水准仪底板必须安装牢固、水平，同一条静力水准各测点之间安装底板的安装高差不大于 3mm；用螺栓将静力水准仪固定在安装底板上，仪器安装也需水平。

（3）将静力水准管路与各测点仪器连通，要求连接处稳固、密封，不易脱落及漏液。

（4）加入静力水准专用液体。加液时应从一端开始，匀速加液，同时排出管路中的气泡。

（5）加液后，将浮子放入主体容器中，并将装有电容式传感器的上盖板装在主体容器上。

（6）将仪器电缆引入观测站。

（7）检查管路中是否有气泡，接头处是否漏液。

（8）静力水准仪采用人工仪表进行读数。

2. 现场调试

静力水准仪标定方法原理与垂线坐标仪类似，可参照进行。

3.4.3.15 双金属标系统的安装埋设

在两岸坝肩及重点坝段埋设双金属标 6 套，观测坝基的垂直位移。双标管钻孔方法可参考垂线孔的施工。管标及仪器安装方法如下：

1. 双金属标的安装

（1）保护管（套管）的埋设。

1）双标保护管采用无缝钢管。保护管（套管）每隔 3～8m 焊接 4 个大小不同的 U 形钢筋，组成断面的扶正环。

2）保护管应保持平直，底部加以焊封。保护管采用丝扣连接，接头处应精细加工，保证连接后整个保护管的平直度，安装保护管时全部丝扣连接缝用防渗漏材料密封。

3）下保护管前，可在钻孔底部先放入水泥砂浆，高于孔底约 1.0m。保护管下到孔底后略提高，但不得提出水泥砂浆面，并用钻机或千斤顶进行固定。

4）然后准确测定保护管的偏斜值，若偏斜过大，应加以调整，直到满足设计要求，方可采用水泥砂浆进行保护管的固定；待水泥砂浆具有足够的强度后，才能拆除固定保护管的钻机或千斤顶。

（2）双金属标的安装。

1）在保护管（套管）内安装双金属管，双金属管采用钢管和铝管，钢管在外，铝管在内，两者套结而成。钢管和铝管安装前均需采样测定温度线膨胀系数，其测量误差宜小于 $\pm 2 \times 10^{-7}$℃，并能够保证主体工程的观测精度要求。

2）为固定双金属管在套管内的位置，宜每隔 2m 设置一个厚 25mm 的橡胶环，钢心管和铝心管从其中穿过，橡胶环的大小应保证心管不晃动。

3）钢管采用丝扣连接，铝管采用管箍连接。钢管和铝管每隔 4～5m 焊接 4 个导向柱板，组成一环形导向装置。

4）双金属管的底盖采用青铜棒专门加工，顶部应带有人工测量基座，底盖应能密封止水。

5）在双金属管底部设锚块，锚块采用 A3 钢加工，与双金属管连接处攻丝，连接处应密封不得漏水。

6）埋设双金属管时，宜向孔底放入厚 0.5m、加了缓凝剂的水泥砂浆，将双金属管慢慢放至孔底沉入水泥砂浆深处进行锚固。

7）双金属孔上方预埋一块 70cm×70cm 的安装钢底板，底板上开有圆孔穿过钢保护管，钢底板底部和锚筋焊接后锚固在新浇混凝土墩内，锚固深度大于 300mm，锚筋底部带有弯钩。施工时应保证保护管与钻孔壁之间的灌浆不能流入孔内，以保证钢心管与铝心管自由变形。在钢底板的指定位置应预先开好 4 个 M8 螺孔，以安装变位计附件。另外，双金属标在人工比测时应注意，水准尺不能与周边仪器相碰撞。

2．双金属标位移计的安装

（1）用螺栓将双金属标位移计固定在安装底板上，仪器安装调水平。调整初始位置。

（2）将仪器电缆引入观测站，并开始人工测量。

3.4.3.16　真空激光监测设备的安装调试

真空激光准直系统的施工主要包括配套土建工程施工和真空激光监测设备的安装调试两大部分。

1．激光发射端的安装

修建发射端安装平台和安装底板，然后在其上安装激光设备。安装激光光源底板时，应用水泡控制底板处于水平位置，其高度按照设计图纸进行调节；安装激光光源固定支架，通过调节螺栓调节激光管，使激光光源中心线在真空管道中心线上；安装组合光栏，调节光栏的高度，使激光光束通过小孔光栏。

2. 激光接收端的安装

修建接收端安装平台和安装底板，然后在其上安装激光设备。安装接收端底板，安装时应用水泡控制底板处于水平位置，其高度按照设计图纸进行调节；安装接收屏，使接收屏的中心位于管道中心线上；安装 CCD 坐标仪，CCD 坐标仪的安装应满足测量要求。

3. 测点箱的安装

为保证测点箱和坝体牢固结合，并便于安装调整，在每一测点处设 1 个混凝土测点墩，上置钢面板，用插筋（带螺杆）使面板和坝体联为一体，再将测点箱紧固在面板上。为防止雨水等流进坑内，测点坑上加盖钢盖板并有排水措施。

4. 波带板翻转机构的安装及调整

将波带板翻转机构用螺丝固定于测点箱内，将波带板大致放在管道中间，按照翻转机构电路板的接线接好电源线和通讯线。将所有的测点全部安装完成后，将测点箱盖盖上，进行抽真空。当真空抽到测量真空度后，用电脑控制轮流举起不同部位的波带板，并记下各个波带板在成像屏上所成的像的位置。然后再根据该位置按系统各测点的放大倍率计算出翻转机构及波带板精确调整的位置进行精调。

5. 软件的调试

在工控机上安装真空激光系统测量软件。运行该软件，完成各种功能的操作；对系统进行定时，单点测量，多次重复测量。

3.4.3.17 强震仪的安装

1. 仪器安装

仪器内有 1 台垂直向和 2 台水平方向的传感器相互正交成三轴向安装。仪器安装时注意安装测量的正方向。

仪器安装需要考虑底座安装调水平，仪器壳上装有水准仪，要求调整到水准泡在小黑圈内。仪器备有附加安装底板，用 $\phi 8mm$ 螺栓固定。

2. 仪器连线

检查所有电缆线应完好，无破损和断路，按要求接好电源、记录器。并核对接线无误后，用开关接通正负电源等待 1min，用万用表检测各方向低灵敏度输出线与输出信号地线电压，仪器出厂时调在小于 10mV，如大于 50mV 仪器可进行调整。

3. 灵敏度 S 的标定

仪器输出下限测量频率为 0，因此可利用地球重力场对仪器的灵敏度进行静标定。标定方法：接通电源，根据三轴向加速度计所在不同位置，沿着每台加速度计的长轴轴线，左、右翻转 90°，即使加速度计受 ±1g 的重力加速度作用。

也可以利用下式对 SLJ 型加速度计翻转的角度 α 计算其灵敏度：

垂直：
$$S_c = \frac{1}{2} \frac{|V_Z| + |V_R|}{g(1-\cos\alpha)} \qquad (3.27)$$

水平：
$$S_s = \frac{1}{2} \frac{|V_Z| + |V_R|}{g\sin\alpha} \qquad (3.28)$$

式中　α——加速度计翻转角度；

$V_Z(V_R)$——加速度向左（右）翻转的角度 α 时输出的电压值。

4. 仪器系统标定

系统标定时请连接记录器进行，将加速度计翻转适当的角度，用记录器将标定过程记录下来，作为实测时的分析标准。

5. 标定

SLJ 型三分向加速度计为了与数字强震记录仪配接标定检测使用，内部设置了标定加速度计阻尼与自振频率装置，以便通过记录器远程检查加速度计的工作情况。

由数字强震仪输出两组标准格式的时程曲线给 SLJ 型加速度计的无阻尼设置端（UNDAMP）和标定端（STEP），此时加速度计响应标定输出典型时程曲线。

6. 仪器调零

仪器调水平后，接通电源，仪器有机械调零孔，使用专用工具按给出仪器位置安装调整示意图的 ⊕→⊖ 方向调整，用数字万用表监测仪器的输出电压大小。注意用力适当，勿调过量，防止扭伤簧片，造成损坏。

3.4.3.18　外部变形监测网平面网点

（1）平面位移监测网等级为一等。

（2）点位选择在视野开阔，通视良好，基础稳定的地方。

（3）对平面监测网基准点的基础开挖至基岩，并深入基岩下 0.5m，地面观测墩高 1.3m。

（4）观测墩浇筑时采用 ϕ16mm 螺纹钢和 C20 混凝土，并按规定养护，标墩顶部设置强制对中盘，强制对中盘采用长水准气泡调整水平，其倾斜度不大于 4′。

（5）埋设时，注意避开交会视线上的障碍物 1m 以上。

3.4.3.19　外部变形监测网垂直网点

（1）垂直位移监测网采用国家一等水准精度施测。

（2）点位选择在隐蔽不易被破坏，基础稳定的地方，尽量利用施工测量控制网点。

（3）垂直位移监测网点为现浇标墩，一般按基岩水准标形式，条件好时，可按岩石水准标形式浇筑。

（4）水准标心顶端高于标面 0.5～1.0cm。

（5）在水准点旁设立指示牌。

3.4.3.20 表面变形监测点

（1）平面位移测点标墩为现浇钢筋混凝土观测墩（C20），坝顶监测点标墩高于地面 2.0m，并与监测部位紧密结合。

（2）标墩顶部设置强制对中盘。强制对中盘应调整水平，其倾斜度不得大于 4′。

（3）埋设时，注意避开交会视线上的障碍物 1m 以上。

3.4.3.21 坝体水准基点和水准测点

坝体水准工作基点位于坝基灌浆洞两端，标石为基岩水准标或岩石水准标；坝体内水准测点为混凝土水准标或岩石水准标。点位选择在隐蔽不易被破坏，基础稳定的地方，埋设时标心采用不锈钢标心，表面加保护盖防止破坏。水准标心顶端高于标面 0.5～1.0cm。

3.4.3.22 监测仪器的电缆安装

1. 电缆的连接

监测电缆在仪器埋设点附近应预留一定的富余长度。电缆牵引方向应尽量垂直或平行于混凝土面埋设。监测仪器至监测站的电缆应尽可能少用接头。电缆的连接和测试按《混凝土坝安全监测技术规范》（DL/T 5178—2003）实施。在监测仪器引线进行必要的连接、套接和安放后，在回填或埋入混凝土中之前，监测仪器引线应立即进行测试。仪器电缆也应进行通电测试。弦式仪器的电缆应采用专门配套的屏蔽电缆，仪器电缆连接方法参见供货厂家说明书。在电缆的端部应提供防水、防湿的保护套管，监测仪器电缆进入监测站处应有 2m 以上的镀锌电缆套管。电缆采用热缩连接。

（1）根据设计和现场情况准备仪器的加长电缆。

（2）在要连接的电缆一端预先套上的里层带有热融胶的热缩套管，再在电缆的每根芯线的一端分别套上一根细的热缩套管。

（3）把铜丝的氧化层用砂布擦去，按同种颜色互相搭接，铜丝相互叉入，拧紧，涂上松香粉，放入已熔化好的锡锅内摆动几下取出，使上锡处表面光滑无毛刺，如有应锉平。

（4）检查各芯线电阻，测值正常后加热热缩每根芯线的热缩套管，用火从中部向两端均匀地加热，排尽管内空气，使热缩管均匀地收缩，并紧密地与芯线结合。

（5）将芯线并在一起，用专用的自粘胶带紧紧地把芯线裹在一起，裹时一圈一圈地依次进行，并用力拉长胶带，边拉边缠，使粗细一致，包扎体内不能留空气。

（6）接好电缆的屏蔽层（可以互相压按在一起），重复上述（5）的做法，包裹之后的电缆外径略小于外层热缩管的内径为宜。

（7）将预先套在电缆的外层热缩套管移至缠胶带处加温热缩，如果外层热缩套管的内层不自带热融胶，热缩前应在热缩管与电缆外皮搭接段缠上热熔胶，用火从中部向两端均匀地加热，排尽管内空气，使热缩管均匀地收缩，并紧密地与电缆结合。

（8）接头热缩前后应测量、记录电缆芯线电阻、仪器读数。

电缆连接示意图如图 3.16 所示。

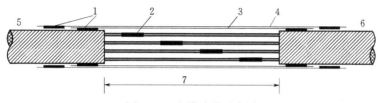

图 3.16　电缆连接示意图

1—热熔胶；2—焊锡、芯线套管及绝缘胶带；3—内层热缩管；4—外层热缩管；
5—电缆 A；6—电缆 B；7—绝缘胶带缠绕部位

2.电缆的保护

（1）电缆在牵引过程中，要严防开挖爆破、碾压坝中电缆的牵引受力过大、施工机械损坏电缆，以及焊接时焊渣烧坏电缆。

（2）电缆跨施工缝或结构缝布置时，应采用穿管过缝的保护措施，防止由于缝面张开或剪切变形而拉断电缆，具体要求如下：

1）电缆跨缝保护管直径应足够大（为电缆束直径的 1.5～2.0 倍），使得电缆在管内可以松弛放置段。

2）跨缝管段应有伸缩管，以免因保护管伸缩而造成局部混凝土开裂。

3.5　监测观测及整编

3.5.1　监测观测

1.一般要求

（1）在整个合同工期内，施工方负责对已埋设安装并处于工作状态的观测仪器，按监理人批准的方法及测次定期观测和检验，记录全部原始观测和检验资料，及时将观测资料换算为相应的温度、应力、位移、水位等物理量，并进行资料整理、分析各监测量的变化规律和趋势、判断有无异常的观测值。按监理人的要求和规定的程序，以电子文件和月报、报表等方式报送监测成果资料。

（2）在汛期、测值出现异常或为施工提供必要的数据时，对部分仪器增加测次，并按监理人的要求及时提供整理的监测资料。

（3）在发现监测数据确有异常时，施工方要复测、加密观测，同时立即通知监理人，以便分析原因，并及时采取必要的措施。

（4）施工方保留全部未经任何涂改的原始记录，监理人有权随时查看。在施工期间，按期向监理人提交监测资料和无任何修改痕迹的原始监测数据。

（5）施工方在进行日常监测的同时，记录收集工程相关资料，包括工程施工形象、监测仪器周围的爆破情况、降雨等情况，以及工程中出现的各种异常情况。对收集到的资料进行妥善保管，并在相应的观测记录中作必要备注，以供进行资料分析之用。

（6）用于现场监测的读数仪表按有关要求定期标定，确保仪表在有效期内使用。各项目一般情况下监测频次汇总见表 3.7。

表 3.7　　　　　　　　　　　　　观测频次一览表

项目	施工期	首次蓄水期	初蓄期
内部变形	1 次/周	2 次/周～1 次/周	2 次/周～1 次/旬
应力、应变	1 次/周	2 次/周～1 次/周	1 次/周～1 次/月
渗流	1 次/周	1 次/2d～1 次/周	2 次/周～1 次/旬

2. 观测技术要求

混凝土内部监测仪器（如应变计组、无应力计、测缝计、钢筋计）埋入后，24h 内，每隔 4h 监测 1 次；之后每天监测 3 次，直至混凝土达到最大水化热温升为止；以后每天监测 1 次，持续 1 旬；以后每旬监测 2 次，持续 1 个月。

测压管、地下水位孔、量水堰安装灌浆后，应反复测读初始值，当连续 2 次读数差不超过 1cm 时，取平均值为基准值；以后每天观测 1 次，持续 1 周。

3. 巡视检查

巡视检查分为日常巡视、年度巡视和特别巡视，施工期进行日常巡视检查，一般一周一次，雨季期间加密，特殊情况（如地震、爆破和暴雨等）及时组织特别巡视检查。

3.5.2　基准值选取

监测仪器的基准值选择是监测资料整理计算中的重要环节，基准时间选择过早或过迟则会造成监测数据不正常或丢失监测资料，使监测计算成果不准确。不同监测仪器所考虑的因素和选取的基准时间也各不相同。

1. 内部变形监测仪器

埋设灌浆 24h 后，测得三次读数差小于 1‰（F.S），取其平均值作为基准值。

2. 应力应变监测仪器

应力应变监测仪器的基准值选取一般遵循以下几个原则：①混凝土浇筑后，混凝土与仪器共同作用和正常工作；②电阻比与温度过程线呈相反趋势变化；③观测资料表明应变计测值服从点应变平衡原理；④观测资料从无规律跳动到比较平滑有规律变化。

（1）应变计、无应力计。

在选择基准值时，需考虑以下情况：

1）当测点处温度达到均匀后，一组内各仪器间的温度差不超过 1℃。

2）互相垂直的应变量之和与另一互相垂直的应变量之和相差不应超过（10～25）$\times 10^{-6}$ 范围。另外由于应变计本身具有一定的刚度，所以在混凝土凝固前，应变计不能完全反映出混凝土的变形，一般在埋设后12h以上，才能达到平衡状态。因此选择位于同层同块的应变计组的基准值时，一般选24h以上的观测值作为基准值，无应力计和它相应的应变计组取共同的基准时间。

（2）测缝计。

测缝计埋设后，混凝土或水泥砂浆终凝时的测值可作为基准值，一般取24h测值。

（3）钢筋计。

钢筋计的基准值可根据使用处的结构而定，一般取混凝土或砂浆固化后钢筋和钢筋计能够跟随其周围材料变形时的测值作为基准值，一般取24h以上的测值。

3．渗流渗压监测仪器（渗压计）

在埋设前将装有渗压计的砂袋放在充满水的水桶中泡水24h，保持水温、周围环境和渗压计温度相对不变。24h后将渗压计慢慢提起，但注意要使渗压计的透水石端接近水面而不暴露出水面，此时用测读仪表读取线性读数、温度，此时测值即为该渗压计的基准值读数。

3.5.3　监测资料整编

1．一般要求

（1）对监测资料必须及时整理和整编，并将分析成果提交监理人。

（2）监测资料整编，是将安全监测仪器埋设的竣工图、各种原始数据和有关文字、图表（包括影像、图片）等资料，进行收集、统计、考证、审查，综合整理监测成果，按规定的数据库格式输入计算机，用磁盘或光盘备份保存，并汇编刊印成册。

（3）监测资料整编工作包括日常资料整理、整编和定期资料综合分析。整理、整编的成果应做到项目齐全，考证清楚，数据可靠，图表完整，规格统一，说明完备。

（4）每次仪器监测和巡视检查后，随即进行日常资料整理。主要是查证原始监测数据的可靠性和准确性，将其换算成所需的监测物理量，按规定的数据库格式及时存入计算机，并判断测值有无异常。如有异常或疑点，及时复测、确认。

（5）在日常资料整理基础上，对资料定期整编。定期整编是指按规定时段对监测资料进行整编和分析，汇编刊印成册，并附简要的分析意见和编印说明。

2．整编方法

（1）数据检验。对现场观测的数据或自动化仪器所采集的数据，检查作业方法是否合乎规定，各项被检验数值是否在限差以内，是否存在粗差或系统误差。若判定观测数据超出限差时，立即重测。

任何测量过程都不可能得到与实际情况完全相符的测值，由于种种原因，测量中不可避免地引入这种或那种偏差。测值与真值的差异称为测值的观测误差。误差源主要有：

1）仪器和量具的误差（含随时间产生的误差）。

2）人的误差（含测错、读错、记录错）。

3）自然条件引起的误差。

4）测量方法的误差。

其误差的数值和符号不变的称为恒值系统误差。反之，称为变值系统误差。变值系统误差又可分为累进性的、周期性的和按复杂规律变化的几种类型。系统误差的原因包括检测装置本身性能不完善、测量方法不完善、测量者对仪器使用不当、环境条件的变化等原因。注意：同条件多次重复测量消除不了系统误差。

有条件时，通过调查或试验对量测中存在的方法误差、装置误差、环境误差、人员主观误差和处理量测数据时产生的舍入误差、近似计算误差以及计算时由于数学物理常数有误差而带来的测值误差进行分析研究，以判断其数值大小，找出改进措施，从而提高观测精度，改善测值质量。

（2）物理量计算。经检验合格的观测数据，应按照一定的方法换算为监测物理量，如水平位移、垂直位移、扬压力、渗流量、应变、应力等。物理量的正负号应遵守规范的规定。规范没有统一规定的，应在观测开始时即明确加以定义且始终不变。相同类型的物理量（位移、应力、应变、渗压、渗流等）的正负号、单位应统一，尤其是不同监测手段获得的位移应尽可能采用相同的坐标系、正负号和单位。

数据计算确保方法合理、计算准确。采用的公式要正确反映物理关系，使用的计算机程序要经过考核检验，采用的参数要符合实际情况。计算时，采用国际单位制。有效数字的位数应与仪器读数精度相匹配，且始终一致，不随意增减。严格坚持校审制度，计算成果一般应经过全面校核、合理性审查等几个步骤，以保证成果准确无误。

观测基准值将影响每次观测成果值，必须慎重准确地确定。内部观测仪器的初值根据混凝土的特性、仪器的性能及周围的温度等，从初期各次合格的观测值中选定。变形观测的位移、接缝变化等皆为相对值，基准值是计算监测物理量的相对零点。一般宜选择水库蓄水前数值或低水位期数值。各种基准值至少连续观测 2 次，合格后取均值使用。一个项目的若干同组测点的基准值宜用同一测次的，以便相互比较。

3.5.4　整编公式

1．多点位移计绝对位移计算

（1）物理量换算。多点位移计的量测物理量为位移，位移计有频率模数 F_i（频率的平方除以 1000）和温度 T_i 两个测值，可接入振弦式读数仪或安全监测自动化系统进行测量。

频率模数：

$$F_i = f_i f_i / 1000 \qquad (3.29)$$

位移公式：

$$L（或 J）= k(F_i - F_0) + K_T(T_i - T_0) \qquad (3.30)$$

式中　F_i——当前时刻测得的频率模数值；

　　　f_i——当前时刻测得的频率值；

　　　J——缝开合度，mm，正值为张开；

　　　L——位移量，mm，正值为拉伸；

　　　k——仪器率定系数，由仪器生产厂家提供；

　　　K_T——温度修正系数，$10^{-6}/℃$，由仪器生产厂家提供；

　　　F_0——基准时刻测得的频率模数值；

　　　T_i——当前时刻测得的温度值；

　　　T_0——基准时刻测得的温度值。

（2）绝对位移换算。以四点式多点位移计的计算为例，锚头埋设由浅入深分别为 A、B、C、D，经过整编后，各传感器位移分别为 D_A、D_B、D_C 和 D_D，但以上位移为相对位移，需要转换成以 D 锚头埋设位置为相对不动点的绝对位移，那么 D 传感器的读数 D_D 即为孔口处的绝对位移量 D'_D，相对 D 锚头埋设位置的 A、B、C 锚头处的绝对位移分别为

$$
\begin{aligned}
D'_A &= D_D - D_A \\
D'_B &= D_D - D_B \\
D'_C &= D_D - D_C
\end{aligned}
\qquad (3.31)
$$

2. 振弦式渗压计

振弦式渗压计有频率模数 F_i（频率的平方除以 1000）和温度 T_i 两个测值，可接入振弦式读数仪或安全监测自动化系统进行测量。

渗透压力计算公式：

线性公式：　　　$P = G(F_i - F_0) + K(T_i - T_0)$ 　　　　(3.32)

多项式公式：

$$P = (AF_i^2 + BF_i + C) + K(T_i - T_0) \qquad (3.33)$$

式中　F_i——当前时刻测得的频率模数值；

　　　P——水压力，kPa；

　　　G——线性计算系数，由仪器生产厂家提供；

　　　K——温度修正系数，由仪器生产厂家提供；

　　　F_0——基准时刻测得的频率模数值；

　　　T_i——当前时刻测得的温度值；

　　　T_0——基准时刻测得的温度值；

A、B、C——多项式计算系数，由仪器生产厂家提供。

还可以结合渗压计埋设高程将渗透水压力换算成水位，公式如下：

$$H = H_0 + P/\rho \tag{3.34}$$

式中　H_0——渗压计埋设高程；

　　　P——渗透水压力；

　　　ρ——水的密度。

3. 电阻温度计

温度计计算公式：

$$t = \alpha(R_t - R_0') = 5 \times (R_t - 46.6) \tag{3.35}$$

式中　t——温度；

　　　R_t——当前电阻测值；

　　　R_0'——计算冰点电阻值，由仪器生产厂家提供，一般为 46.6Ω；

　　　α——电阻温度系数，由仪器生产厂家提供，一般为 $5℃/\Omega$。

4. 差阻式应变计（无应力计、钢板计）

应变计、无应力计、钢板计的传感器相同，因此，其整编公式基本一致。差阻式应变计、无应力计、钢板计有电阻比 Z 和温度电阻 R 两个测值，可接入电桥或安全监测自动化系统进行测量。

（1）温度计算公式。

$$t = \alpha'(R_t - R_0') \qquad (60℃ \geqslant t > 0℃) \tag{3.36}$$

$$t = \alpha''(R_t - R_0') \qquad (0℃ \geqslant t > -25℃) \tag{3.37}$$

式中　t——测点温度；

　　　R_t——当前电阻测值；

　　　R_0'——计算 $0℃$ 电阻值，由仪器生产厂家提供；

　　　α'——零上温度系数，由仪器生产厂家提供；

　　　α''——零下温度系数，由仪器生产厂家提供。

（2）应变计算公式。

$$\varepsilon_m = f(Z_i - Z_0) + (b - a_c)a(R_i - R_0) \tag{3.38}$$

式中　ε_m——混凝土应变，正值为拉应变；

　　　f——最小读数，由仪器生产厂家提供；

　　　b——温度修正系数，由仪器生产厂家提供；

　　　a_c——混凝土或钢板膨胀系数，由仪器生产厂家提供；

　　　a——温度系数，由仪器生产厂家提供；

　　　Z_i——当前电阻比测值；

　　　Z_0——基准电阻比测值；

　　　R_i——当前温度电阻测值；

　　　R_0——基准温度电阻测值。

（3）有效应变的计算。

对于应变计，根据式（3.38），算得的实测应变 ε_m，并不完全是由应力引起的，它包括两部分：①外力和内部约束引起的应变，称为应力应变 ε_1；②由自由体积变形引起的应变，称为非应力应变 [ε_0 由无应力计测值根据式（3.38）计算]。而在工程上需要分析的是 ε_1。因此，计算应变时，应将 ε 减去非应力应变 ε_0，则计算公式为

$$\varepsilon_1 = \varepsilon - \varepsilon_0 \tag{3.39}$$

式中　ε——应变计所测的应变；

　　　ε_1——由应力产生的应变，称作有效应变；

　　　ε_0——自由体积变形应变，为无应力计的测值。

5. 其他差阻式仪器

其他大部分差阻式仪器的计算原理基本类似，如钢筋计、锚杆应力计、土压力计、压应力计、测缝计和位移传感器等，都有电阻比 Z 和温度电阻 R 两个测值，可接入电桥或安全监测自动化系统进行测量。各类仪器换算成相应物理量后，进一步的整编计算与相应的振弦式传感器资料整编相同。

各种传感器的温度计算与差阻式应变计相同。

相应物理量计算公式：

$$\sigma(L) = f(Z_i - Z_0) + b(R_i - R_0) \tag{3.40}$$

式中　σ——应力，正值受拉；

　　　L——位移量，正值受拉或呈张开状态；

　　　f——最小读数，由仪器生产厂家提供；

　　　b——温度修正系数，由仪器生产厂家提供；

　　　Z_i——当前电阻比测值；

　　　Z_0——基准电阻比测值；

　　　R_i——当前温度电阻测值；

　　　R_0——基准温度电阻测值。

3.5.5　监测资料正负号规定

根据规范规程及设计文件规定，本工程各监测仪器的正负号规定如下：

（1）坝体位移：向下游、左岸位移为正，向上游、右岸为负。

（2）边坡位移：向河床位移为正，向山体为负。

（3）多点位移计：变形指向临空面为正，反之为负。

（4）接缝和裂缝开合度：张开为正，闭合为负。

（5）应力、应变值：以拉应力（应变）为正，压应力（应变）为负。

（6）渗流渗压值：以有压为正。

3.5.6　仪器单位符号规定

目前安装仪器主要有位移传感器、应力传感器、温度传感器、渗流渗压传感器、应力应变传感器等，监测仪器单位符号规定见表 3.8。

表 3.8　　　　　　　　　　　　监测仪器单位符号统计表

序号	监测仪器名称	单位符号
1	位移量	mm
2	应力	MPa
3	温度计	℃
4	水位及水头	m
5	应变	$\mu\varepsilon$

第4章 安全监测仪器鉴定方法和成果

据不完全统计，约有100多万支仪器埋设于各类水利工程中，这些仪器绝大部分采用埋入式安装，不能取出、无法更换，而仪器的工作环境恶劣，加上不同厂家产品质量参差不齐，后期安装施工不严谨、运行管理不到位，随着时间的推移，部分仪器性能下降甚至输出误导信息，给资料分析、安全评估增加困难。如图 4.1 所示。

图 4.1　对大坝安全监测系统进行鉴定的原因

传感器一经埋入，仪器生产时的检测鉴定方法已不便引用，需要建立一套科学的适用于现场的鉴定方法去了解它们的工作性态。由于目前我国大坝安全监测技术规范还没有已安装的安全监测仪器质量检测方法和标准，因此，本次对该水利枢纽工程安全监测系统的鉴定将参照相关规范，根据不同类型监测仪器的工作原理和产生误差的关键因素，制定各种安全监测仪器的鉴定方法和标准。

4.1　鉴定依据

对安全监测仪器的检测鉴定依据的标准包括国家标准、水利行业标准。本次检测鉴定遵守的标准和方法汇总如下：

国家和行业部门有关的法律、法规、规章等。

国家标准、办法及水利水电行业相关标准。

工程承包合同认定的其他行业标准和文件。

自行提出的非常规检测项目的质量检测标准以及其他特定要求。

检测依据的技术标准及规程规范应保证使用最新有效版本，技术标准及规程规范包括但不限于以下所列：

（1）《钢弦式仪器测量仪表》（DL/T 1133—2009）。

（2）《大坝安全监测自动化技术规范》（DL/T 5211—2005）。

（3）《混凝土坝安全监测技术规范》（SL 601—2013）。

（4）《钢弦式监测仪器鉴定技术规程》（DL/T 1271—2013）。

（5）《差动电阻式监测仪器鉴定技术规程》（DL/T 1254—2013）。

（6）《电阻比电桥》（GB/T 3412—1994）。

（7）《大坝安全监测仪器检验测试规程》（SL 530—2012）。

（8）《大坝安全监测系统验收规范》（GB/T 22385—2008）。

（9）《大坝安全监测仪器报废标准》（SL 621—2013）。

4.2　鉴定工具

根据鉴定工作内容，一般使用相应传感器的二次读数仪表、兆欧表和万用表等，见表 4.1，其中，使用 100V 兆欧表对振弦式传感器进行检测，使用 500V 兆欧表对差阻式传感器进行检测。对于所有鉴定工具，均需由具备资质的国家计量认证部门出具的校准证书方可投入使用。

表 4.1　　　　　　　　　　鉴定工具

序号	设备名称	型号规格
1	振弦式读数仪	
2	数字电桥	
3	兆欧表	100V
4	兆欧表	500V
5	万用表	

4.3　监测仪器鉴定方法和标准

混凝土和岩石中埋设的电测仪器是用于长期监测的仪器，在运行过程中如果不精心维护、认真测量和记录数据，在一定时间后计算分析资料时，会发现数据有很多不应有的变化和跳动。由于氧化作用和绝缘度降低造成仪器的电阻发生变化，使得仪器测值不稳定或产生非工作状态电阻变化，进而影响资料的可靠性，有时会引起资料分析的错误判断，所以对仪器工作状态进行了解是必要的。

仪器鉴定的主要目的是及时准确了解仪器工作状态，为观测和资料分析提供必要的参考依据，其主要从以下两个方面对监测仪器进行评价。

1. 历史数据分析评价

根据仪器的历史监测数据结合基本资料和维护资料，检查监测仪器工作状态是否正常。

历史数据分析评价宜以测值过程线图分析法为主要手段。

2. 现场检测评价

现场检测评价分为对振弦式传感器、差阻式传感器、电位器式传感器和其他专项监测装置的评价。

最后，根据历史监测数据分析评价结果和现场检测评价结果，综合评价仪器工作状态。

4.3.1 振弦式传感器

振弦式传感器鉴定的常规方法主要为稳定性、绝缘度。本工程埋设的振弦式传感器主要是渗压计，其内部电阻较小，且与之接触的水体存在导电性，因此，避免采用200V以上的兆欧表等高电压的设备对其进行绝缘电阻的测量，防止传感器被高电压击穿；绝缘性好坏对振弦式传感器测量影响较小，因此不将绝缘性检测作为必要检测项目。经过深入研究振弦式传感器原理后首次提出芯线电阻的检测，振弦式传感器鉴定方法和标准如下。

1. 芯线电阻检测

振弦式传感器的起振和钢弦谐振信号拾振都是由传感器内部的线圈完成的。外部读数仪在线圈上施加扫频激振信号使线圈产生磁场力，拨动钢弦起振，在停止激振时，线圈充当拾振感应线圈，将钢弦的谐振信号送回至读数仪。如果激振力幅值太小，将无法让钢弦起振，也就不能进行正常的测量。线圈的匝间短路或者电阻过大，都会影响线圈的激振和拾振功能，严重时可导致仪器失效。振弦式仪器芯线电阻采用万用表测量。

振弦式传感器在生产过程中，传感器内部线圈和测温元件具有固定的阻值。在长期使用过程中，传感器内部元件阻值与出厂值差别较大时，可能造成仪器测读误差或失效。各生产商的振弦式传感器内部元件电阻存在较大差异，针对振弦式传感器设定鉴定标准。设红黑电阻 R_1、绿白电阻 R_2，鉴定标准如下：

(1) $0.1\Omega \leqslant R_1 \leqslant 0.5\Omega$ 合格，其他范围不合格。

(2) $4\Omega \leqslant R_2 \leqslant 8\Omega$ 合格，其他范围不合格。

2. 稳定性检测

使用监测仪器生产商提供的专用振弦式读数仪对传感器频率进行连续5次测量，每次间隔1～2min，记录5次测量值。计算其相互之间的较差，根据测值的一致性和评价标准来判断传感器的工作状态。

频率容许波动范围不大于1Hz，合格；

频率容许波动范围大于1Hz，不合格。

3. 超量程情况

振弦式传感器中，钢弦是唯一的敏感元件，如果钢弦固定机构松弛或者钢弦被拉断，那么传感器的谐振频率将下降，或者根本就不起振。设最小输出频率为 f_{min}，最大频率为 f_{max}，如果传感器的输出频率小于 f_{min} 或者大于 f_{max}，则判定传感器失效；如果传感器的输出频率大于 f_{min} 且小于 f_{max}，则判定传感器合格。即：

(1) $f_{min} \leqslant f \leqslant f_{max}$，合格。

(2) $f > f_{max}$ 或 $f < f_{min}$，失效。

4.3.2 差阻式传感器

1. 绝缘电阻检测

由于埋入仪器的电阻值较小，随着绝缘电阻的降低，实测电阻（比）值不能正确反映需要的观测物理量，另外还会引起仪器测值的不稳定，都将造成一定的观测误差，影响观测资料的使用价值。差阻式仪器采用兆欧表测量每根芯线与大地间的绝缘电阻；以最小绝缘电阻作为仪器绝缘电阻。

对于差阻式传感器，如果绝缘电阻给传感器电阻测量带来的测量误差超过 0.02Ω，就认为传感器绝缘电阻检查不合格。当仪器自身绝缘电阻降至 $0.1M\Omega$ 时，导致总电阻的误差为 0.01Ω，但在传感器安装后就无法测量出仪器自身绝缘电阻值，只能以传感器芯线对接地端的阻抗作为判别依据，这个电阻由两部分构成：①传感器的绝缘电阻；②混凝土的电阻，从对比测量中可知，钢筋混凝土的阻抗比较小，根据上述分析将差阻式传感器的绝缘状况分为 3 级，设绝缘电阻为 R，绝缘电阻鉴定标准如下：

(1) $R < 0.1M\Omega$，不合格。

(2) $0.1M\Omega \leqslant R \leqslant 1M\Omega$，合格。

(3) $R > 1M\Omega$，优秀。

2. 电阻比值 Z 和反测电阻比 Z' 的检测

差阻式传感器测量误差的检验依据国家标准《电阻比电桥》（GB/T 3412—1994），采用 SQ-2A 型数字电桥测量电阻比值 Z 和反测电阻比 Z'。连续测量 3 次正反电阻比，检验传感器的精度。

差阻式仪器内部敏感元件的结构基本对称，两个电阻大小相近。在仪器受力状态和环境温度不变时，正反测电阻比乘积的理论值应该等于 1。但受测量误差影响，正反测电阻比乘积往往不等于 1。因此，本书采用"半积差方法"分析差阻式传感器测量误差，即

$$\Delta = 1/2 \ (Z \cdot Z' - 1) \ \times 10^4$$

(1) $|\Delta| \leqslant 1$，优秀。

(2) $1 < |\Delta| < 3$，合格。

(3) $|\Delta| \geqslant 3$，不合格。

3. 测值稳定性检测

计算连续 3 次测量的正测电阻的中误差，根据规范要求差阻式传感器的精度为 0.25%，按照差阻式电阻值以 10000 为模数，则中误差控制指标为 2.5 模数。这中误差为 σ，则判定标准为：

$|\sigma| \leqslant 2.5$，合格，否则不合格。

4. 温度传感器

对于温度传感器，主要检测测量精度，连续测量 3 次，计算温度电阻的中误差。温度电阻的精度为 5‰F.S，根据测值的一致性和评价标准来判断传感器的工作状态。

若测值中误差在 ±0.05 范围内，为合格；否则为不合格。

5. 超量程情况

差阻式传感器超量程情况检测与振弦式传感器一致。根据规范要求 Z 或者 Z' 均都必须在 9600～10400 之间，否则，传感器超量程。

4.3.3 电位器式传感器

传感器是直滑式精密塑料电位器，传感器由圆形和方形金属外壳、导电塑料及滑动导杆、导块组成。传感器有三根引出线，两根端点线和一根活动触点引出线。远距离测量时传感器采用五芯电缆恒流供电，使仪器测值不受传输电缆长度及环境温度变化等的影响。

1. 稳定性检测

现场测试时，采用读数仪对仪器进行全面的稳定性测试，每支仪器测读 5 次，计算其相互之间的比较差，根据测值的一致性和评价标准来判断传感器的工作状态。

若测值中误差在 ±0.0005 范围内，为合格；否则为不合格。

2. 超量程情况

电位器式传感器超量程情况检测与振弦式传感器一致。

4.3.4 其他专项监测装置

其他专项监测装置包括正倒垂、引张线、静力水准、双管金属标等，专项监测装置是区别于振弦式和差阻式传感器以外的监测系统，除对以上监测项目的传感器进行特定检验外，还需要对装置工作状况进行检测。

1. 传感器检测

本工程正倒垂、引张线、静力水准、双管金属标等监测项目采用的传感器为电容式传感器，现场采用读数仪进行人工测读，测读两次，根据测值的一致性和评价标准来判断传感器的工作状态。

若测值中误差在 ±0.0005 范围内，为合格；否则为不合格。

2. 装置检测

装置性检测主要包括安装方向检测、装置固定、连通性等检测。每种监测项目对安装方向进行了检测，确定仪器计算数值与实际变形左右岸、上下游、沉降等方向是否一致。装置固定检测主要是对装置连接、固定的可靠性进行检测，避免装置不稳定造成测量误差。连通性检测主要分为正倒垂的恢复性检测，引张线在保护管中的位置、浮船情况、液体高度等，静力水准浮子自由度、水管有无堵塞、气泡等。

4.4 监测仪器质量综合评价标准

监测仪器质量综合评价依据主要来自检测结果，包含稳定性、绝缘性、超量程等方面。权衡各项检测项目，作出最后的综合评价标准，把传感器分为三类：合格、留待观察和失效。对于超量程和无读数仪器，在检查确定非自动化数据接入等人为误差后，判定仪器失效。

4.4.1 振弦式传感器综合评价标准

振弦式传感器主要进行了稳定性、芯线电阻和超量程的检测，一旦仪器超量程则判定失效，在仪器测量范围内再进行稳定性和芯线电阻的判定。

对于振弦式传感器而言，稳定性是最重要的检查指标，稳定性和芯线电阻都合格，判定仪器合格；稳定性不合格，无论芯线电阻是否合格均判定仪器留待观察；稳定性和芯线电阻均不合格，判定仪器失效。

4.4.2 差阻式传感器综合评价标准

差阻式传感器属于电参数传感器，绝缘电阻对测量精度有直接影响，并且绝缘电阻下降显著时，测量值的稳定性非常差，对电阻比测量值的准确性影响尤为严重。因此，将绝缘阻抗、电阻比测量和稳定性不合格的传感器判定为留待观察。电阻比测量评价合格或优秀、绝缘电阻评价合格或优秀、稳定性合格的传感器综合判定为合格，稳定性合格、绝缘电阻和电阻比测量有一项合格的传感器同样判定为合格。稳定性不合格，绝缘电阻和电阻比测量无论合格与否，均判定为留待观察。量程超限、无读数或电阻比测量控制值、稳定性非常差的传感器评判为失效。

对于温度传感器而言，绝缘电阻不合格和测量中误差不合格的传感器判定为留待观察；测量中误差评价合格，绝缘电阻评价合格或优秀，传感器综合判定为合格。量程超限、无读数或测量中误差严重超标的传感器评判为失效。

4.4.3 电位器式传感器综合评价标准

电位器式传感器主要检测其稳定性，测量中误差合格，判定传感器合格；测量中误差不合格，判定传感器留待观察；测量超量程、无读数或中误差严重超标，判定传感器失效。

本工程多点位移计为四点式，其中第一支传感器作为相对不动点，其他传感器在进行位移计算过程中需要调取第一支传感器的测量成果，因此，第一支传感器留待观察或失效，则整套多点位移计判定为留待观察；全部传感器失效，则整套多点位移计判定为失效。

4.4.4 其他专项监测装置综合评价标准

专项监测项目检测包括传感器检测和装置检测，装置检测通过现场检查结果进行完善，故作为本次综合评价的硬性指标。

对于专项监测项目，传感器检测合格，判定专项监测装置合格；传感器检测不合格，判定专项监测装置留待观察；传感器检测超量程、无读数或中误差严重超标，判定专项监测装置失效。

4.5 监测仪器的考证、历史数据和监测系统运行情况检查

4.5.1 监测仪器的考证

对每一支传感器的考证表进行检查，核对仪器埋设位置、仪器型号、测点编号、初始值选取、公式参数指标等是否与设计相符，对未纳入自动化系统的测点建立整编数据表。

4.5.2 历史数据检查

对监测历史数据进行全面检查，对数据留待观察、不连续以及缺失等情况进行记录，分析留待观察数据是否为记录错误，及时进行修正和处理。

4.5.3 监测系统运行情况检查

对自动化系统运行情况检查，包括数据采集装置、通信装置、计算机及外部设备、数据采集和管理软件、电源线路等。检查自动化系统能否满足设计要求。

（1）自动化系统基本功能应符合以下要求：

1）具有自动巡测、选测、自检、自诊断功能。

2）具有掉电保护功能。

3）具有现场网络数据和远程通信功能。

4）具有网络安全防护功能。

5）具有防雷及抗干扰功能。

6）具有人工测量接口，可以进行补测和比测。

7）系统软件应具有以下功能：①基于通用的操作环境，具有可视化、图文并茂的用户界面，可方便地修改系统设置、设备参数及运行方式；②在线监测、离线分析、人工输入、数据库管理、数据备份、图形报表制作和信息查询和发布；③系统管理、安全保密、运行日志、故障日志记录等功能。

（2）自动化系统各项指标参数应符合以下要求：

1）平均无故障时间：不小于 6300h。

2）数据采集缺失率：不大于 2％。

3）测量装置掉电运行时间：不小于 72h。

4）单点采集时间：小于 30s。

5）巡测时间：小于 30min。

6）存储容量：不小于 50 次存储数据容量。

4.6 监测仪器现场检测成果

根据规范要求的仪器鉴定方法进行检测和计算，依据检测结果对监测仪器进行判定。同时，对本工程安全监测仪器考证资料、历史数据、监测系统运行情况进行全面检查。现场共鉴定传感器 1035 支，合格数量 919 支，留待观察 52 支，失效 64 支，整体完好率为 88.79％，监测仪器检测情况见表 4.2。

表 4.2　　　　　　　　　　　监测仪器检测情况统计表

工程部位	监测项目	仪器名称	监测坝段	鉴定数量	合格数量	留待观察数量	失效数量	仪器完好率
碾压混凝土坝	变形	正垂	14#、21#、25#、29#、35#、42#、48#、62#、80#坝段	14	8	5	1	57.14%
		倒垂	14#、21#、25#、29#、35#、42#、48#、62#、80#坝段	9	6	1	2	66.67%
		引张线	48#～62#坝段	7	7	0	0	100.00%
		双金属管标	14#、21#、25#、29#、35#、42#坝段	6	6	0	0	100.00%
		静力水准	纵向灌浆廊道	14	13	1	0	92.86%
			横向排水廊道	18	17	1	0	94.44%
		激光准直	21#～42#坝段706.00m高程廊道	9	9	0	0	100.00%
			14#～80#坝段745.00m高程廊道	31	31	0	0	100.00%
		多点位移计	29#、35#、37#、57#坝段	28	25	2	1	89.29%
	渗流	渗压计	29#、35#、37#、57#坝段	46	45	1	0	97.83%
			29#、35#、57#坝段越冬层	18	18	0	0	100.00%
			25#、29#、35#、37#、57#坝段帷幕前后	10	9	0	1	90.00%
			13#、14#坝段	6	5	1	0	83.33%
			泄水坝段	10	10	0	0	100.00%
		测压管	11#～77#坝段上游纵向廊道	47	46	1	0	97.87%
			25#～38#坝段下游纵向廊道	14	13	0	1	92.86%
			37#坝段	2	2	0	0	100.00%
			25#、28#、31#、34#、39#、42#坝段	22	22	0	0	100.00%
			左岸坝肩	6	3	3	0	50.00%
	应力应变及温度	应变计组	29#坝段	36	35	0	1	97.22%
			35#坝段	36	36	0	0	100.00%
		无应力计	中孔	2	2	0	0	100.00%
		钢筋计	29#坝段	4	4	0	0	100.00%
			底孔	14	12	2	0	85.71%
			中孔	9	8	1	0	88.89%
		钢板计	底孔	6	3	2	1	50.00%
			中孔	4	3	1	0	75.00%
		压应力计	29#、35#、57#坝段	3	3	0	0	100.00%

续表

工程部位	监测项目	仪器名称	监测坝段	鉴定数量	合格数量	留待观察数量	失效数量	仪器完好率
碾压混凝土坝	应力应变及温度	测缝计	25#坝段	3	2	1	0	66.67%
			29#坝段	9	8	1	0	88.89%
			32#、33#坝段	4	1	0	3	25.00%
			35#坝段	10	10	0	0	100.00%
			37#坝段	3	1	1	1	33.33%
			57#坝段	7	3	0	4	42.86%
			越冬层	32	27	4	1	84.38%
			29#、30#、31#坝段	5	4	1	0	80.00%
			13#、14#坝段	8	8	0	0	100.00%
			24#~25#、38#~39#坝段横缝	24	20	1	3	83.33%
			26#~27#坝段横缝	15	14	0	1	93.33%
			29#~30#坝段横缝	12	10	1	1	83.33%
			32#~33#坝段横缝	15	9	2	4	60.00%
			35#~36#坝段横缝	15	11	1	3	73.33%
			18#、19#、25#、26#、38#、39#坝段斜坡	12	10	1	1	83.33%
		温度计	25#坝段	51	50	1	0	98.04%
			29#坝段	61	56	2	3	91.80%
			31#坝段	3	2	0	1	66.67%
			35#坝段	62	61	1	0	98.39%
			57#坝段	33	29	3	1	87.88%
			底孔	16	14	2	0	87.50%
			中孔	10	10	0	0	100.00%
			26#、29#、32#、35#坝段越冬层	24	23	0	1	95.83%
			57#、58#坝段越冬层	4	4	0	0	100.00%
			25#、35#、57#坝段下游	3	2	0	1	66.67%
			25#、29#、35#、57#坝段	25	25	0	0	100.00%

续表

工程部位	监测项目	仪器名称	监测坝段	鉴定数量	合格数量	留待观察数量	失效数量	仪器完好率
发电引水系统	变形	多点位移计	厂房	16	13	3	0	81.25%
	渗流	渗压计	发电洞	6	4	0	2	66.67%
			机组蜗壳	6	6	0	0	100.00%
		钢筋计	闸井段、洞身段	18	18	0	0	100.00%
			厂房	12	12	0	0	100.00%
	应力应变及温度	钢板计	岔管段	27	7	3	17	25.93%
			厂房	8	7	0	1	87.50%
		无应力计	闸室底板	1	0	0	1	0
		锚杆应力计	闸室底板	2	2	0	0	100.00%
		水温度计	进水口	6	5	0	1	83.33%
		测缝计	结构缝	5	3	1	1	60.00%
			厂房	5	2	0	3	40.00%
副坝	渗流	渗压计	副坝	10	10	0	0	100.00%
	温度	温度计	副坝	16	15	0	1	93.75%
合计				1035	919	52	64	88.79%

4.6.1 变形监测现场检测成果

大坝变形监测主要包括：坝体水平变形、垂直变形以及基岩变形。监测装置包括正垂、倒垂、引张线、双金属管标、静力水准、激光准直系统以及多点位移计。外观变形监测包括装置检测和传感器检测。

本次检测正垂装置9套、倒垂装置14套（分左右岸方向和上下游方向两个传感器，共计46支传感器）、引张线装置7支传感器、静力水准装置传感器32支传感器、双管金属标6套（钢标和铝标各一支传感器，共12支传感器）。传感器综合评价统计见表4.3~表4.4，综合评价结果分布图如图4.2~图4.6所示。

（1）正垂、倒垂。从检测结果来看，倒垂合格率66.67%，其中IP5和IP9损坏，IP2左右岸方向传感器测值稳定性较差；正垂合格率57.14%，较多数量的传感器测值不稳定，正倒垂监测整体合格率较低，已对坝体和坝基水平变形分析造成较大影响。正垂和倒垂是大坝水平变形监测的主要手段，而且倒垂监测数据是计算坝体水平位移和挠度的基础数据，直接影响正垂监测成果，因此需要及时修复或更换测值不稳定和失效的传感器。

（2）引张线。引张线也是坝体水平变形监测的主要手段，引张线传感器合格率100%。引张线以IP7和IP8为计算参考，因此在进行引张线分析前，必须对IP7和IP8进行精度和稳定性分析。

（3）双金属管标。从检测结果来看，双金属管标传感器合格率100%。

（4）静力水准。静力水准传感器合格率到达93.8%，横向和纵向廊道均存在一支传感器测值稳定性较差，对整体影响较小。

（5）激光准直系统。激光准直系统运行良好。

（6）多点位移计。本工程多点位移计为电位器式传感器，共计11套四点式多点位移计，44支传感器。本工程四点式位移计将第一支传感器位移值作为绝对位移，其他传感器位移均为相对第一支传感器的位移，在计算其他传感器绝对位移时需减去第一支传感器的绝对位移值，因此，第一支传感器留待观察或失效，则整套多点位移计判定为留待观察；其他测点监测数据只能反映相对位移量。从检测结果来看，合格率86.4%，留待观察率11.4%，失效率2.3%，M0-1-1和M3-1-3两支传感器测值有递减趋势，暂定为留待观察。11套多点位移计中，MF-1-1（进水口中心线、纵轴0-006）测值跳动、M0-1-1（37#坝段，横：0+657、纵：0-005）测值稳定性较差，上述两处多点位移计第一支传感器测值异常，且无其他多点位移计或变形监测仪器，因此对该部位基岩变形评价影响较大。多点位移计合格数为9套，合格率81.8%，基本满足大坝基岩变形分析。

表4.3　　　　变形监测传感器综合评价统计表

监测部位	正倒垂		引张线		静力水准		双金属管标		激光准直系统	
	数量	百分比	数量	百分比	数量	百分比	数量	百分比	数量	百分比
合格	14	60.9%	7	100.0%	30	93.8%	12	100.0%	40	100.0%
留待观察	6	26.1%	0	0	2	6.2%	0	0	0	0
失效	3	13.0%	0	0	0	0	0	0	0	0
合计	23	—	7	—	32	—	12	—	40	—

表4.4　　　　多点位移计综合评价统计表

监测部位	仪器数量			合计
	合格	留待观察	失效	
大坝	25	2	1	28
发电引水隧洞	13	3	0	16
百分比	86.4%	11.4%	2.2%	100.0%

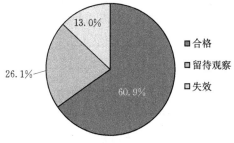

图4.2　正、倒垂传感器质量评价分布图

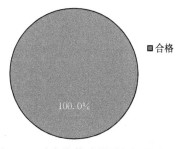

图4.3　引张线传感器质量评价分布图

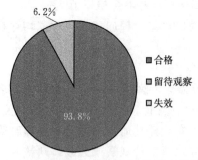

图 4.4　静力水准传感器质量评价分布图

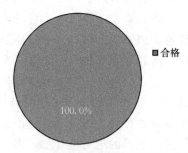

图 4.5　双金属管标传感器质量评价分布图

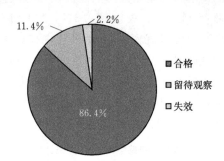

图 4.6　多点位移计质量评价分布图

4.6.2　渗流监测现场检测成果

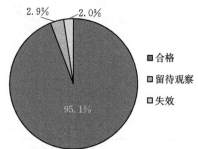

图 4.7　渗流监测传感器
综合评价结果分布图

本工程渗流监测主要包括坝体渗压计、坝基扬压力以及渗流量监测。本工程渗压计包括坝体渗压计 90 支，坝基测压管 85 支，发电引水隧洞 6 支，厂房渗压计 6 支，副坝渗压计 10 支，左岸坝肩渗压计 6 支，共计 203 支。传感器综合评价统计见表 4.5，所检测 203 支渗压计均在量程范围内，合格率 95％以上，监测仪器整体运行良好。综合评价结果如图 4.7 所示。

表 4.5　　　　　　　　渗流监测传感器综合评价统计表

监测部位	仪器数量						百分比
	坝体	坝基	发电洞	厂房	副坝	左岸坝肩	
合格	87	83	4	6	10	3	95.1％
留待观察	2	1	0	0	0	3	2.9％
失效	1	1	2	0	0	0	2.0％
合计	90	85	6	6	10	6	203

坝体和坝基共 3 支渗压计留待观察，2 支为温度电阻失效造成，但测值的稳定性合格，该数据可做安全评价参考，1 支为测值不稳定，且跳动较大，数据已不具

备参考性，能够满足对坝体和坝基渗流评价的要求。防渗帷幕前后 10 支渗压计，9 支合格、1 支失效；失效的 1 支渗压计位于 37# 坝段防渗帷幕后，对该部位防渗帷幕防渗性评价有一定影响，但对防渗帷幕整体防渗性评价影响不大。

发电洞的 PF7 和 PF8 渗压计无读数，判定为失效，失效率占 33%，对该部位整体安全评价有一定影响；PF7 和 PF8 的失效造成引水洞 $0+009.00 \sim 0+350.00$ 范围内无渗流监测，一旦发生漏水将危及洞身安全，需要采用钻孔方式重新安装 2 支测压管进行监测；左岸坝肩部位 3 支渗压计测值跳动较大，判定为留待观察，且数据的准确性较低，已不具备安全评价的参考依据，对该部位整体安全评价有较大影响，需要重新安装。

4.6.3　应力应变及温度监测传感器现场检测成果

本工程差阻式传感器主要包括应变计（组）75 支、温度计 314 支、测缝计 184 支、钢筋计 57 支、钢板计 45 支、锚杆应力计 2 支、压应力计 3 支。本次检测成果首先按照坝体和发电引水系统分类，然后再按照监测仪器类型分类统计。现场检测差阻式传感器 680 支，其中有 TS1－1 和 JF8 仪器失效未接入自动化，合格仪器 591 支，留待观察仪器 33 支，失效仪器 56 支；差阻式传感器合格率 86.9%，留待观察率 4.9%，失效率 8.2%；差阻式传感器绝缘电阻普遍偏低，绝缘电阻大于 $10M\Omega$ 的传感器仅占 67%。监测仪器检测情况见表 4.2，综合评价结果分布如图 4.8～图 4.14 所示。

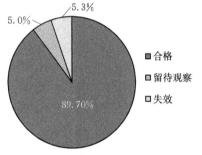

图 4.8　坝体和坝基传感器质量评价分布图

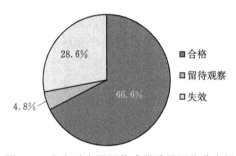

图 4.9　发电引水隧洞传感器质量评价分布图

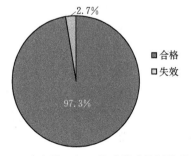

图 4.10　应变计（组）传感器质量评价分布图

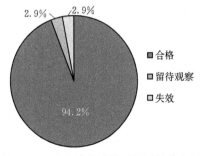

图 4.11　温度计传感器质量评价分布图

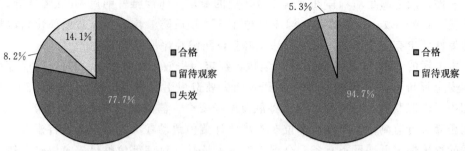

图 4.12　测缝计传感器质量评价分布图　　　图 4.13　钢筋计传感器质量评价分布图

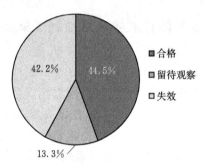

图 4.14　钢板计质量评价分布图

从传感器类型检测成果来看，应变计（组）合格率97.3%，留待观察率0，失效率2.7%；温度计合格率94.3%，留待观察率2.9%，失效率2.9%；测缝计合格率77.7%，留待观察率8.2%，失效率14.1%；钢筋计合格率94.7%，留待观察率5.3%，失效率0；钢板计合格率44.4%，留待观察率13.3%，失效率42.2%；锚杆应力计和压应力计合格率均为100.0%。应变计、温度计、锚杆应力计和压应力计传感器合格率均在90.0%以上，仪器质量较好；测缝计合格率较低；钢板计仪器质量较差，大部分仪器失效。

坝体和坝基部位传感器合格率89.7%，留待观察率5.0%，失效率5.3%；应变计、土压力计合格率在97.0%以上，钢筋计合格率在85.0%以上，钢板计合格率低于60.0%，温度计合格率在94.0%以上，测缝计合格率接近80.0%。从各部位监测仪器合格率来看，坝体和坝体应力应变及温度监测仪器运行良好，满足设计要求和大坝应力应变安全评价需要；泄水口钢筋计和钢板计合格率偏低，对该部位安全评价影响较大；测缝计监测仪器运行情况基本满足设计要求，个别坝段测缝计合格率较低，但对整体安全评价影响较小。

发电引水系统传感器合格率66.7%，留待观察率4.8%，失效率28.6%；岔管段钢板计失效17支，合格率不足30.0%，对整体评价分析影响较大；结构缝处监测仪器合格率50.0%；钢筋计合格率100.0%，一定程度上弥补了其他监测仪器缺失造成的影响。发电引水系统监测仪器整体合格率偏低，需要加强合格仪器的监测频次，加强巡视检查，发现问题及时上报并分析原因。

4.6.4 副坝监测仪器现场检测成果

副坝监测仪器主要有渗压计和温度计，仪器合格率在 93% 以上，满足设计要求和副坝安全评价分析需要。

4.7 监测仪器的考证、历史数据和监测系统运行情况检查成果

4.7.1 监测仪器的考证

本次现场鉴定对每一支传感器的考证表进行检查，仪器埋设位置、仪器型号、测点编号、公式参数指标等与厂家卡片、数据库基本一致，个别存在一些问题。检查过程中发现的主要问题包括：初始值选取不当，参数设置不当、部分测点存在多条计算公式且未进行参数更改备注（引张线为主）、部分相邻测点通道接反、外观变形计算结果与实际变形方向相反（正垂、倒垂、引张线和静力水准）等问题。检查中发现，监测仪器初始值选取普遍偏晚，根据规范要求：混凝土内埋设的监测仪器如应变计、钢筋计、测缝计等，混凝土终凝后 12～24h 内选取初始值；本工程内观监测仪器普遍在安装后 3～7d 内选取的初始值，比规范要求偏晚；数据库中缺失监测仪器安装后 24h 内的监测数据，需联系施工单位查阅原始记录是否有未录入的早期数据，并及时录入数据库，修改初始值。

4.7.2 历史数据检查

对监测历史数据进行全面检查，对数据留待观察、不连续以及缺失等情况进行记录，分析留待观察数据是否为记录错误，及时进行修正和处理。

从历史数据检查结果来看，主要问题是数据缺失，个别原因是因为停电造成无法观测，该时间段数据无法恢复；另有一部分需要联系施工单位确定缺失原因，是否因未录入或其他可找回的原因，需尽快补充。同时还存在数据留待观察和粗差问题，大部分因为自动化测量不稳定，造成测值突变；自动化测量出错的，反映在数据列表里为"error"（错误），但在过程线中可能显示为 0，显示结果为测值突变；建议对测量误差造成的数据留待观察和粗差进行删除，避免对正常数据干扰。

4.7.3 监测系统运行情况检查

对自动化系统运行情况检查，包括数据采集装置、通信装置、计算机及外部设备、数据采集和管理软件、电源线路等。

（1）精度检测。自动化系统时钟在运行周期内精度满足规范要求；数据采集装置模块精度与监测仪器技术指标对比满足设计和规范要求。

（2）稳定性检测。自动化系统监测数据的连续性、周期性好，无系统性偏移，数据缺失率小于 2%，稳定性满足设计和规范要求。少部分测点在自动化测量过程中出现"error"（错误）较多，自动化监测数据缺失率较高，建议检查自动化采集模块。

（3）可靠性检测。自动化系统可靠性检测主要通过人工比测完成。根据规范要

求，监测自动化系统部分或全部测点每年需进行一次人工比测，校准自动化监测数据的可靠性。目前规范对自动化可靠性有如下规定：自动测量数据与对应时间的人工实测数据比较变化规律基本一致，变幅相近；系统实测数据与同时同条件人工比测数据偏差保持基本稳定，无趋势性漂移，与人工比测数据对比结果 $\delta \leqslant 2\sigma$。该规范要求主要适用于自动化安装，并且该方法持续时间较长、操作不便。目前对已正常运行的自动化系统可靠性检验，尚无明确的规范；行业内一般按照自动化监测数据与人工监测数据差值或中误差判定自动化系统的可靠性；对于电容式和电位器式传感器一样要求中误差不大于4倍测量精度（即中误差<0.002），振弦式和差阻式传感器差值不大于3个字符，温度计差值不大于0.1。本次分别就变形监测、渗流监测和应力应变及温度监测项目抽样进行人工比测，采用现场人工测值与同一天自动化测值比较，人工比测抽样检查情况见表4.6。从抽样结果来看，差阻式传感器可靠性相对差，测缝计和钢板计可靠性最低，但整体可靠性较好。建议定期进行人工比测，对于可靠性较差的采集模块进行修复或更换。

表 4.6 人工比测抽样检查统计表

监测项目	设计编号	自动化测值	人工测值	中误差	可靠性
正倒垂	IP7	0.0034	0.0036	0.0001	合格
正倒垂		0.0701	0.0692	0.0004	合格
正倒垂	PL2-1	0.0414	0.0435	0.0011	合格
正倒垂		0.0446	0.0469	0.0012	合格
双金属管标	DS4 钢	1.7953	1.7967	0.0007	合格
双金属管标	DS4 铝	1.7352	1.7349	0.0001	合格
静力水准	LS2-3	1.5861	1.5857	0.0002	合格
静力水准	LS4-2	1.5739	1.5741	0.0001	合格
引张线	EX-7	-0.0833	-0.0892	0.0030	不合格
引张线	EX-3	0.0174	0.0136	0.0019	合格
多点位移计	M4-2-2	0.0889	0.0906	0.0008	合格
多点位移计	MC-2-2	0.2423	0.2415	0.0004	合格
渗压计	P0-1	2597.3	2598.8	1.5	合格
渗压计	P2-7	2954.8	2954.7	0.1	合格
渗压计	P3-5	2822.1	2821.9	0.2	合格
渗压计	P4-6	2861.4	2860.3	1.1	合格
渗压计	P25-63	2935.2	2934.7	0.5	合格
渗压计	P31-54	2927.9	2927.8	0.1	合格
渗压计	P37-1	2764.3	2764	0.3	合格
渗压计	P41-28	2863.3	2863.1	0.2	合格

续表

监测项目	设计编号	自动化测值	人工测值	中误差	可靠性
渗压计	P57 – 37	2752.1	2752.1	0.0	合格
渗压计	PB2 – 5	2821.9	2821.2	0.7	合格
渗压计	PD – 3	2789.6	2790.9	1.3	合格
渗压计	PJ3	2382.6	2380.8	1.8	合格
渗压计	PC4	2807.4	2805.6	1.8	合格
渗压计	PF2	2570.5	2570.7	0.2	合格
压应力计	C3 – 1	10085	10084.7	0.3	合格
钢板计	GBC2	10224	10299.8	75.8	不合格
钢板计	GBF26	9928	9930	2.0	合格
钢板计	PSZ – 1	10053	10024	29.0	不合格
测缝计	J1	10151	10154	3.0	合格
测缝计	J23	9673	9676	3.0	合格
测缝计	J43	10019	10019	0.0	合格
测缝计	J53	10116	10118	2.0	合格
测缝计	J80	9936	9941	5.0	不合格
测缝计	JF1	10055	10059	4.0	不合格
测缝计	K29 – 1	9796	9799	3.0	合格
测缝计	K3 – 5	9992	9991	1.0	合格
测缝计	KB2 – 6	9870	9870	0.0	合格
钢筋计	RC1	9983	9987	4.0	不合格
钢筋计	RD – 13	10027	10021	6.0	不合格
应变计	S2 – 2 – 4	10204	10207	3.0	合格
无应力计	S2 – 5 – N	10101	10102	1.0	合格
温度计	T1 – 12	48.08	48.09	0.01	合格
温度计	T1 – 28	48.99	48.90	0.09	合格
温度计	T2 – 27	49.37	49.37	0.00	合格
温度计	T3 – 20	48.93	48.85	0.08	合格
温度计	T4 – 4	48.81	48.81	0.00	合格
温度计	TB5 – 2	48.77	48.78	0.01	合格
温度计	TR2 – 15	48.43	48.40	0.03	合格
温度计	TW2 – 2	47.83	47.85	0.02	合格
温度计	TZ – 3	49.38	49.31	0.07	合格

检查结果表明：本工程自动化系统功能完备，满足设计要求的基本功能和性能；监测频次 1 次/d、精度、稳定性和可靠性满足规范要求，整体运行良好，满足工程需要。

4.8 综合评价

安全监测仪器质量鉴定的工作内容有：①安全监测传感器现场检测，包括振弦式传感器、差阻式传感器的检测鉴定，以及正垂倒垂系统、引张线系统、静力水准等系统运行状况的检测及检查；②监测资料的考证和整理整编、安全监测系统运行情况检查。现场共鉴定传感器 1035 支，合格数 919 支，留待观察 52 支，失效 64 支，本工程整体仪器完好率为 88.79%。

（1）变形监测。正垂、倒垂和双金属管标是大坝变形监测最重要的手段，并且是静力水准、引张线、激光准直系统等变形监测项目的基础，需要对留待观察和失效仪器尽快修复或更换。正垂、倒垂合格率较低，变形监测系统整体运行不良，数据可参考价值低，建议及时修复或更换传感器，并对以往监测数据进行处理。目前变形监测仪器均采用电容式传感器，电容式传感器受环境温度和湿度影响较大，在条件允许的情况下，建议更换新技术产品 CCD 式传感器。

（2）渗流监测。渗流监测仪器合格率在 95% 以上，监测系统整体运行良好，满足设计、规范以及安全评价分析需要。其中，引水洞 0+009.00～0+350.00 范围内无渗流监测，一旦发生漏水将危及洞身安全，建议采用钻孔方式重新安装 2 支测压管进行监测。左岸坝肩部位 3 支渗压计测值跳动较大，数据的准确性较低，对该部位整体安全评价有较大影响，建议重新安装。

（3）应力应变及温度监测。应力应变及温度监测传感器为差阻式传感器，合格率为 86.9%，基本满足设计、规范以及安全评价分析需要；传感器绝缘电阻普遍偏低，绝缘电阻大于 10MΩ 的传感器仅占 67.0%。从各部位监测仪器合格率来看，坝体和坝基部位传感器合格率 89.7%，坝体和坝基应力应变及温度监测仪器整体运行良好，满足设计要求和大坝应力应变安全评价需要；泄水口钢筋计和钢板计合格率偏低，对该部位安全评价影响较大；测缝计监测仪器运行情况基本满足设计要求，个别坝段测缝计合格率较低，但对整体安全评价影响较小。发电引水系统传感器合格率 66.7%；岔管段钢板计失效 17 支，合格率不足 30.0%，对整体评价分析影响较大；结构缝处监测仪器合格率 50.0%；钢筋计合格率 100.0%，一定程度上弥补了其他监测仪器缺失造成的影响；发电引水系统监测仪器整体合格率偏低，建议加强合格仪器的监测频次，加强巡视检查，发现问题及时上报并分析原因。

（4）监测资料的考证记录较好，仅少量仪器出现参数设置不当、部分测点存在多条计算公式且未进行参数更改备注（尤其是引张线监测，建议核实后对监测数据进行校核）、部分相邻测点通道接反、外观变形计算结果与实际变形方向相反（正垂、倒垂、引张线和静力水准）等问题，部分问题在现场检查过程中已及时修正。监测仪器初始值选取普遍偏晚，根据规范要求：混凝土内埋设的监测仪器如应变计、钢筋计、测缝计等，混凝土终凝后 12～24h 内选取初始值；本工程内观监测仪器普遍在安装后 3～7d 内选取的初始值，比规范要求偏晚；数据库中缺失监测仪器安装后 24h 内的监测数据。

（5）自动化系统满足设计要求的基本功能和性能，软件系统功能完备，满足工程需要；监测频次 1 次/d、精度、稳定性和可靠性满足规范要求，整体运行良好，满足工程需要。少部分测点在自动化测量过程中出现"error"（错误）较多，自动化监测数据缺失率较高，建议检查自动化采集模块。建议根据规范要求，监测自动化系统部分或全部测点每年需进行一次人工比测，校准自动化监测数据的可靠性。

第5章 监测资料分析方法及标准

5.1 资料分析依据

依据的标准包括国家标准、水利行业标准，资料分析评价遵守的标准如下：

(1)《混凝土坝安全监测资料整编规程》（DL/T 5209—2005）。

(2)《水电水利工程岩体观测规程》（DL/T 5006—2007）。

(3)《混凝土坝安全监测技术规范》（SL 601—2013）。

5.2 资料分析方法

5.2.1 数据检验

对现场观测的数据或自动化仪器所采集的数据，检查作业方法是否合乎规定，各项被检验数值是否在限差以内，是否存在粗差或系统误差。

5.2.2 物理量计算

经检验合格的观测数据，按照计算公式和仪器参数换算为监测物理量，如水平位移、垂直位移、扬压力、渗流量、应变、应力等。

5.2.3 资料分析方法

监测资料分析通常可分为比较法、作图法、特征值统计法、测值影响因素分析法和模型分析方法等五类。

1. 比较法

比较法通常有：监测值与技术警戒值相比较；监测物理量的相互对比；监测成果与理论的或试验的成果（或曲线）相对照。工程实践中则常与作图法、特征统计法和回归分析法等配合使用，即通过对所得图形、主要特征值或回归方程的对比分析作出检验结论。

2. 作图法

根据分析的要求，画出相应的过程线图、相关图、分布图以及综合过程线图等。由图直观地了解和分析安全监测值的变化大小和其规律，影响观测值的荷载因素和其对观测值的影响程度，进而评价观测值有无异常。

3. 特征值统计法

特征值包括各监测物理量历年（或指定时段）的最大值和最小值（包括出现时间）、变幅、周期、年（或指定时段）平均值及年（或指定时段）变化趋势等。通过特征值的统计分析检查监测物理量之间在数量变化方面是否具有一致性和合理性。

4. 测值影响因素分析法

事先搜集整理并估计对测值有影响的各重要因素，掌握它们单独作用下对测值影响的特点和规律，并将其逐一与现有工程监测资料进行对照比较，综合分析，往往有助于对现有监测资料的规律性、相关因素和产生原因的了解。

5. 模型分析方法

建立效应量（如位移、渗流量等）与原因量（如库水位等）之间的定量关系。

（1）分析效应量随时间的变化规律（利用监测值的过程线图或数学模型），尤其注意相同外因条件（如特定库水位）下的变化趋势和稳定性，以判断工程有无异常和向不利安全方向发展的时效作用。

（2）分析效应量在空间分布上的情况和特点（利用监测值的各种分布图或数学模型），以判断工程有无异常区和不安全部位（或层次）。

（3）分析效应量的主要影响因素及其定量关系和变化规律（利用各种相关图或数学模型），以寻求效应量异常的主要原因，考察效应量与原因量相关关系的稳定性，预报效应量的发展趋势，并判断其是否影响工程的安全运行。

5.3 误差处理与分析

在利用大坝安全监测资料进行分析前，首先应对原始测值资料进行误差处理与分析，以确保监测数据能正确反映大坝的实际运行状况。按照测量误差对观测结果的影响，一般可将误差分为系统误差、随机误差和粗差三类。

（1）系统误差：是由观测母体的变化所引起的误差，系由仪器结构或环境变化造成，通常为一常数或按一定规则变化。明显的特点是它的测值总是向一个方向偏离。

（2）随机误差：也称偶然误差，它是由于人为不易控制的相互独立的偶然因素作用而引起的。这种误差是随机性的，客观上可以避免。

（3）粗差：它是一种错误数据，一般是观测人员过失引起，粗差往往在数据上反映出很大的异常，甚至与物理意义明显相悖。

在监测资料进行时序分析前，首先对自动化系统中监测资料进行整理分析。发现自动化系统中原数据序列存在的问题有：①由于外界干扰因素或自动化观测系统稳定性等原因造成监测时序过程线上存在离群尖点（毛刺粗差），应予剔除；②监测数据采集的过程中发生了多次异常测值跳动，表现在时序过程线上则呈现出多次"台阶状"位移变化；③监测数据序列中存在一定的缺失。

5.3.1 粗差的剔除（基于粗差判别 3σ 准则）

由于任何仪器都存在测量误差，不可避免地造成观测数据系列出现粗差，具体表现在观测数据时序曲线上存在诸多"毛刺"，为提高监测数据拟合质量，现运用以下准则将时序系列中的粗差予以剔除：

（1）以各测点所处年份的绝对位移量为样本，计算得到该年绝对垂直位移量的样本方差 S。

（2）查看系统中的观测数据时序曲线，检验毛刺所在测点值 A_i 是否满足：

$$|A_i-A_{i\pm 1}|\geqslant 3S \qquad (5.1)$$

$$|A_{i+1}-A_{i-1}|\leqslant S \qquad (5.2)$$

式中 A_i——一年中第 i 天的测值（一天中若有多个测值，则取其均值）。

由于时效因素对测值的分量影响相对较小，则可假设某个短时间区段内测值应服从正态分布 $N(\mu,\sigma^2)$。按 3σ 准则，测值超过 $\mu\pm 3\sigma$ 就认为该处测值不合理应予剔除。而某一点的 σ 应小于年测值样本方差 S，因为与某一固定时间点条件不变不同，一年中外界条件处于不断变化当中，故增加了测值的波动性。因此有 $|A_i-A_{i\pm 1}|\geqslant 3S>3\sigma$。式中 A_{i+1}、A_{i-1} 分别为一年中第 $i+1$ 与 $i-1$ 天的测值。若某一点测值满足式（5.1），则说明该点测值与前后两点存在较大的偏差；在此情况下，若满足式（5.2），则说明除去点 A_i 测值，A_{i+1} 与 A_{i-1} 原本具有良好的观测数值连续性。

因粗差的存在而导致年时序线上测值跳动常常使年极值、变幅产生异常结果，实际操作中，为节省工作量，采用图 5.1 步骤流程按对某一年段按时序排列的一列数中的粗差进行剔除。

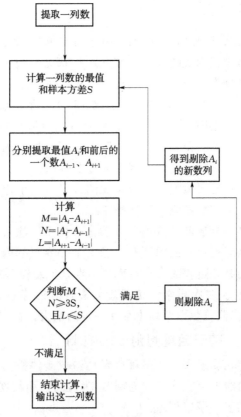

图 5.1 粗差剔除过程图

值得注意的是，该方法仅对时序曲线上的离群突变尖点进行剔除，对于外荷载条件变化、认为扰动等因素引起的"台阶状"测值突变或向某一方向渐进持续性位移增长则予以保留，并结合实际作进一步分析。

5.3.2 变形监测的"台阶状"测值跳动修正

一般情况下，埋设在混凝土内部的监测仪器不会受外界环境变化和人为施工等因素产生直接影响，而安装在廊道内或坝面处的变形监测设备则很容易受到碰撞、环境温度骤升骤降等因素影响而产生突变，因此，需要对变形监测设备的"阶跃"测值跳动进行分析并修正，下面以双金属标为例进行介绍。

根据双金属标仪器工作原理可知，无论钢标还是铝标，其位移变化都分为两个部分，即由锚固点垂直位移变化 h 以及温度所引起的变化 Δ 组成，有

$$S_{j1} = h + \Delta_{j1} \tag{5.3}$$

$$S_{j2} = h + \Delta_{j2} \tag{5.4}$$

式中 S_{j1}、S_{j2}——钢标及铝标的位移测值变化；

h——由于变形而引起的钢标与铝标共同的垂直位移变化；

Δ_{j1}、Δ_{j2}——由于温度所引起的钢标及铝标位移变化。

据以上所述仪器工作性能，分析双金属标异常测值跳动基于以下三点：

（1）可视两管埋设的锚固位置为同一点，因此基岩变位所引起的钢标与铝标测值突变量应该相等或接近。

（2）由于两管所受基岩温度梯度影响相同，基岩温度变化必然会引起的钢标及铝标同向但不等幅的长度变化，且钢标变幅稍小。

（3）以测量精度±0.5mm为"阶跃"测值突变的控制标准，对于不符合前述两点要求的异常突变情况，认为是由外界因素干扰等原因引起，并非反映了基岩真实的垂直变形情况。因此，利用自动化监测系统中提供的分时段计算参数设置功能对数据序列进行修正。

5.3.3 数据处理步骤

对于监测资料中存在的问题，采取以下手段进行数据的修复和处理：

（1）对于复位差缺陷引起的垂线测值异常跳动，利用自动化监测系统中分时段设置计算参数的功能予以修正。

（2）按照前述的粗差处理原则对系统中存在的异常数据进行剔除。

（3）对于监测序列上存在的数据空缺，若空缺时段小于1个月，则进行线性插补。对于较长时段的数据缺失，参考时序过程线上测值规律性较好且波动中心稳定的时段及空白时段前后位移测值大小，对测值空白区段进行5次拉格朗日插补。

（4）对于时序过程线上的"阶梯状"的测值跳动，结合其他监测仪器数据对测值跳动的真实合理性进行分析。

第6章 环境量监测资料分析

6.1 气温监测

由于资料有限，仅对现有的 2013 年 10 月—2015 年 5 月的气温资料进行分析。图 6.1 为实测气温过程线，表 6.1 为日均气温统计表，表 6.2 为旬均气温统计表。由于气温资料有限，2013 年和 2015 年的温度没有达到极值，表格中粗体部分均不能代表该年份的特征温度，仅作参考。

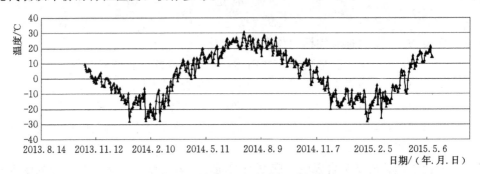

图 6.1　坝址地区日均气温过程线

表 6.1　　　　　　　　坝址地区日均气温特征值统计表　　　　　　　单位：℃

年份	极大值	日期/（年．月．日）	极小值	日期/（年．月．日）	年变幅
2013	**9.48**	**2013.10.25**	**−15.85**	**2013.12.29**	**25.33**
2014	30.73	2014.7.13	−27.96	2014.1.6	58.70
2015	**21.59**	**2015.5.11**	**−28.04**	**2015.1.28**	**49.63**

表 6.2　　　　　　　　坝址地区旬均气温特征值统计表　　　　　　　单位：℃

年份	极大值	日期	极小值	日期	年变幅
2013	**6.63**	**10 月下旬**	**−12.22**	**12 月下旬**	**18.85**
2014	25.20	7 月中旬	−22.83	2 月上旬	48.03
2015	**17.19**	**5 月中旬**	**−19.95**	**1 月下旬**	**37.14**

2014 年实测夏季最高日均气温为 30.73℃，发生在 7 月 13 日；冬季最低日均气温为 −27.96℃，发生在 1 月 6 日；年变幅为 58.70℃。

2014 年旬均最高气温为 25.20℃，发生在 7 月中旬；2014 年和 2015 年旬均最低气温分别为 −22.83℃ 和 −19.95℃，发生在每年的 1—2 月期间。

其他报告中的坝址处气象站数据统计资料显示，该地区一般夏季为 5 月中旬—9 月中旬，冬季为 11 月上旬—3 月下旬。

6.2 上游库水位监测

上游库水位监测资料时间范围为 2008 年 9 月—2015 年 10 月，下游水位监测资料时间范围为 2011 年 4 月—2015 年 10 月，图 6.2 为上游水位实测过程线，表 6.3 为上游水位特征值统计表，图 6.3 为下游水位实测过程线，表 6.4 为下游水位特征值统计表。

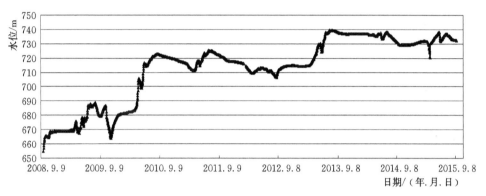

图 6.2　上游库水位实测过程线

表 6.3　　　　　　　　　　上游库水位特征值统计表　　　　　　　　　　单位：m

年份	最大值	日期/(年.月.日)	最小值	日期/(年.月.日)	年变幅
2008	669.00	2008.12.3	655.00	2008.9.26	14.00
2009	688.70	2009.8.11	664.10	2009.11.14	24.60
2010	722.85	2010.8.29	680.20	2010.4.12	42.65
2011	725.35	2011.7.9	711.10	2011.4.12	14.25
2012	717.18	2012.1.1	706.48	2012.8.29	10.70
2013	739.50	2013.8.6	714.09	2013.1.28	25.41
2014	738.38	2014.7.9	728.99	2014.9.30	9.39
2015	738.29	2015.6.2	720.52	2015.4.5	17.77

表 6.4　　　　　　　　　　下游库水位特征值统计表　　　　　　　　　　单位：m

年份	极大值	日期/(年.月.日)	极小值	日期/(年.月.日)	年变幅
2011	645.25	2011.6.14	642.09	2011.12.7	3.16
2012	643.51	2012.6.12	641.20	2012.10.10	2.31
2013	646.18	2013.5.29	641.82	2013.12.11	4.36
2014	645.80	2014.6.3	641.02	2014.12.9	4.78
2015	646.42	2015.6.3	641.17	2015.1.15	5.25

图 6.3 下游水位实测过程线

本工程于 2008 年 9 月 25 日 9 时 15 分导流洞下闸，进入工程首次蓄水阶段，9 月 29 日 17 时 33 分底孔提闸泄水；2008 年 9 月 20 日—2009 年 4 月初进行导流洞封堵及接触灌浆，水库水位稳定在 668.60m 左右；导流洞封堵及接触灌浆完成后具备正常挡水要求，水库水位开始上升；因清理发电进水口淤积物，2009 年 11 月 15 日上游库水位下降至 664.10m。

2010 年 4 月初利用春季洪水蓄水，2010 年 8 月 27 日蓄水至当年最高水位 722.80m。

2011 年 7 月 9 日蓄水至当年最高水位 725.35m。

2012 年上游库水位变化较平缓，有两次水位降低和抬升的过程，2012 年 2 月底开始水位降低，4 月 12 日降到 710.00m 左右，之后水位开始升高，6 月初达到 713.00m 左右，随后水位开始继续缓慢下降，到 8 月 29 日降至当年最低水位 706.48m。2012 年变幅为 10.70m。

2013 年又是一个水位抬升年，从 2013 年 3 月底开始利用春汛，水位逐渐抬升至正常蓄水位附近，8 月 6 日达到 739.50m，之后有小幅下降，10—12 月一直维持在 736.00m 左右。

2014 年水位变化不大，但从 7 月底—9 月底有一个明显的水位下降过程，从 736.00m 下降至 729.00m 左右，该年度年变幅为 9.39m。

2015 年水位波动频繁，从 3 月底—4 月 5 日，水位由 730m 左右急速下降到 720.52m，之后持续上升，到 6 月 2 日上升到当年最高水位 738.29m，随后至 10 月底，水位有一次下降又抬升继而又下降的过程，该年度年变幅为 17.77m。

从过程线图中可以看出，每年 5—7 月下游水位较高，10 月至次年 2 月较低。下游水位变化不大，基本每年 5 月底和 6 月初出现最高水位，历年最高水位在 643.51～646.42m 之间；每年的 10 月和 12 月出现最低水位，历年最低水位在 641.02～642.09m 之间；年变幅在 2.31～5.25m 之间。

第7章 碾压混凝土坝变形监测资料分析

变形监测包括大坝的水平位移、垂直位移、挠度、坝体及坝基倾斜、接缝和裂缝监测等。监测仪器主要有垂线设备、引张线设备、静力水准、几何水准、真空激光准直系统、测缝计、裂缝计等。本章将分别从水平位移和挠度、垂直位移和倾斜、接缝和裂缝等方面进行分析。

7.1 水平位移监测资料分析

7.1.1 监测布置及测值计算

7.1.1.1 正垂线、倒垂线布置

本工程设有 21 条正垂、倒垂线监测坝顶、坝体及坝基各部分的上下游、左右岸方向的位移量。

正垂线共 12 条，采用"单段式"与"一线多测站"式布置，其中 14# 河床左岸阶地坝段设有 1 条正垂线，21# 河床左岸岸坡坝段自下而上依次设置 2 条正垂线，25# 河床左岸岸坡坝段布设 1 条"一线多测站"式的正垂线，29# 溢流坝段自下而上共设三条正垂线，35# 主河床挡水坝段自下而上共设三条正垂线，42# 河床右岸岸坡坝段自下而上依次设置两条垂线。

倒垂线共 9 条，分别设于 9 个不同的坝段。其中 14# 坝段（桩号 0+280.00）的倒垂线仪器编号为 IP1，21# 坝段（桩号 0+417.00）仪器编号为 IP2，25# 坝段（桩号 0+478.00）仪器编号为 IP3，29# 坝段（桩号 0+537.00）仪器编号为 IP4，35# 坝段（桩号 0+627.00）仪器编号为 IP5，42# 坝段（桩号 0+732.00）仪器编号为 IP6，48# 坝段（桩号 0+850.00）仪器编号为 IP7，62# 坝段（桩号 1+130.00）仪器编号为 IP8，80# 坝段（桩号 1+490.00）仪器编号为 IP9。

各垂线编号、高程及位置布置情况详见表 7.1。

表 7.1　　　　　　　　　垂线编号、高程及位置布置表

垂线编号	监测方法	测点高程/m	桩号/m	坝段
PL1-1	正垂线	723.10	纵 0+280.00 坝下 0+009.00	14#
IP1	倒垂线	719.50	纵 0+280.0 坝下 0+010.00	
PL2-1	正垂线	680.60	纵 0+417.0 坝下 0+011.0	21#
PL2-2	正垂线	710.10	纵 0+417.00 坝下 0+009.00	
IP2	倒垂线	678.40	纵 0+417.00 坝下 0+011.00	

垂线编号	监测方法	测点高程/m	桩号/m	坝段
PL3-1	正垂线	650.00	纵 0+478.0 坝下 0+010.0	
PL3-2	正垂线	675.10	纵 0+478.0 坝下 0+010.0	
PL3-3	正垂线	710.10	纵 0+417.0 坝下 0+009.0	25#
IP3	倒垂线	650.00	纵 0+478.0 坝下 0+009.0	
PL4-1	正垂线	629.00	纵 0+537.5 坝下 0+010.0	
PL4-2	正垂线	675.10	纵 0+537.5 坝下 0+010.0	
PL4-3	正垂线	710.40	纵 0+537.5 坝下 0+009.0	29#
IP4	倒垂线	629.00	纵 0+537.5 坝下 0+009.0	
PL5-1	正垂线	633.00	纵 0+627.0 坝下 0+010.0	
PL5-2	正垂线	675.00	纵 0+627.0 坝下 0+010.0	
PL5-3	正垂线	710.50	纵 0+627.0 坝下 0+009.0	35#
IP5	倒垂线	633.00	纵 0+627.0 坝下 0+009.0	
PL6-1	正垂线	678.00	纵 0+732.5 坝下 0+011.0	
PL6-2	正垂线	710.50	纵 0+732.5 坝下 0+009.0	42#
IP6	倒垂线	676.50	纵 0+732.5 坝下 0+013.5	
IP7	倒垂线	697.00	纵 0+850.0 坝下 0+011.5	48#
IP8	倒垂线	697.00	纵 1+130.0 坝下 0+011.5	62#
IP9	倒垂线	745.50	纵 1+490.0	80#

注 正垂的测点高程为孔底高程（传感器设于孔底），倒垂的测点高度为孔口高程（传感器设于孔口）。

7.1.1.2 引张线布置

为监测坝体高程 697.00m 各坝段上下游方向的水平位移，在该高程纵向廊道内布置了一套 7 测点的引张线水平位移计，引线总长 280m。各测点位置见表 7.2。

表 7.2 引张线测点布置表

测点编号	所在坝段	纵向桩号/m	测点编号	所在坝段	纵向桩号/m
固定端	48#	0+850.0	EX1-5	57#	1+030.0
EX1-1	50#	0+890.0	EX1-6	59#	1+070.0
EX1-2	52#	0+930.0	EX1-7	61#	1+110.0
EX1-3	54#	0+970.0	张紧端	62#	1+130.0
EX1-4	56#	1+010.0			

7.1.1.3 测值计算及粗差处理

1. 正垂线、倒垂线测值计算

倒垂线的位移量是指基岩面附近倒垂观测墩所在部位相对于倒垂锚固点（一般假定为水平位移测量系统绝对不动点）的位移量，即

$$D_{Yi}=K_Y(C_{Yi}-C_{Y0})+D_{Y0} \tag{7.1}$$

$$D_{Xi}=K_X(C_{Xi}-C_{X0})+D_{X0} \tag{7.2}$$

式中　D_{Y0}、D_{X0}——上下游方向（Y 向）及左右岸方向（X 向）初次位移测值，mm；

　　　K_X、K_Y——仪器电容比系数；

　　　C_{Yi} 与 C_{Xi}——某次测量的电容比；

　　　C_{Y0}、C_{X0}——初次测量的电容比；

　　　D_{Yi}、D_{Xi}——计算所得该次位移测量值，mm。

正垂线的相对位移量是指正垂悬挂点相对于正垂观测墩的位移值，按式（7.3）与式（7.4）计算。

$$\delta_{Yi}=K_Y(C_{Yi}-C_{Y0})+\delta_{Y0} \tag{7.3}$$

$$\delta_{Xi}=K_X(C_{Xi}-C_{X0})+\delta_{X0} \tag{7.4}$$

式中　δ_{Yi}、δ_{Xi}——正垂线测点相对位移量，mm；

　　　δ_{Y0}、δ_{X0}——初次测值的相对位移量。

正垂线的绝对位移量是指测点相对位移值与该测点所在测站的绝对位移值之和，即正垂线悬挂点相对于倒垂锚固点的位移量，当测站位于倒垂观测墩时按式（7.5）与式（7.6）计算。

$$A_{Yi}=D_{Yi}+\delta_{Yi} \tag{7.5}$$

$$A_{Xi}=D_{Xi}+\delta_{Xi} \tag{7.6}$$

式中　A_{Yi}、A_{Xi}——正垂线测点绝对位移量；

　　　D_{Yi}、D_{Xi}——计算所得倒垂线该次位移量值；

　　　δ_{Yi}、δ_{Xi}——正垂线测点相对位移量，mm。

2. 引张线测值计算

引张线 EX1 上 7 个测点均以 $48^{\#}$ 坝段固定端与 $62^{\#}$ 张紧端位置相应的倒垂测点 IP7、IP8 为基准点，如图 7.1 所示，通过线上测点与线端点相似三角形的变化计算各测点的相对位移。根据仪器电容比测值变化计算得到上下游方向相对基准线位移 δ_0，由两个相似三角形，按式（7.7）、式（7.8）分别计算各测点相对于张紧端和固定端的上下游方向位移 δ_{x0}、δ_{y0}：

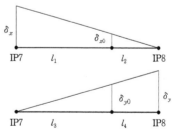

图 7.1　引张线 EX1 位移
计算示意图

$$\delta_{x0}=\frac{l_2}{l_1+l_2}\delta_x \tag{7.7}$$

$$\delta_{y0}=\frac{l_3}{l_3+l_4}\delta_y \tag{7.8}$$

最后，将相对基准线位移 δ_0 与相对于张紧端和固定端的上下游方向位移 δ_{x0}、δ_{y0} 叠加式 (7.9)，即得引张线上各测点上下游方向绝对位移 δ。

$$\delta = \delta_0 + \delta_{x0} + \delta_{y0} \tag{7.9}$$

7.1.2　坝基水平位移分析（倒垂线监测资料分析）

7.1.2.1　资料系列及异常测值分析

各坝段坝基左右岸位移过程线如图 7.2 与图 7.3 所示，左岸阶地坝段 $14^{\#}$ 坝段及 $21^{\#}$ 坝段坝基左右岸位移变化平稳，截至 2015 年 10 月 26 日，$14^{\#}$ 坝段坝基略微倾向右岸，位移量为 0.03mm，$21^{\#}$ 坝段坝基倾向左岸，位移量为 0.47mm。自埋设日期起至 2014 年 12 月 IP3 测值突变前，$25^{\#}$ 坝段坝基一直倾向右岸，2014 年 11 月 30 日向右岸的位移量分别为 1.02mm 和 3.07mm。$35^{\#}$ 主河床挡水坝段与 $62^{\#}$ 右岸台地坝段坝基左右岸位移自埋设日期至今一直变化平缓，截至 2015 年 10 月 26 日，$35^{\#}$ 坝段坝基略微倾向右岸，位移量为 0.21mm，$48^{\#}$ 坝段坝基略微倾向左岸，位移量为 0.19mm。$42^{\#}$ 坝段 2010—2014 年间坝基位移逐渐向左岸发展，$48^{\#}$ 坝段坝基位自 2012 年后左右岸位移变化趋于平稳。

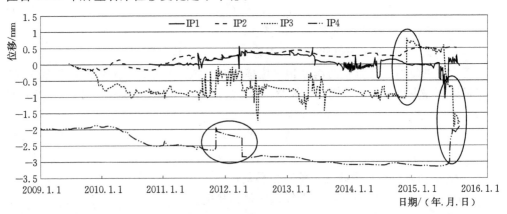

图 7.2　$14^{\#}$、$21^{\#}$、$25^{\#}$、$29^{\#}$ 坝段坝基左右岸方向位移时序过程线

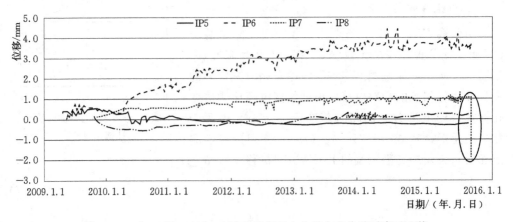

图 7.3　$35^{\#}$、$42^{\#}$、$48^{\#}$、$62^{\#}$ 坝段坝基左右岸方向位移时序过程线

如图 7.2 和图 7.3 中线圈标注所示，埋设于 25#坝段的倒垂线 IP3 测点于 2014年 12 月 15 日发生一次测值突变，12 月 15—17 日期间，突变量达 1.85mm。埋设于29#溢流坝段的倒垂线 IP4 测点 2015 年 8 月 29 日—9 月 13 日期间，测值发生异常跳动，突变量达 1.06mm，2011 年 11 月 15 日、2012 年 4 月 17 日再次发生两次测值突变，突变量分别为 0.70mm、0.62mm。埋设于右岸台地 48#坝段的 IP7 测点，2015 年 10 月 21—23 日期间，由于仪器鉴定过程中进行了复位差检测造成测值的异常跳动，突变量达 2.96mm。

各坝段基岸位移过程线上下游方向位移如图 7.4 与图 7.5 所示。截至 2015 年10 月 20 日，从左至右各坝段坝基上下游方向坝基位移值分别为 0.60mm（纵向 0+280.00，IP1），2mm（纵向 0+417.00，IP2），3.14mm（纵向 0+478.00，IP3），3.23mm（纵向 0+537.50，IP4），1.56mm（纵向 0+627.00，IP5），2.04mm（纵向 0+732.50，IP6），1.01mm（纵向 0+850.00，IP7），2.04mm（纵向 1+130.00，IP8），各坝段坝基位移均指向下游。总体而言，除异常的测值跳动外，各坝段坝基上下游方向位移变化相对较为平稳，现将各测值突变情况统计分析如下：如图中线圈标注所示，埋设于 25#坝段的倒垂线测点 IP3 与埋设于 29#溢流坝段的倒垂线 IP4 测点于 2011 年 11 月 16 日，同时发生测值突变，突变量分别为0.93mm、0.50mm。埋设于 14#坝段的测点 IP1 于 2015 年 7 月上旬变化幅度达 1.33mm。

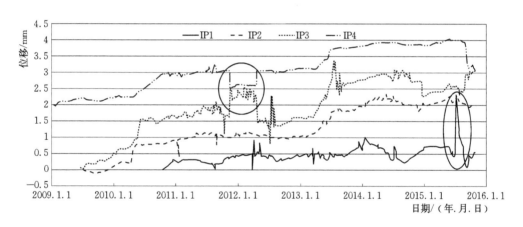

图 7.4 14#、21#、25#、29#坝段坝基上下游方向位移时序过程线

由于自动化监测系统稳定性的影响，加之人工干扰及外荷载、温度等条件的改变都可能造成倒垂线测点位移测值发生突变。考虑到倒垂线在大坝的水平位移监测中的重要性（除监测坝基水平位移外，倒垂测值还作为正垂线和引张线测点的参考和基准），应对其中由于人为原因或仪器故障等因素引起的不能反映真实坝基水平位移的测值异常跳动予以合理的修正。

倒垂线测点 IP3 和 IP4 于 2011 年 11 月 15 日、2012 年 4 月 17 日发生两次测值突变，坝基左右岸方向位移的大幅突变必然会引起相应坝段横缝的开合。

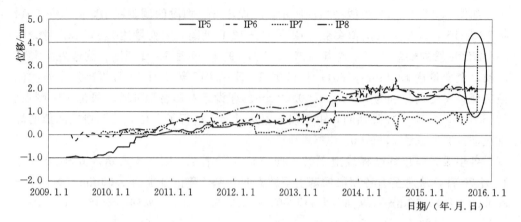

图 7.5　35#、42#、48#、62#坝段坝基上下游方向位移时序过程线

为考察突变值能否反映坝基真实位移情况，分别考察埋设于 24#坝段与 25#坝段间所设横缝计 J1（安装高程 668.00m）、J4（安装高程 699.00m）、J7（安装高程 718.00m）、J10（安装高程 736.50m）与 29#与 30#坝段横缝处高程为 638.00m 的三支测缝计 J28（坝上 0-02.00）、J29（坝下 0+40.00）、J30（坝下 0+80.00）于以上两时间节点的横缝位移情况，开合状态未出现异常。此外，在该时段 IP3、IP4 的上下游测值方向亦发生测值突变，2012 年 4 月 17 日后，两水平方向测值均恢复至与测值跳动前相接近的位移量。据此判断，该时段位移测值应是由于人为扰动或仪器故障引起的突变，因此认为对其中的突变值予以消除是合理的。

IP3 测点于 2014 年 12 月 15 日，发生一次水平位移向左岸的测值突变，参考 24#坝段与 25#坝段之间布置的横缝测缝计 J1（坝下 0+002.00）、J2（坝下 0+030.00）在此时间点测值无异常变化，且 J1 监测结果显示该部位横缝处于不断闭合趋势中，与 IP3 测值突变相反，因此也认为 IP3 的此次突变是异常的，应予以修正。

剔除测值异常突变后，时序过程线如图 7.6~图 7.9 所示。

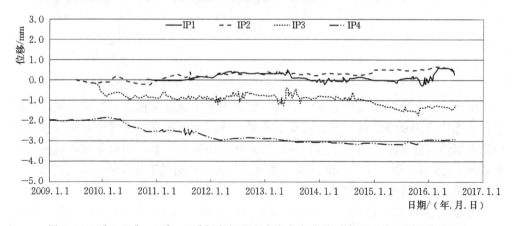

图 7.6　14#、21#、25#、29#坝段坝基左右岸方向位移时序过程线（剔除突变后）

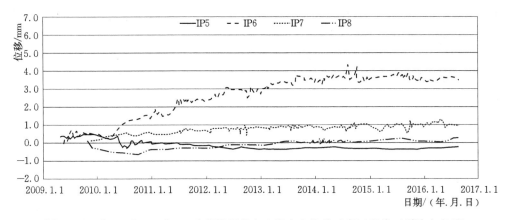

图 7.7　35#、42#、48#、62# 坝段坝基左右岸方向位移时序过程线（剔除突变后）

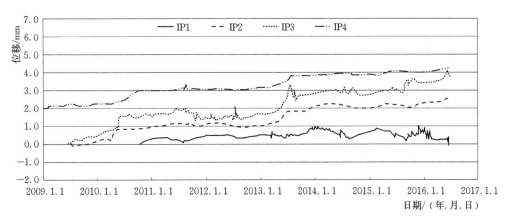

图 7.8　14#、21#、25#、29# 坝段坝基上下游方向位移时序过程线（剔除突变后）

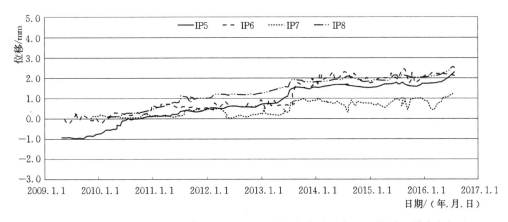

图 7.9　35#、42#、48#、62# 坝段坝基上下游方向位移时序过程线图（剔除突变后）

7.1.2.2　变化规律分析

1. 沿坝轴线方向的分布

根据倒垂线左右岸位移监测结果作如图 7.10 所示的坝基左右岸位移沿纵向分布曲

线，由图可知：坝基左右岸方向位移分布曲线以 35# 坝段纵向桩号为 0+627.0 的倒垂测点 IP5 为中心成 180°旋转对称分布。即左岸阶地、右岸台地坝段坝基左右岸位移发展不明显，由两岸逐渐过渡至左岸溢流坝段及河床右岸坡坝段位移量显著增大，其中左岸 29# 溢流坝段坝基水平位移倾向右岸，而河床右岸坡 42# 坝段坝基水平位移倾向左岸，而位于主河床 35# 挡水坝段，自埋设日期起，左右岸位移发展均不明显。

截至 2016 年 6 月 25 日，坝基左右岸位移分布如图 7.10 所示。

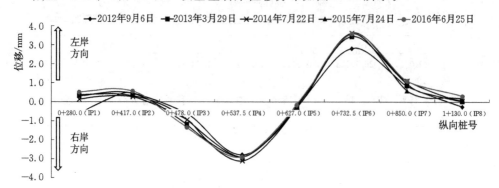

图 7.10　坝基左右岸方向位移沿纵向分布曲线

坝基上下游方向位移沿纵向的分布曲线如图 7.11 所示，由该图可知：从左岸阶地 14# 坝段至主河床 29# 溢流坝段，坝基向下游的位移随纵向桩号的增加也呈不断增加的趋势，而自主河床 35# 挡水坝段至右岸台地 62# 坝段坝基上下游方向位移变化相对较为平缓，较之 29# 坝段向下游位移量有所较少。

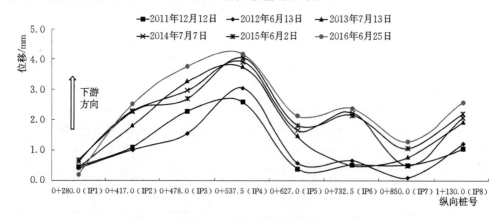

图 7.11　坝基上下游方向位移沿纵向分布曲线

2. 地质条件的影响

通过对比各坝段地质条件发现，位于河床右岸坡坝段（纵向桩号 0+635.00～0+767.00）基岩位置发育 f628、f632、f24 三条陡倾角断层，同时还发育四组节理，主河床坝段（纵向桩号 0+497.00～0+635.00）亦发育四组节理，以上地质条件较差基岩与左右岸位移量较大的 29# 坝段和 42# 坝段相对应。而水库两岸主要由坚硬的基岩组成，且左岸阶地坝段（纵向桩号 0+000.00～0+497.00）中主要发育的

f99、f100、f102 缓倾角断层已进行了挖除处理。因此左岸阶地和右岸台地坝段地质条件相对较好，对应的左右岸位移也相对较小，而地质条件相对较差的坝段的坝基可能沿软弱带和断层发生滑移而使其左右岸方向的位移相对较大。

上下游方向位移受地质条件影响也较为明显，29# 溢流坝段上下游位移较大的原因主要有两点：①由于 29# 溢流坝段建基面较低，坝体自重和库水荷载作用较大；②该坝段地质条件相对较差，基岩中软弱带在较高荷载条件下会相应产生较大上下游向滑移。

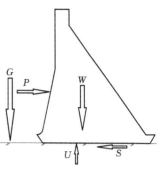

图 7.12　坝体、坝基受力
示意简图

3. 主要外荷载及温度的影响

如图 7.12 所示，上游库水位对坝体、坝基的荷载作用分为两个方向：①库水的自重荷载 G，方向为竖直向下；②库水对坝体的推力 P，方向为水平顺河流方向。此外，坝体自重 W、基底扬压力 U 及抗阻滑力 S 作用方向均与左右岸位移方向垂直。故监测结果显示坝基左右岸方向位移受库水位变化的直接影响不明显，如图 7.13 和图 7.14 所示。

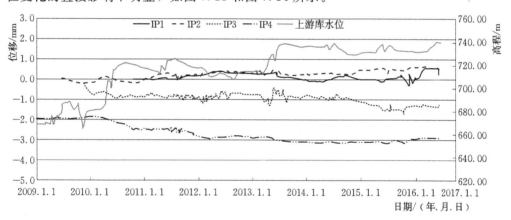

图 7.13　上游库水位与坝基左右岸位移时序过程线（14#～29# 坝段）

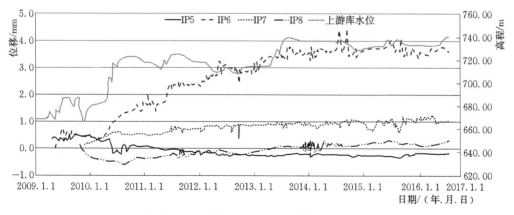

图 7.14　上游库水位与坝基左右岸位移时序过程线（35#～62# 坝段）

由于坝基上下游位移由于与库水推力 P 作用线在同一方向上，故上游库水位的变化对坝基上下游方向位移影响明显。如图 7.15 和图 7.16 所示，圆圈所标注的部位为典型库水位变化对坝基上下游方向位移影响较明显的时段，2013 年 3—8 月蓄水期间，除左岸阶地 14# 坝段外（建基面高，受水位影响小），各坝段坝基的向下游位移量均有不同程度的增长。

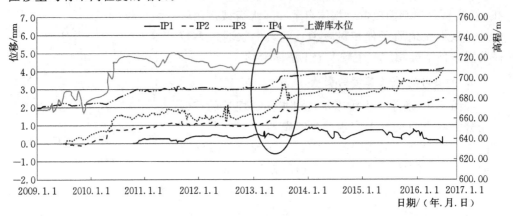

图 7.15　上游库水位与坝基上下游位移时序过程线（14#～29# 坝段）

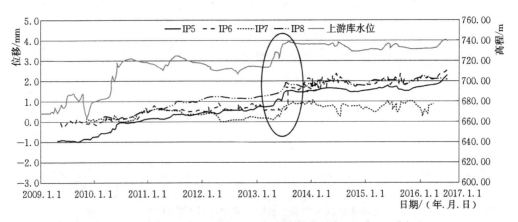

图 7.16　上游库水位与坝基上下游位移时序过程线（35#～62# 坝段）

为排除温度变化影响，选取 2013 年蓄水前后一年气温相接近的时间节点，统计坝基上下游位移变化见表 7.3，由该表可明显看到上游库水位抬升对坝基上下游方向位移量的影响，即上游库水位升高，库水对坝体推力的增大，坝基向下游的位移也随之增加。

表 7.3　　　　　相近气温不同水位坝基上下游方向位移测值比较表　　　　单位：mm

日期/（年.月.日）	2012.10.27	2013.10.27	增量
水位/m	714.43	736.71	22.28
IP1	0.32	0.65	0.34
IP2	0.95	1.83	0.89

续表

日期/（年．月．日）	2012.10.27	2013.10.27	增量
IP3	1.49	2.67	1.198
IP4	3.10	3.76	0.67
IP5	0.61	1.44	0.84
IP6	0.60	1.63	1.04
IP7	0.22	0.89	0.68
IP8	1.17	1.83	0.67

如上所述，坝基水平方向位移受到外部荷载作用影响显著。此外，坝基岩性、地质构造及渗透水流等也是不可忽略的影响因素。但单纯从温度改变的角度而不控制其他因素变化带来的影响去考察坝基的水平位移，其监测数据结果统计规律性不强。因此与坝基水平位移变化趋势不同，气温的变化呈周期性规律，二者相关性不明显。

7.1.2.3 特征值分析

图 7.17～图 7.19 为典型坝段坝基左右岸方向位移特征值分布图，图 7.20～图 7.23 为典型坝段坝基上下游方向位移特征值分布图。

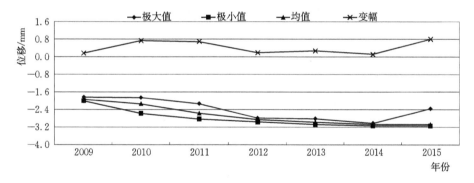

图 7.17 纵向桩号 0＋537.5（IP4）坝基左右岸位移特征值分布图

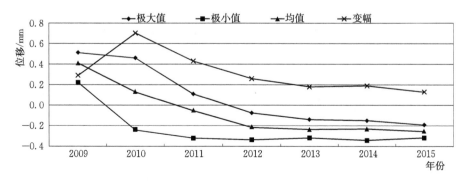

图 7.18 纵向桩号 0＋627.0（IP5）坝基左右岸位移特征值分布图

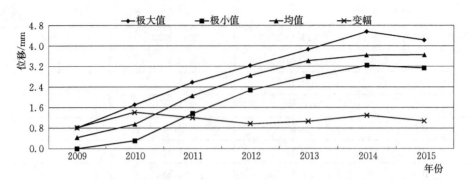

图 7.19　纵向桩号 0+732.5（IP6）坝基左右岸位移特征值分布

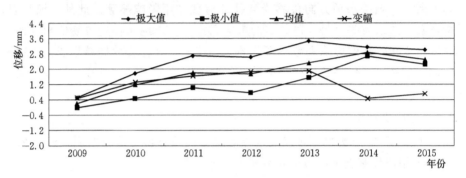

图 7.20　纵向桩号 0+478.00（IP3）坝基上下游位移特征值分布图

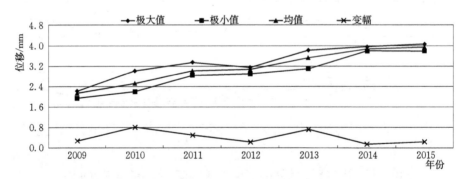

图 7.21　纵向桩号 0+537.50（IP4）坝基上下游位移特征值分布图

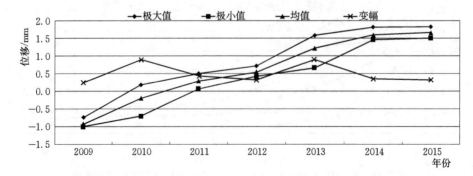

图 7.22　纵向桩号 0+627.00（IP5）坝基上下游位移特征值分布图

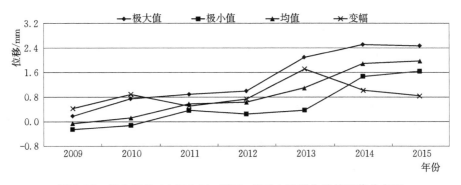

图 7.23 纵向桩号 0+732.50（IP6）坝基上下游位移特征值分布图

1. 极值分析

如图 7.17～图 7.19 所示，受地质条件、建基面高度、外荷载变化等因素的不同，各坝段坝基左右岸位移极值变化呈现不同的趋势。21#、25#、35# 坝段坝基左右岸位移自 2012 年后，极值变化逐渐趋于平稳，42# 坝段坝基极值有逐渐向右岸的发展趋势。其他各坝段，年极值变化存在小幅波动，无明显的增减趋势。各坝段向左岸位移量最大值为 4.55mm，发生位置为纵向桩号 0+732.50 的 IP6 测点（2014年 8 月 27 日），向右岸量的最大值为 3.15mm，发生位置为纵向桩号 0+537.50 的IP4 测点（2015 年 4 月 19 日）。

如图 7.20～图 7.23 所示，2010 年、2011 年和 2013 年，多个坝段坝基上下游方向位移的极值有明显增加，原因是由于这几年进行了阶段性蓄水，尤其 2013 年较大规模的水库蓄水，使各坝段坝基极值均向下游有所发展。总体而言，2013 年后，除 14# 坝段 2014 年坝基上下游极值有小幅波动外，各坝段坝基上下游方向位移极值变化趋于平缓。各坝段向下游位移量最大值为 4.04mm，发生位置为纵向桩号 0+537.50 的 IP4 测点（2015 年 5 月 30 日），向上游位移量的最大值为 0.98mm，发生位置为纵向桩号 0+627.00 的 IP5 测点（2009 年 9 月 10 日）。

2. 年均值分析

如图 7.17～图 7.19 所示，与极值变化相似，各坝段坝基左右岸方向位移年均值变化呈现不同的趋势。右岸台地 42#、48#、62# 坝段坝基位移年均值向左岸缓慢增长，主河床挡水坝段坝基左右岸方向位移自 2012 年来一直变化平稳，维持在0.20～0.25mm 之间。右岸岸坡 21#、25# 坝段坝基位移 2015 年均值向左岸有小幅增长，14# 阶地坝段与 29# 溢流坝段则变化相对平稳。各坝段向左岸位移最大年均值为 3.67mm，发生位置为纵向桩号 0+732.50 的 IP6 测点（2015 年），向右岸量的最大值为 3.10mm，发生位置为纵向桩号 0+537.50 的 IP4 测点（2015 年）。

如图 7.20～图 7.23 所示，自 2009—2014 年，各坝段坝基上下游方向位移年均值向下游方向缓慢增长。2014 年后，除左岸阶地 14# 坝段外，各坝段坝基位移年均值向下游增长趋缓或有向上游小幅增长（21#、25# 坝段）。各坝段坝基向下游位移最大年均值为 3.94mm，发生位置为纵向桩号 0+537.50 的 IP4 测点（2015 年），向上游位移最大年均值为 0.91mm，发生位置为纵向桩号 0＋627.00 的 IP5 测点（2009 年）。

3. 年变幅分析

经过粗差处理，减少了时序曲线上不合理的离群尖点，避免了因为异常测值而引起的不符实际情况的变幅，因此使年变幅的变化具有一定的统计和分布规律。总体而言，坝基左右岸位移年变幅随年份的分布较为平稳，一些年份偶有较明显的增减，但仍处于合理的量级范围内。而受蓄水影响，2013 年多个坝段坝基上下游方向位移变幅相对较大，除 IP1 测点外，其他各坝段于 2013 年后变幅明显减小。

各坝段坝基左右岸位移最大年变幅为 1.79mm，发生位置为纵向桩号 0＋478.00 的 IP3 测点（2011 年），最小年变幅为 0.11mm，发生位置为纵向桩号 0＋537.50 的 IP4 测点（2014 年）。

各坝段坝基上下游方向位移最大年变幅为 1.91mm，发生位置为纵向桩号 0＋478.00 的 IP3 测点（2013 年），最小年变幅为 0.11mm，发生位置为纵向桩号 1＋130.00 的 IP8 测点（2009 年）。

4. 年均值沿纵向桩号分布

坝基左右岸方向位移（沿纵向桩号）历年均值分布如图 7.24 所示，左岸阶地坝段与右岸台地坝段年均值变化平稳。主河床 35$^\#$ 挡水坝段自 2011 年后，坝基略微倾向右岸，年均值变化幅度小。坝基左右岸倾向相对突出的是 29$^\#$ 溢流坝段与右岸 42$^\#$ 非溢流坝段，前者倾向右岸，2015 年向右岸位移年均值为 3.10mm；后者倾向左岸，2015 年向左岸位移年均值为 3.67mm，两坝段自 2009 年以来，各自向左、右岸方向缓慢发展。

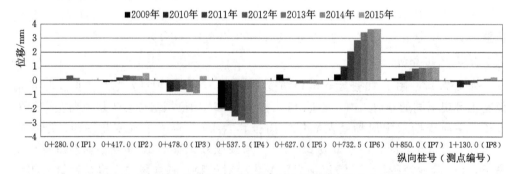

图 7.24 坝基左右岸方向位移历年均值分布（沿纵向桩号）

坝基上下游方向位移（沿纵向桩号）历年均值分布如图 7.25 所示，可以看到不同位置年均值直方图分布如连续阶梯状分布，各坝段坝基位移几乎一致成逐年向下游缓慢增长的趋势。由左岸阶地 14$^\#$ 坝段逐渐过渡至 29$^\#$ 溢流坝段，坝基向下游位移量逐渐递增，而主河床 35$^\#$ 坝段至右岸台地 62$^\#$ 坝段，坝基上下游方向位移变化相对平缓，且向下游位移量的年均值明显小于左岸 25$^\#$、29$^\#$ 坝段。

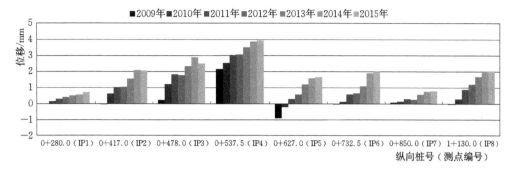

图 7.25 坝基上下游方向位移历年变幅分布（沿纵向桩号）

7.1.2.4 小结

（1）通过分析监测数据资料，发现由于测量误差和自动化监测系统稳定性等原因，造成倒垂线时序曲线上存在诸多"毛刺"，且由于人为扰动或仪器故障等原因，造成多次测值异常跳动。粗差的存在，可以采取恰当的处理方法予以剔除。但异常的测值跳动，必须根据坝基变形的实际情况分析，并结合其他监测仪器（如横缝测缝计）反映的相关监测内容进行相互佐证，最后综合判定其异常与否。因此建议定期检查自动化系统时序过程线，运用文中的处理方法识别粗差，并剔除。对于无法用粗差方法剔除的测值跳动，则需及时进行分析，对合理的跳动作好记载，对不合理的跳动则进行合理的修正。

（2）坝基左右岸方向位移分布是以 35# 坝段纵向桩号为 0+627.00 的倒垂测点 IP5 为中心呈 180°旋转对称分布，当前变形量在-1.96~3.63mm 之间。而坝基上下游位移自左岸阶地 14# 坝段逐渐过渡至 29# 溢流坝段，坝基向下游位移量逐渐递增，自主河床 35# 坝段至右岸台地 62# 坝段，坝基上下游方向位移变化相对平缓，当前变形量在 0.53~3.20mm 之间。当前测值均较小，坝基位移处于正常状态。值得注意的是位于 48# 坝段的 IP7 由于仪器安装存在较大偏心距，导致目前仪器复位检测不合格，应采取适当措施予以修复。另参照《大坝安全监测系统验收规范》（GB/T 22385—2008），25# 坝段 IP3 在复位差监测二测回观测值之差不满足小于 0.15mm 的要求，且其左右岸位移测值跳动频繁，建议对其工作性能进行复检，并优化工作环境。

（3）坝基左右岸方向位移大小主要受地质条件影响，地质条件相对较差的坝段的坝基可能沿软弱带和断层发生滑移而使其左右岸方向的位移相对较大。而坝基上下游方向位移大小除了与地质条件有关外还与库水位变化关系密切。

7.1.3 坝体水平位移分析（正垂线监测资料分析）

7.1.3.1 资料系列及异常测值分析

坝体及坝顶水平位移正垂线监测高程由低到高分为三层布置：①一层为垂线孔口设于 675.10m 高程廊道内的正垂线 PL3-1、PL4-1、PL5-1；②二层为孔口设于 706.50m 高程廊道内 PL2-1、PL3-2、PL4-2、PL5-2、PL6-1；③第三层为孔口设于坝顶 745.20m 的 PL1-1、PL2-2、PL3-3、PL4-3、PL5-3、PL6-2。

截至 2015 年 10 月 26 日，坝体正垂线上各测点左右岸及上下游方向水平位移分布分别如图 7.26 与图 7.28 所示，在图 7.27 和图 7.29 中，为表示直观将位移量作为 Z 轴。可以看出：

坝顶位置向左岸最大位移量为 7.65mm（42# 右岸边坡坝段），向右岸最大位移量为 3.88mm（29# 溢流坝段）。坝体高程 706.50m 向左岸最大位移量 6.69mm（42# 右岸边坡坝段），向右岸最大位移量 4.17mm（29# 溢流坝段）。坝体高程 675.10m 向左岸最大位移量 3.63mm（42# 右岸边坡坝段），向右岸最大位移量 5.22mm（25# 左岸边坡坝段）。

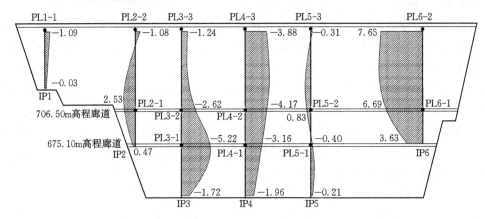

图 7.26　坝体垂线左右岸方向水平位移分布

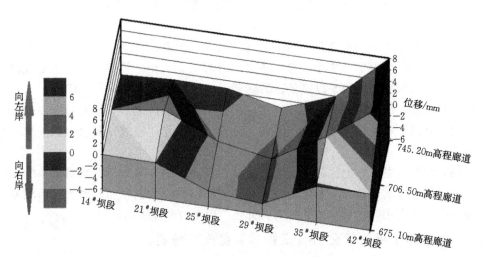

图 7.27　坝体垂线左右岸方向水平位移分布

坝体各部位上下游方向水平位移均表现为倾向下游，且正垂线上各测点向下游位移量随两岸坝段向坝体中部过渡而逐渐增大，即两岸阶地、台地坝段位移量相对较小，而两岸边坡及主河床坝段则倾向下游相对较为明显。坝顶位置向下游最大位移量为 17.30mm（29#溢流坝段），向下游最小位移量为 2.99mm（14#左岸阶地坝段）；坝体 706.50m 高程向下游最大位移量 11.48mm（35#主河床坝段），向下游最小位移量 4.34mm（21#左岸边坡坝段）；坝体 675.10m 高程向下游最大位移量 7.96mm（29#溢流坝段），向下游最小位移量 5.49mm（25#左岸边坡坝段）。

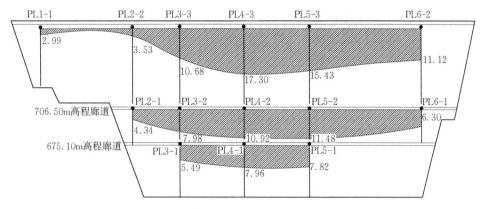

图 7.28　坝体垂线上下游方向水平位移分布

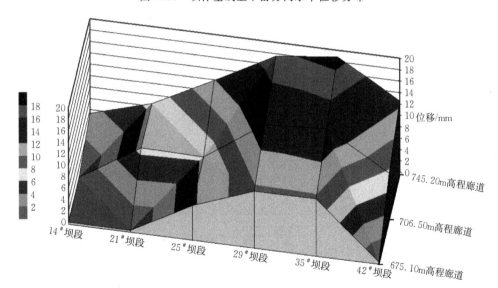

图 7.29　坝体垂线上下游方向水平位移分布

如图 7.30～图 7.33 所示分别为坝体各高程廊道及坝顶位置正垂测点左右岸及上下游方向水平位移时序过程线。

与倒垂线监测结果不同，正垂测点时序过程线上粗差的密度更大，数量更多，这给粗差的定位和修复带来阻碍。若将粗差全部剔除，将造成数据序列存在过多空缺。考虑到其中的粗差及偶然误差的出现具有一定的统计规律，故对正垂测点的粗差予以保留，并在变化规律分析与特征值统计中对误差成因及分析进行详细说明。

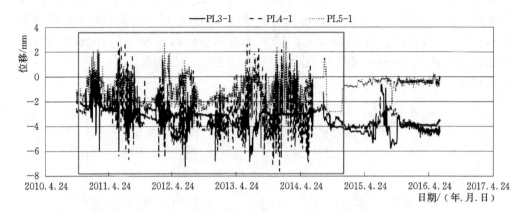

图 7.30　坝体高程 675.10m 左右岸方向位移时序过程线

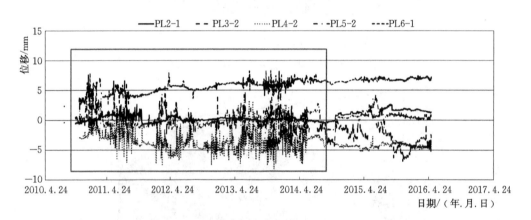

图 7.31　坝体高程 706.50m 左右岸方向位移时序过程线

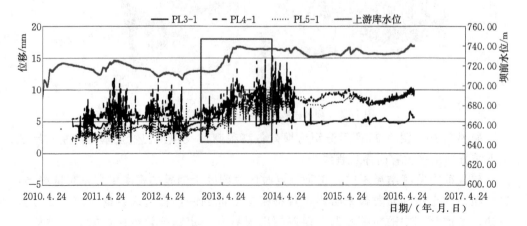

图 7.32　坝体高程 675.10m 上下游方向位移时序过程线

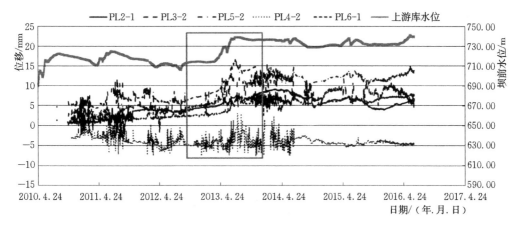

图 7.33　坝体高程 706.50m 上下游方向位移时序过程线

如图 7.30 所示，坝体高程 675.10m 正垂线上各测点左右岸方向位移测值于 2010 年 6 月—2014 年 6 月间处于持续波动中，位于 29# 坝段 PL4 - 1 与 35# 坝段 PL5 - 1 单月波动幅度最大达 8mm。当前测值显示 29# 坝段、35# 坝段高程 675.10m 向右岸位移量分别为 3.16mm、0.40mm。2015 年 6 月—2015 年 9 月间，25# 坝段 PL3 - 1，测值发生异常跳动，最大跳动幅度达 6mm。2015 年 9 月后，PL3 - 1 测值趋于稳定，截至 2015 年 10 月 26 日测值显示 25# 坝段 675.10m 高程向右岸位移量为 5.22mm。

如图 7.31 所示，与坝体 675.10m 高程左右岸位移监测结果类似，坝体 706.50m 高程多条正垂线上测点左右岸方向位移测值于 2010 年 6 月—2014 年 6 月间处于持续波动中，如位于 29# 坝段 PL4 - 2 在此时间段单月最大波幅达 10mm，该测点 2014 年 6 月后测值趋于稳定，截至 2015 年 10 月 26 日测值显示 29# 溢流坝段高程 706.50m 向右岸位移量为 4.17mm。此高程其他正垂测点测值相对较为稳定，处于正常状态。

如图 7.32、图 7.33 所示，坝体高程 675.10m 及高程 706.50m 坝体正垂线上各测点上下游方向位移变化总体而言较为平缓。受 2013 年 3—8 月间水库蓄水影响，坝体各部位水平位移向下游有所发展（方框所示区段）。当前坝体各部位上下游方向位移变化趋势平稳。

7.1.3.2　变化规律分析

1. 沿坝体竖直方向的分布

坝体左右岸方向水平位移沿竖直方向分布规律性不强，这与坝体各高程所受左右岸方向荷载条件不同、各坝段基础地质条件存在差异、各部位混凝土性质不完全均一、应力应变状态不一致等因素影响有关。

而坝体各坝段上下游向水平位移沿铅垂线的分布则规律性较为明显，各坝段上下游向水平位移随坝高的增加，坝体倾向下游位移量呈递增趋势。如图 7.34 所示，坝体向下游方向挠度分布的规律可解释为将坝体视为一悬臂梁，梁上加之以库水推

力作用形成梁挠度分布曲线。悬臂梁小挠度微分方程积分方程为

$$\frac{\mathrm{d}^2 \omega}{\mathrm{d} x^2} = \frac{M}{EI} \tag{7.10}$$

式中　ω——挠度；

　　　M——弯矩；

　　　x——与建基面的距离。

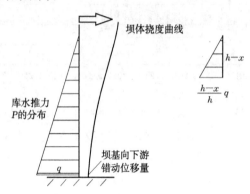

图 7.34　坝体（悬臂梁）受库水推力变形示意简图

积分两次有

$$\omega = \frac{1}{EI} \int \left(\int M \mathrm{d}x \right) \mathrm{d}x + cx + d \tag{7.11}$$

式中　c、d——积分待定常数。

由建基面处的约束条件得到其挠曲线方程为

$$\omega = \frac{q(h-x)^5}{120EIh} + \frac{qh^3}{24EI}x - \frac{qh^4}{120EI} \tag{7.12}$$

当前，典型坝段（25#坝段）坝体上下游方向挠度变形曲线如图 7.35 所示。

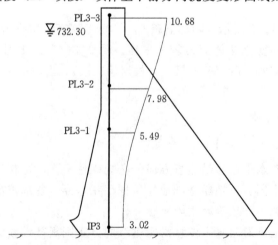

图 7.35　25#坝段坝体上下游方向挠度变形曲线

（2015 年 10 月 26 日）（上游库水位：m；位移：mm）

2. 上游库水位的影响

如前所述，坝体左右岸方向位移与库水压力及库水推力作用方向相互垂直，故坝体左右岸方向水平位移受库水位变化影响不明显。而库水推力方向指向下游，因此上游库水位的变化对坝体上下游向水平位移有直接影响。

为排除温度变化影响，选取2013年蓄水前后一年气温相接近的时间节点，统计坝体上下游位移变化如表7.4所示，由该表可知，上游库水位抬升对坝体上下游方向位移量的影响明显，上游库水位升高，库水对坝体推力的增大，坝体向下游的位移也随之增加。

表7.4　　　　　　　　相近气温不同水位坝体上下游方向位移测值比较表

日期	2012.10.27	2013.10.27	增量
上游水位/m	714.43	736.71	22.28
PL2-1/mm	4.11	7.33	3.22
PL3-1/mm	4.55	9.42	4.87
PL3-2/mm	6.90	14.41	7.51
PL4-1/mm	5.60	8.83	3.23
PL4-2/mm	6.23	11.27	5.05
PL5-1/mm	3.68	6.34	2.66
PL5-2/mm	4.72	9.94	5.22
PL6-1/mm	2.41	7.10	4.69

通过进一步研究2013年蓄水阶段上游库水位与坝体向下游位移量的相关性，发现二者具有良好的线性关系。如图7.36与图7.37所示，21#坝段正垂线测点PL2-1与25#坝段正垂线测点PL3-2上游库水位与坝体下游位移量判定系数 R^2 分别达到0.9406与0.9243。此外，考虑坝体变形的滞后效应，若将下游位移量（因变量）选取的时间点较之上游库水位（自变量）靠后2d，可使上述判定系数 R^2 达到最大值，分别为0.9521与0.9415。据此可推测，上游库水位变化对坝体向下游位移量影响的滞后时间约为2d。

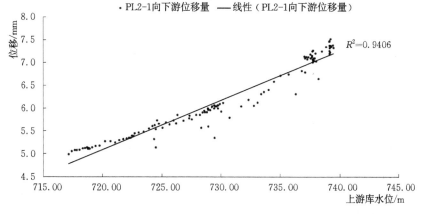

图7.36　21#坝段高程706.50m向下游位移量与上游库水位相关性分析

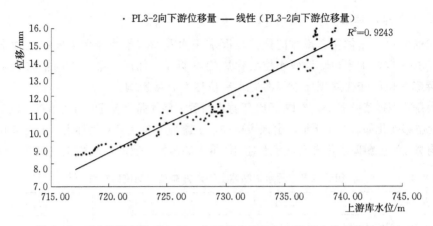

图 7.37　25# 坝段高程 706.50m 向下游位移量与上游库水位相关性分析

3. 极端工况分析

表 7.5 中选取 2014 年 9 月 11 日及 2015 年 1 月 28 日两日监测统计数据（上游库水位接近，气温差异大），对建基面较低的 25#、29#、35# 坝段在常温高水位和低温高水位工况下的上下游向位移量进行比较。可以看出，在水位变化不大的情况下，低温是造成坝体向下游变位的一个影响因素。

表 7.5　　　　　　　相近上游库水位不同温度下坝体上下游向位移比较

日期/（年·月·日）	2014.9.11	2015.1.28	
上游库水位/m	730.92	731.37	位移
温度/℃	13.07	−28.03	变化量
工况	常温高水位	低温高水位	
PL3－1/mm	4.81	4.92	0.11
PL3－2/mm	8.59	9.41	0.82
PL3－3/mm	9.13	10.37	1.24
PL4－1/mm	7.92	9.53	1.61
PL4－2/mm	9.11	12.43	3.32
PL4－3/mm	—	20.46	—
PL5－1/mm		7.89	
PL5－2/mm	11.25	11.94	0.69
PL5－3/mm	—	14.44	—

坝体温度降低，坝体混凝土收缩，使坝体向下游变位；坝体温度升高，坝体混凝土膨胀，使坝体向上游变位。因此高温低水位工况是坝体向上游位移的极端工况，低温高水位是坝体向下游的极端工况。

7.1.3.3 特征值分析

1. 误差分析

由于受纵向廊道内各类机械施工影响（如混凝土取芯、钻孔引起的铟钢丝颤动等）以及观测间密闭状况、垂线钢护管窜风等外界干扰因素的存在，造成正垂线上各测点左右岸及上下游方向位移在自动化监测系统数据采集过程中出现了大量的粗差。

分别将坝体真实位移、相应的粗差和位移的观测值视为三个随机变量 X，Y，Z，有

$$Z = X + Y \tag{7.13}$$
$$E(Z) = E(X) + E(Y) \tag{7.14}$$

由于受众多不确定的外界干扰因素影响导致存在粗差 Y，而大量粗差的出现具有一定的统计规律。如图7.38所示，按时序过程线上离群尖点的纵坐标指向和量值进行分类，选取坝体706.50m高程左右岸方向位移时序过程线上的1064个离群粗差点进行统计后发现主坝正垂线各测点上粗差 Y 的出现基本符合正态分布 $N(0, \sigma^2)$，其期望 $E(Y) = 0$，可得 $E(Z) = E(X)$，即说明正垂线测点时序过程线上离群尖点的波动中心是坝体真实水平位移 X。因此认为，在特征值的分析中，年均值由于具有统计期望的性质，其大小受粗差的影响相对较小，能够很好地反馈年均坝体水平位移变化的监测信息。而极值与年变幅的统计由于直接受粗差的影响较大（极大、小值大多位于离群尖点上），反馈监测信息是仪器测值的稳定情况，也说明了外因对真实数据干扰作用的大小。

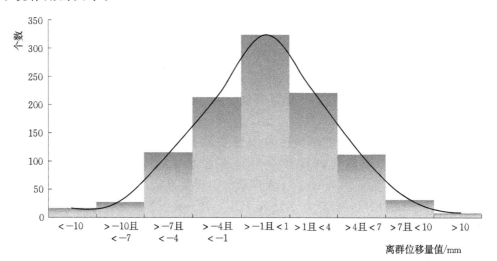

图7.38 坝体高程706.50m左右岸位移离群尖点分布统计

图7.39～图7.40为坝体典型测点左右岸方向位移特征值分布图，图7.41～图7.42为坝体典型测点上下游方向位移特征值分布图。

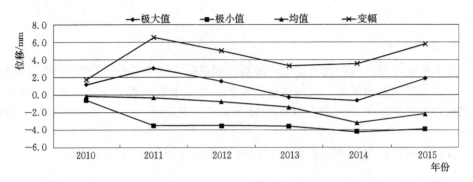

图 7.39　25# 坝段高程 675.10m（PL3-1）左右岸位移特征值分布图

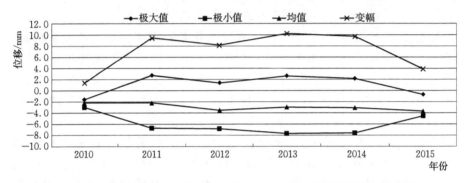

图 7.40　29# 坝段高程 675.10m（PL4-1）左右岸位移特征值分布图

2. 极值分析

如图 7.39～图 7.40 所示，由于坝体各部位荷载条件、基础地质条件、混凝土性质及其应力应变状态等存在差异，各坝段左右岸位移极值变化呈现不同的趋势。其中，坝体向左岸最大位移量为 14.51mm，发生部位为 25# 坝段 706.50m 高程廊道（2013 年 7 月 19 日）。向右岸最大位移量为 9.40mm，发生部位为 29# 坝段 745.20m 高程廊道（2014 年 10 月 20 日）。

如图 7.41～图 7.42 所示，坝体各部位上下游方向位移极值的变化，基本与上游库水位变化相对应，主要体现在：受 2011 年 4 月上旬—2011 年 7 月上旬及 2013 年 3 月下旬—2013 年 8 月中旬两阶段水库蓄水影响（上游库水位分别抬升约 13.00m、25.00m），各测点 2011 年与 2013 年向下游位移极大值分别较之 2010、2012 年均有不同程度增长。坝体向下游岸最大位移量为 27.07mm，发生部位为 29# 坝段高程 745.20m 坝顶，日期为 2014 年 1 月 4 日。向上游最大位移量为 3.35mm，发生部位为 25# 坝段 706.50m 高程廊道，日期为 2014 年 2 月 8 日。

3. 年均值分析

根据误差分析中所述，年均值的变化表现了坝体各部位水平位移总体的变化趋势。除 25# 坝段高程 675.10m 及 706.50m 高程廊道正垂线测点 PL3-1、PL3-2 于 2014 年向右岸有较大幅度变化外，坝体垂线其余部位测点左右岸位移年均值变化平

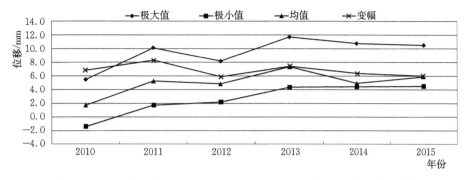

图 7.41　25#坝段高程 675.10m（PL3-1）上下游位移特征值分布图

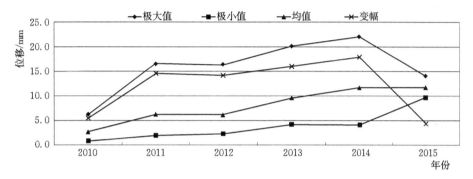

图 7.42　29#坝段高程 706.50m（PL4-2）上下游位移特征值分布图

稳。坝体各部位向左岸位移最大年均值为 8.35mm，发生位置为 25# 坝段高程706.50m 廊道测点（2013 年），向右岸位移最大年均值为 4.50mm，发生位置 29#坝段高程 745.20m 廊道测点（2014 年）。

大部分坝段坝体上下游向水平位移 2012—2014 年间年均值向下游缓慢，2014—2015 年均值变化平稳，21# 坝段 2015 年均值向上游有所回缓。25# 坝段于2010—2013 年间上下游向位移年均值变化平缓或向下游缓慢增长，而 2014 年较之 2013 年位移年均值则向上游有较大幅度变化。坝体各部位向下游位移最大年均值为 20.55mm，发生位置为 29# 坝段高程 745.20m 坝顶测点（2013 年），向下游位移最小年均值为 0.71mm，发生位置 42# 坝段高程 706.50m 廊道测点（2014 年）。

对于 2014 年 25# 坝段左右岸及上下游位移年均值的变化源头在于 2013 年 11 月14 日正垂线发生测值突变，其中高程 675.10m 廊道测点分别向右岸、向上游变化2.36mm 和 5.30mm，高程 706.50m 廊道测点分别向右岸、向上游变化 15.51mm和 10.53mm。鉴于该时间点 25# 坝段坝基水平位移无明显变化，且 24# 坝段与 25#坝段间所设横缝计 J1（安装高程 668.00m）、J4（安装高程 699.00m）、J7（安装高程 718.00m）、J10（安装高程 736.50m）测值显示横缝开合度亦无明显变化。结合PL3 正垂线传感器复位差检测的结果以及仪器表面的腐蚀情况，证明该测值突变并非反映了坝体在此时间点发生了向右岸及向上游的位移突变或塑性变形。

4. 年变幅分析

正垂线上各测点水平位移年变幅的大小一定程度上反映了仪器性能的稳定性及其抗干扰的能力，而对于真实的水平位移年变化波幅的大小参考意义不强。在监测历史数据中，左右岸位移年变幅超过 10mm 的测点有 PL3 - 2（25# 坝段 706.50m 高程）、PL4 - 2（29# 坝段 706.50m 高程）、PL6 - 2（42# 坝段高程 745.20m），上下游向位移年变幅超过 10mm 的测点有 PL3 - 2（25# 坝段 706.50m 高程）、PL4 - 1（29# 坝段高程 675.10m）、PL4 - 2（29# 坝段高程 706.50m）、PL4 - 3（29# 坝段高程 745.20m）、PL5 - 2（35# 坝段 706.50m 高程）。

7.1.3.4　小结

（1）针对正垂线上各测点监测序列存在粗差密度过大的情况，进行了误差分析，得到：粗差的出现基本符合期望 μ 为 0 的正态分布，时序过程线上离群尖点的波动中心是坝体真实水平位移。

（2）由于坝体各部位荷载条件、基础地质条件、混凝土性质及其应力应变状态等存在差异，坝体左右岸向水平位移分布规律性不强。而坝体及坝顶上下游向位移沿铅垂方向的分布符合将坝体视为悬臂梁受库水推力作用形成的挠曲线规律。除上游库水位外，气温也是影响坝体向下游位移量大小的一个重要因素，应重视在低温高水位坝体向下游变位的极端工况下坝下游面可能产生拉应力裂缝。当前坝体及坝顶水平位移均变化平稳，处于正常状态。

7.1.4　引张线及真空激光准直水平位移监测资料分析

为加强对坝体上下游方向的位移监测，在高程 698.30m 的位置安装了一条 7 测点的引张线 EX1，在高程 706.50m 的 21# ～52# 坝段的廊道底板处安装了一套 9 测点的 NJG 型真空激光准直系统。

7.1.4.1　引张线监测资料系列及分析

通过对自动化监测系统中引张线监测资料序列检查，发现目前的资料中存在以下几个问题：①由于仪器测量异常，造成监测资料序列不完整，时序过程线上存在一定量的数据空白缺失；②引张线上各测点在监测过程中均发生过原因不明的测值异常跳动，其中一些异常测值在短时间内自动恢复跳动前的位移水平，也存在测值跳动后便趋于稳定的情况；③测点 EX1 - 7 自 2010 年 7 月 25 日测值异常跳动后一直处于异常状态，截至 2015 年 10 月 22 日，该测点监测数据显示 61# 坝段 697.00m 高程坝体向下游位移量为 25.75mm，10 月 23—26 日，由于电容比测值错误，暂无数据。

造成引张线测值异常的原因很多，最主要原因通常是由于外界干扰因素作用使引张线线体的自由度受限，而引起线体自由度受限的可能原因为：浮托装置性能缺陷、保护管内部杂物影响、保护管自身是否阻碍线体活动、支架变化、保护管和测点保护箱不能起到防风作用等。此外在寒冷地区，若在水箱中未采用防冻液，也会使线体的自由度受限，导致引张线测值异常变化。

对于引张线 EX1 监测数据序列存在的问题，按以下步骤进行处理：

（1）人工剔除粗差：对于单日异常位移测值突变超过 2mm 的测点，认为其不能反映坝体上下游向位移的变化，数据失真，因此予以剔除。

（2）测值跳动时间区间分析：对于一段时间区域内测值跳动幅度在 0.5～2mm 间的测值，应考察跳动区间前后的稳定位移量测值 a_i、a_{i+1} 是否接近。若接近，则将跳动区间测值予以剔除。否则，则将时段内不属于测值区间 $[a_i, a_{i+1}]$ 的异常测值予以剔除，属于测值区间 $[a_i, a_{i+1}]$ 的测值保留。

（3）插值：采用 5 次拉格朗日插值函数，对数据缺失较多的空白区域进行修复。

（4）过程线修复：应用最小二乘多项式数据拟合方法，对数据时序过程线进行修复。

（5）建议将最终处理后得到 EX1 上的各测点 2015 年 10 月 26 日的测值作为新的位移初值供自动化监测系统后续上下游向位移成果计算参考。

如图 7.43～图 7.45 所示，为经过数据处理后引张线 EX1 上各测点上下游向位移时序过程线。图中实心圆点为拉格朗日插值点，实心曲线为最小二乘数据拟合曲线。可以看出，拉格朗日插值点基本都位于拟合曲线上或附近，证明数据拟合效果符合位移随时序发展的一般规律，同时插值对空缺数据序列的修复是有效的。较之主河床坝段，总体而言，右岸台地各坝段上下游向位移变化较为平稳。截至 2015 年 10 月 26 日，右岸台地 698.30m 高程向下游最大位移量为 4.99mm（54# 坝段），向下游最小位移量为 1.61mm（50# 坝段）。

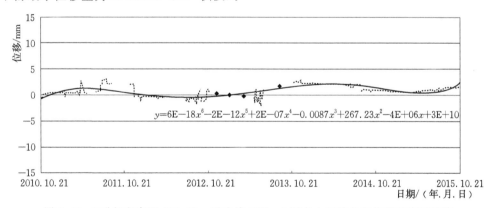

$$y=6E-18x^6-2E-12x^5+2E-07x^4-0.0087x^3+267.23x^2-4E+06x+3E+10$$

图 7.43　50# 坝段高程 698.30m 引张线 EX1-1 测点上下游方向位移时序过程线

仪器鉴定过程中测值采集时，浮船与线体高度符合规范要求，当前仪器工作状态合格，原始测值经过处理和修复，根据 2015 年 10 月 26 日监测数据绘制了右岸台地 48#～62# 坝段坝体高程 697.00m 上下游方向位移分布，如图 7.46 所示。

由该图可知，由于建基面较高，坝体受库水推力作用相对较小，故相对于正垂线所测主河床及左右岸边坡坝段，右岸台地坝段当前向下游位移量值稍小。相邻坝段间向下游位移量呈现渐变状态，其中 52#、54#、56#、57#、59# 坝段向下游变位量稍大，而 48#、50#、61#、62# 坝段向下游变为量相对较小。总体而言，当前右岸台地高程 697.00m 各坝段上下游位移量处于正常状态。

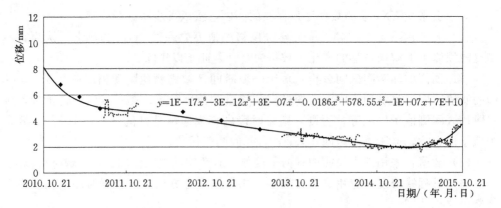

图 7.44　52#坝段高程 698.30m 引张线 EX1-2 测点上下游方向位移时序过程线

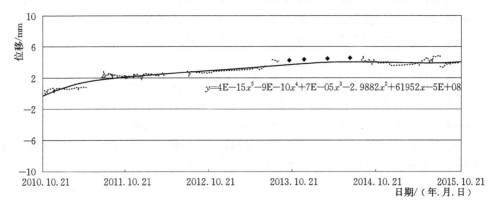

图 7.45　57#坝段高程 698.30m 引张线 EX1-5 测点上下游方向位移时序过程线

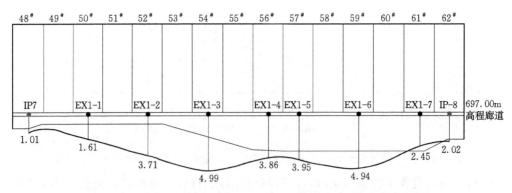

图 7.46　右岸台地高程 697.00m48#～62#坝段上下游位移分布图

7.1.4.2　真空激光准直水平位移监测资料序列及分析

激光具有方向性强、单色性好、亮度高等普通光无法比拟的特点。作为一种简便、高效的测量方式，激光准直系统提高了变形监测的灵敏度范围，减少了作业条件限制，在一定程度上克服了外界干扰。真空激光准直系统各组成部分的主要功能如下：

（1）激光发射设备，为系统提供一个可以锁定的激光点光源。

（2）真空管道，为激光束的传输提供一个压强小于 40Pa 的真空环境。

（3）测点设备，用于安放测点波带板以及波带板起落装置的测点箱。

（4）接收端设备（包括 CCD 坐标仪），是系统的主要测控设备，能够提供对各个测点波带板的起落控制，以及监测激光发射设备和光斑探测设备的变位，以确定准直线的平面坐标。

为监测坝体 706.50m 高程上下游、竖直方向上的位移变形，在 21#～52# 坝段的廊道底板处安装了一套 9 测点的 NJG 型真空激光准直系统，布置见表 7.6、图 7.47，图中圆形实心标记点为监测点，最两端圆形实心标记点为激光发射端和接收端。

表 7.6　　　　　706.50m 高程纵向廊道真空激光准直系统 LA1 布置表

准直节点	坝段-桩号	准直节点	坝段-桩号
激光发射端	21#-坝右 0+418.00	LA1-6	31#-坝左 0+568.00
LA1-1	22#-坝右 0+433.00	LA1-7	33#-坝左 0+597.00
LA1-2	24#-坝左 0+463.00	LA1-8	35#-坝左 0+627.00
LA1-3	25#-坝左 0+478.00	LA1-9	38#-坝左 0+673.00
LA1-4	27#-坝左 0+507.00	激光接收端	42#-坝左 0+731.00
LA1-5	29#-坝左 0+537.00		

高程 706.50m 真空激光准直上下游向位移测值以激光发射端和接收端相对应的倒垂线测点 IP2、IP6 为基准点。截至 2015 年 10 月 26 日，激光准直系统坝体 LA1 上下游向位移分布如图 7.48 所示，可以看出，高程 706.50m 激光准直系统与正垂线布置相比，测点密度更大（激光准直系统 LA1 共 9 个测点，而高程 706.50m 正垂线测点为 5 个）。正垂线上 5 个测点向下游位移大小分布趋势与真空激光准直吻合，两类仪器监测结果均显示 29#、35# 坝段向下游位移量较大，而 21#、25#、42# 坝段位移量相对较小，但量值上存在差异。存在差异的原因主要是因为真空激光准直系统 LA1 以 IP2 与 IP6 为测值基准点，而 IP2 及 IP6 测点高程分别为 678.40m、676.90m，与真空激光准直系统安装高程（706.50m 高程廊道）有 30.00m 左右的高差。即在此 30.00m 高程区段所发生的上下游向位移不会往真空激光准直系统累积，而正垂线无论按一线多测站式还是单段式布置，测点间衔接连续，测值计算成果都是由各高程段上下游位移累积求得。

由 LA1 及倒垂 IP2、IP6 上下游向水平位移测值显示坝体高程 706.50m 向下游位移量在 2.00～6.52mm 之间，其中向下游最大位移量为 6.52mm（31# 坝段），最小位移量为 2.00mm（21# 坝段）。当前坝体高程 706.50m 各部位上下游向位移变化较为平稳，处于正常状态。22#～29# 坝段 LA1 上下游位移时序过程线如图 7.49 所示。31#～38# 坝度 LA1 上下游位移时序过程线如图 7.50 所示。

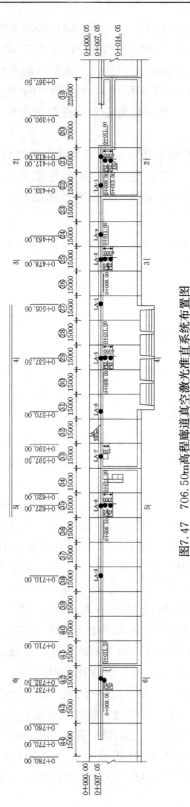

图7.47 706.50m高程廊道真空激光准直系统布置图

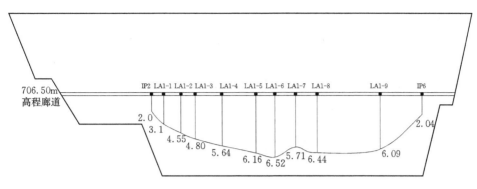

图 7.48　当前真空激光准直 LA1 上下游向位移分布图

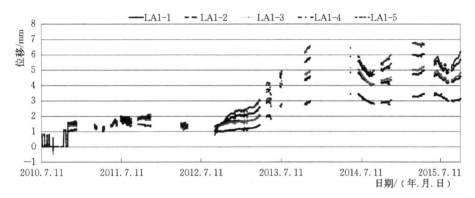

图 7.49　22#～29#坝段 LA1 上下游位移时序过程线

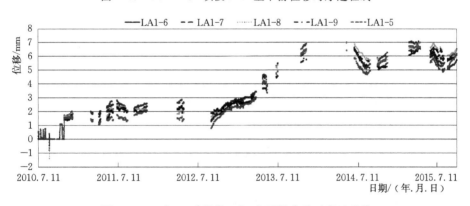

图 7.50　31#～38#坝段 LA1 上下游位移时序过程线

7.1.5　水平位移监测资料回归模型及其成果分析

由于坝体引张线和真空激光准直系统监测资料连续性不好，因此仅对正垂、倒垂监测资料进行回归模型分析。

7.1.5.1　建模原理

坝体变形统计模型主要由水压分量、温度分量和时效分量组成，即

$$\delta = \delta_H + \delta_T + \delta_\theta \tag{7.15}$$

1. 水压分量 δ_H

混凝土重力坝坝体任一点在水压作用下产生的水平位移水压分量 δ_H 与大坝上游水深的 1~3 次方有关。根据本水利枢纽碾压混凝土主坝的实际情况，不考虑下游水位对水平位移变化的影响。因此，水压分量的表达式为

$$\delta_H = \sum_{i=1}^{3} \left[a_{1i}(H_u^i - H_{u0}^i) \right] \tag{7.16}$$

式中　H_u、H_{u0}——监测日、始测日所对应的上游库水位；

　　　a_{1i}——水压因子回归系数。

2. 温度分量 δ_T

由时空分析可知，主坝坝体及基岩垂直位移波动受温度变化影响呈较显著的年周期变化。考虑到大坝已经运行数年，坝体温度场虽呈逐年下降趋势，但目前降幅很小，已基本稳定，可选用周期项因子模拟温度场对大坝水平位移变形的影响，即坝体混凝土内任一点的温度变化用周期函数表示，则可表示为

$$\delta_T = \sum_{i=1}^{2} \left[b_{1i}\left(\sin\frac{2\pi it}{365} - \sin\frac{2\pi it_0}{365} \right) + b_{2i}\left(\cos\frac{2\pi it}{365} - \cos\frac{2\pi it_0}{365} \right) \right] \tag{7.17}$$

式中　t——从监测日至始测日的累计天数；

　　　t_0——建模所取资料序列的第一个测值日至始测日的累计天数；

b_{1i}、b_{2i}——温度因子回归系数（$i=1，2$）。

3. 时效分量 δ_θ

时效变形的原因极为复杂，它综合反映坝体混凝土与基岩的徐变、蠕变以及岩体地质构造的压缩变形等，采用下式来表示位移变化的时效分量 δ_θ，即

$$\delta_\theta = c_1(\theta - \theta_0) + c_2(\ln\theta - \ln\theta_0) \tag{7.18}$$

式中　c_1、c_2——时效分量回归系数；

　　　θ——监测日至始测日的累计天数 t 除以 100；

　　　θ_0——建模资料序列第一个测值日至始测日的累计天数 t_0 除以 100。

4. 统计模型表达式

综上所述，根据本工程大坝的运行特性并考虑初始测值的影响，得到坝体水平位移的统计模型为

$$\delta = \sum_{i=1}^{3} \left[a_{1i}(H_u^i - H_{u0}^i) \right] + \sum_{i=1}^{2} \left[b_{1i}\left(\sin\frac{2\pi it}{365} - \sin\frac{2\pi it_0}{365} \right) + \right.$$
$$\left. b_{2i}\left(\cos\frac{2\pi it}{365} - \cos\frac{2\pi it_0}{365} \right) \right] + c_1(\theta - \theta_0) + c_2(\ln\theta - \ln\theta_0) + a_0$$
$$\tag{7.19}$$

式中　a_0——常数项。

其余各符号含义同式（7.16）~式（7.18）。

5. 含突变的统计模型

针对部分测点测值的突变，在时效分量公式中引进单位阶跃函数，即

$$H_\theta = d_1(\theta - \theta_0) + d_2(\ln\theta - \ln\theta_0) + e_1 f(\theta - \theta_1) + e_2 f(\theta - \theta_2) \tag{7.20}$$

式中 $f(x)$——单位阶跃函数，$f(x) = \begin{cases} 0 & x < 0 \\ 1 & x \geqslant 0 \end{cases}$;

　　　θ_1——第一次突变发生的时间至起测日的累计天数乘以 0.01;

　　　θ_2——第二次突变发生的时间至起测日的累计天数乘以 0.01。

含阶跃函数的统计模型为

$$H = H_h + H_T + H_\theta$$

$$= a_0 + \sum_{i=1}^{5} \left[a_{1i}(H_{ui} - H_{u0i}) \right] + \sum_{i=1}^{2} \left[a_{2i}(H_{di} - H_{d0i}) \right] +$$

$$\sum_{i=1}^{2} \left[b_{1i} \left(\sin\frac{2\pi it}{365} - \sin\frac{2\pi it_0}{365} \right) + b_{2i} \left(\cos\frac{2\pi it}{365} - \cos\frac{2\pi it_0}{365} \right) \right] +$$

$$c_1(\theta - \theta_0) + c_2(\ln\theta - \ln\theta_0) + d_1 f(\theta - \theta_1) + d_2 f(\theta - \theta_2) \tag{7.21}$$

7.1.5.2 资料系列

根据始测时间不同，正垂线各测点的建模资料时间区间见表 7.7。对于规律性较差或有尖刺型突变的测值，为不影响统计模型精度，已将该类噪值删除。

表 7.7　　　　　　　　正垂线测点统计模型建模时间序列

垂线编号	测点高程/m	桩号/m	建模时段/（年.月.日）	坝段
PL1-1	723.10	纵 0+280.00 坝下 0+009.00	2014.12.22—2016.6.6	14#
PL2-1	680.60	纵 0+417.00 坝下 0+011.00	2010.4.23—2016.6.6	21#
PL2-2	710.10	纵 0+417.00 坝下 0+009.00	2014.4.21—2016.6.6	
PL3-1	650.00	纵 0+478.00 坝下 0+010.00	2010.4.23—2016.6.6	25#
PL3-2	675.10	纵 0+478.00 坝下 0+010.00	2014.12.22—2016.6.6	
PL3-3	710.10	纵 0+417.00 坝下 0+009.00	2013.11.18—2016.6.6	
PL4-1	629.00	纵 0+537.50 坝下 0+010.00	2009.10.31—2016.6.6	29#
PL4-2	675.10	纵 0+537.50 坝下 0+010.00	2009.10.31—2016.6.6	
PL4-3	710.40	纵 0+537.50 坝下 0+009.00	2014.2.10—2016.6.6	
PL5-1	633.00	纵 0+627.00 坝下 0+010.00	2009.10.31—2016.6.6	35#
PL5-2	675.00	纵 0+627.00 坝下 0+010.00	2009.10.31—2016.6.6	
PL5-3	710.50	纵 0+627.00 坝下 0+009.00	2014.12.12—2016.6.6	
PL6-1	678.00	纵 0+732.50 坝下 0+011.00	2009.10.31—2016.6.6	42#
PL6-2	710.50	纵 0+732.50 坝下 0+009.00	2009.12.31—2016.6.6	

7.1.5.3 统计模型

采用逐步加权回归分析法，由式（7.21）对上述各测点对应的资料系列建立统计模型。表 7.8 为各测点的回归系数及相应的模型复相关系数 R、标准差 S，表 7.9 为各测点的统计模型预测结果，各测点的实测值、拟合值及残差过程线见图 7.1~图 7.14。

表7.8 正垂测点上下游向位移统计模型系数、复相关系数以及标准差统计表

系数	测点													
	PL1-1	PL2-1	PL2-2	PL3-1	PL3-2	PL3-3	PL4-1	PL4-2	PL4-3	PL5-1	PL5-2	PL5-3	PL6-1	PL6-2
a_1	0	-0.5231	-0.6878	-0.3414	0.2684	0.5017	-0.2164	-0.5343	0	-0.3709	-0.8312	0	0	-0.4491
a_2	0	0	0	0.3418	-0.2696	-0.5021	0.2347	0.549	0	0.3907	0.8386	0	-0.483	0.4484
a_3	0.6462	0.5344	0.6893	-0.3418	0	0.5024	0	0	0	0	0	0.905	0.4951	-0.4476
b_1	0.5044	-0.2194	0	-0.1377	0	-0.8746	0	0.3213	0	0	-0.2816	0	-0.2385	0
b_2	0.4431	0	0.5793	0	0	-0.6239	-0.2389	-0.4492	0	0.1435	0	0	0	-0.2184
b_3	0	0	0	0.1305	0.2642	-0.621	0	0	0.8023	0	0	-0.2821	0	0
b_4	0	0	-0.5694	0	0.4835	0	0	0	-0.8177	0	0	0.4691	0	0
c_1	0	-0.6491	0.4074	0	0	-0.5775	0	0	0.4224	0.291	0	0	0.6965	0.8446
c_2	-0.723	0.7495	-0.433	-0.0808	0.5947	0.6009	0.2128	0.4989	-0.4162	0.2532	0.8494	0	0	0
R	0.7507	0.9255	0.9397	0.8623	0.8387	0.9628	0.858	0.9383	0.9107	0.9771	0.9843	0.9187	0.9495	0.8632
S	0.4195	0.9054	0.3472	0.941	1.0158	0.1743	1.1697	1.2554	1.4647	0.5533	0.8291	0.4795	0.7781	0.6965

表 7.9		正垂线统计模型预测结果		单位：mm
测点	观测值	预测值	预测误差	| 预测误差/2S |
PL1－1	3.12	2.8665	0.2535	0.3021
	3.17	2.8709	0.2991	0.3565
PL2－1	6.44	7.5512	−1.1112	−0.6136
	6.44	7.5252	−1.0852	−0.5993
PL2－2	5.98	6.0455	−0.0655	−0.0943
	6.03	6.0668	−0.0368	−0.053
PL3－1	6.04	4.9478	1.0922	0.5803
	5.65	4.9643	0.6857	0.3643
PL3－2	6.04	6.9548	−0.9148	−0.4503
	6.08	7.1206	−1.0406	0.5122
PL3－3	12.26	11.9493	0.3107	0.8913
	11.81	11.8605	−0.0505	−0.1449
PL4－1	9.87	10.1204	−0.2504	−0.107
	9.63	10.0842	−0.4542	−0.1942
PL4－2	13.81	13.4636	0.3464	0.138
	13.52	13.3756	0.1444	0.0575
PL4－3	16.73	16.4631	0.2669	0.0911
	17.51	16.1114	1.3986	0.4774
PL5－1	10.04	10.0672	−0.0245	−0.0221
	10.06	10.0795	−0.0243	−0.022
PL5－2	13.84	14.8188	−0.9788	−0.5903
	13.93	14.8324	−0.9024	−0.5442
PL5－3	18.54	18.3213	0.2187	0.228
	18.1	18.2979	−0.1979	−0.2064
PL6－1	7.81	8.2524	−0.4424	−0.2843
	7.62	8.2512	−0.6312	−0.4056
PL6－2	12.62	12.61	0.01	0.0072
	12.43	12.6639	−0.2339	−0.1679

7.1.5.4 精度分析

从表 7.8 中可以看出，在 14 个正垂测点中，复相关系数在 0.9 以上的测点数为

9个，在0.8～0.9之间的有4个，在0.7～0.8之间的有1个，0.7以下的测点有4个，其中PL1-1的复相关系数小于0.8，出现这种现象的原因是该测点测值部分时段规律性不强，有突变现象。

从标准差统计情况来看，PL4-1～PL4-3测点标准差较大，均超过了1mm，PL4-3测点标准差接近1.5mm，在一定程度上降低了模型的精度；其他测点标准差较小。

选取了2016年6月13日与2016年6月20日两组实测值作为预测对象，从表7.9统计模型预测结果来看，个别测点如PL2-1和PL5-2两次预测结果$\frac{|\delta-\hat{\delta}|}{2S}\geqslant$0.5，预测精度偏低，其他测点预测结果均能满足$\frac{|\delta-\hat{\delta}|}{2S}\leqslant0.5$，基本满足预报需求。

正垂测点统计模型整体精度基本满足预报要求。

7.1.5.5　影响因素分析

（1）14#坝段：由于PL1-1测点建模时序较短（2014年12月22日—2016年6月6日），模型虽选入了与水位、温度和时效相关的影响因子，但统计模型并未体现出较强拟合相关性（复相关系数R仅为0.7507）。如图7.51所示，模型拟合值过程线能很好地反映出2014年12月12日—2016年6月20日PL1-1测点上下游向位移发展的总体趋势，但模型残差过程线有超过1mm的波幅，这在一定程度上降低了模型的解析力与拟合效果。

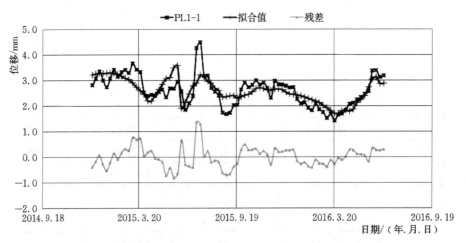

图7.51　14#坝段正垂测点PL1-1上下游向位移统计模型过程线

（2）21#坝段：21#坝段高程706.50m与高程745.20m两测点统计模型均选入了与水位、温度和时效相关的影响因子，且具有良好的拟合效果。结合图7.52可以看出，据位移分量变幅判断，自2010年8月初蓄期完成后，21#坝段高程706.50m坝体上下游向水平位移变化主要受水位波动影响，水压分量占60%～70%，时效的影响次之，分量约占 20%，温度的影响相对较弱。

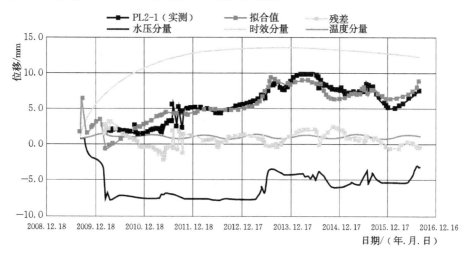

图 7.52　21[#]坝段正垂测点 PL2-1 上下游向位移统计模型过程线

（3）25[#]坝段：25[#]坝段高程 675.10m、高程 706.50m 与高程 745.20m 的三个测点统计模型均选入了与水位、温度和时效相关的影响因子，具有良好的拟合效果。结合图 7.53 可以看出，上游库水位波动对该坝段高程 675.10m 坝体上下游向水平位移起决定性作用，水压分量与实测位移过程线变化趋势和幅度基本一致，水压分量占 90% 以上。总体而言，水压分量决定了测点长序列水平位移变化的趋势，而温度分量仅使位移产生小幅的周期波动，分量小于 10%，时效因子的影响最弱，基本可以忽略不计。

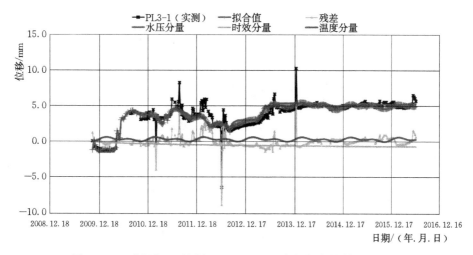

图 7.53　25[#]坝段正垂测点 PL3-1 上下游向位移统计模型过程线

（4）29[#]坝段：29[#]坝段高程 675.10m、高程 706.50m 的两测点统计模型选入了与水位、温度和时效相关的影响因子，校正复相关系数分别为 0.8560、0.9373，拟合效果良好。而位于坝顶高程 745.20m 的测点 PL4-3，由于在相对较短建模时段内位移变化主要呈正余弦周期变化，而同时期水位则相对较为稳定，故模型未选入与水位相关的因子，剩余标准差 S 达 1.4647mm，拟合效果与模型解析力稍差。

结合图 7.54、图 7.55 可以看出，上游库水位波动对该坝段高程 675.10m 与高程 706.50m 坝体上下游向水平位移的影响仍居于主导地位。但随着高程的增加，水位分量的比重有所降低，而温度与时效的影响则相对有所加强。根据位移发展过程中各分量变幅判断，高程 675.10m 与高程 706.50m 测点水压分量分别约占 80%、60%，温度分量分别约占 10%、20%，时效分量分别约占 10%、20%。

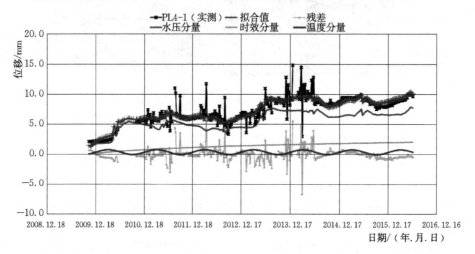

图 7.54　29# 坝段正垂测点 PL4-1 上下游向位移统计模型过程线

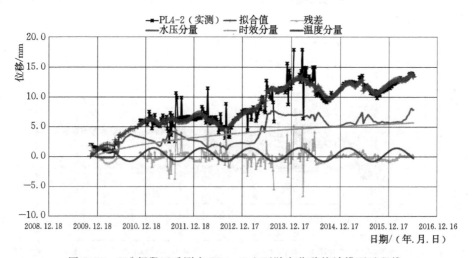

图 7.55　29# 坝段正垂测点 PL4-2 上下游向位移统计模型过程线

（5）35# 坝段：35# 坝段高程 675.10m、高程 706.50m 的两测点统计模型选入了与水位、温度和时效相关的影响因子，而位于坝顶高程 745.20m 的测点仅选入与水位、温度相关的影响因子。三测点校正复相关系数分别为 0.9767、0.9841、0.9152，模型解析力较强。

由图 7.56～图 7.58 可以看出，该坝段三测点坝体上下游向水平位移主要受水位变化影响。据变幅判断，自下而上，水压分量的影响各占 75%、85%、90%。时效分量对 PL5-1 测点的影响相对较为明显，约占 20%，其余两测点时效影响较弱。

（6）42# 坝段：42# 坝段高程 706.50m、高程 745.20m 的两测点统计模型选入了与水位、温度和时效相关的影响因子，两测点校正复相关系数分别为 0.9488、0.8540，拟合效果良好，模型解析力较强。

由图 7.59 可以看出，该坝段高程 706.50m 测点 PL6-1 坝体上下游向水平位移主要受水位和时效因子的影响。据变幅判断，该测点统计模型水压分量的约占 60%，时效分量约占 30%，温度影响相对较弱。

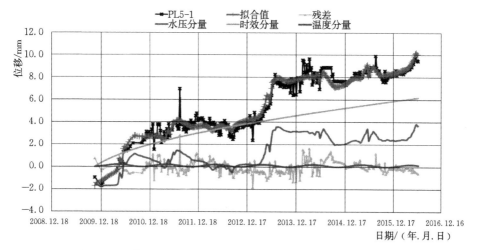

图 7.56　35# 坝段正垂测点 PL5-1 上下游向位移统计模型过程线

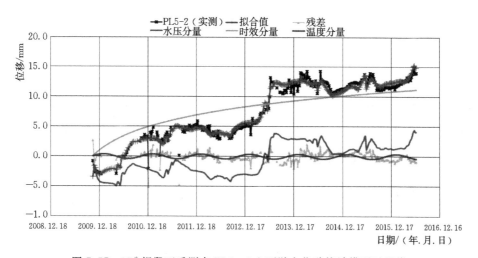

图 7.57　35# 坝段正垂测点 PL5-2 上下游向位移统计模型过程线

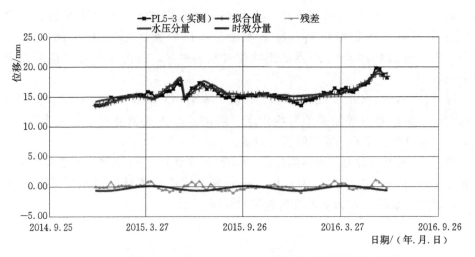

图 7.58　35#坝段正垂测点 PL5-3 上下游向位移统计模型过程线

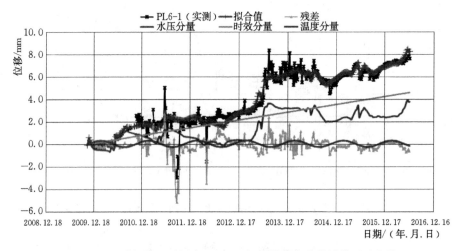

图 7.59　42#坝段正垂测点 PL6-1 上下游向位移统计模型过程线

7.1.5.6　小结

　　垂线统计模型总体拟合效果良好，预报精度符合要求。可以用于定量分析坝体顺河向的变形及发展规律。根据分析结果，坝体水平位移主要受水位、温度和时效影响，水位分量约占 70%，温度分量约占 20%，时效分量约占 10%。

7.2　垂直位移监测资料分析

7.2.1　监测仪器布置

　　大坝主体工程布置了真空激光准直系统、流体静力水准、双金属管标、多点位移计等仪器设备进行垂直位移监测。监测仪器主要分为坝顶、坝体和坝基 3 层进行布置，真空激光准直系统共两套 40 个测点，分别布设于坝顶 742.70m 高程 14#～80#坝段的监测廊道和坝体 706.50m 高程 21#～42#坝段的纵向廊道内；纵向静力水准线共 14 个测点布设于坝基 28#~32# 坝段及 48#~62# 坝段上游的灌浆廊道内，横向静力水准线共 19 个测点布设于坝基 28#、31#、34# 坝段的横向廊道内；多点位移计共 7 套，其中 6 套布设于溢流坝段 29# 坝段、主河床 35# 坝段、右岸台地 57# 坝段重点监测断面的上、下游坝基内，1 套布设于 37# 坝段上游坝基内；6 套双金属管标分别布设于 14#、21#、29#、35#、42#、80# 坝段。坝体垂直位移监测仪器布置统计如表 7.10 所示。

表 7.10 垂直位移监测仪器布置

监测项目	部位	监测方式	坝段	高程/m
垂直位移	坝顶	真空激光准直	14#~80# 坝段坝顶监测廊道	742.70
		综合标点	5#~80# 坝段坝顶处	745.50
	坝体	真空激光准直	21#~42# 坝段 706.50m 高程纵向廊道	706.50
		精密水准点	22#~41# 坝段 675.10m 高程纵向廊道	675.10
	坝基	双金属管标	14#、21#、29#、42#、48#、80# 坝段	626.00~742.70
		静力水准	28#~32#、48#~62# 坝段上游纵向灌浆廊道	629.00、697.00
		精密水准点	9#~79# 坝段坝基上游纵向灌浆廊道	上游灌浆廊道底板
		精密水准点	25#、28#、31# 坝段坝基横向廊道	—
		静力水准	28#、31#、34# 坝段坝基横向廊道	630.20、630.20、634.20
		四点式多点位移计	29#、35#、57# 坝段监测断面	626.00、628.00、682.10

7.2.2 坝基垂直位移监测资料分析

7.2.2.1 双金属标监测资料分析

1. 资料系列及时序分析

为提高垂直位移监测精度和测值可靠性，避免温度变化影响基点高程，保证水准基点的稳定性，并观测基岩锚固点的垂直位移量。在大坝 14# 坝段（DS1）、21# 坝段（DS2）、29# 坝段（DS3）、42# 坝段（DS6）、48# 坝段（DS4）、80# 坝段（DS5）坝基设置了 6 套双金属管标，仪器埋设如图 7.60 所示。

布设在 29# 坝段坝基的双金属管标 DS3 于 2010 年 7 月 26 日施工埋置，安装高程为 629.00m，锚固深度 51m。如图 7.61 所示，自 2010 年 10 月 21 日起接入自动化监测系统至 2013 年 6 月中旬期间该位置坝基一直处于下沉状态，下沉量最大值为 1.29mm，出现时间为 2010 年 12 月 27 日。2013 年 6 月 22 日—2015 年 10 月 26 日，该部位的基岩处于向上抬升状态，上抬位移量最大值为 0.57mm，出现日期为 2015 年 7 月 25 日。但该部位垂直位移的整体趋势是抬升的。

布设在 42# 坝段坝基的双金属管标 DS6 于 2011 年 10 月 20 日施工埋置，安装高程为 706.5m，锚固深度 47.1m。如图 7.62 所示，自 2014 年 10 月 21 日起接入自动化监测系统至2015年10月26日，该部位基岩一直处于下沉状态。2015年6月初，下沉量呈现较为明显的增长趋势，2015年6月9日较6月2日下沉量增加0.17mm。该部位基岩的垂直位移变化较为稳定，监测数据序列具有良好的连贯性。垂直位移的下沉量最小值为1.16mm，出现日期为2014年10月23日，下沉量最大值为1.49mm，出现日期为2015年6月13日。

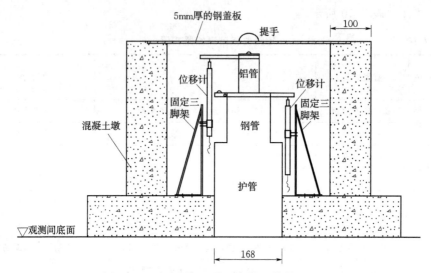

图7.60 双金属标埋设示意图（单位：mm）

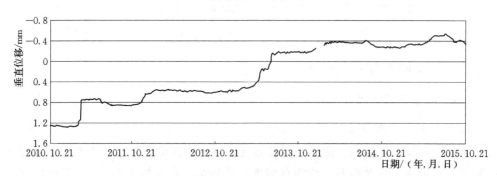

图7.61 29#坝段坝基垂直位移时序过程线

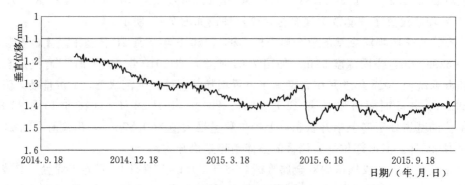

图7.62 42#坝段坝基垂直位移时序过程线

布设在 48# 坝段坝基的双金属管标 DS4 于 2010 年 8 月 5 日施工埋置，安装高程为 697.00m，锚固深度 31.5m。如图 7.63 所示，自 2010 年 10 月 21 日起接入自动化监测系统后，该部位基岩一直处于下沉状态。2011 年 7 月后，该测点位置基岩垂直位移呈周期性变化，与气温相关性明显。位移下沉量最大值为 3.96mm，出现在 2012 年 11 月 24 日。

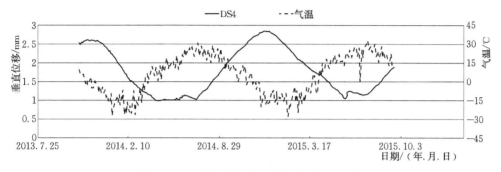

图 7.63　48# 坝段坝基垂直位移时序过程线

2. 变化规律分析

（1）沿坝轴线方向的变化规律。图 7.64 为 2015 年 9 月 19 日、10 月 18 日坝基垂直位移沿纵向的分布曲线，由图可以看出：坝基岩体垂直变形从左至右（随纵向桩号增加）呈"凹"曲线分布。这与各坝段建基面高程不同而导致上覆坝体自重关系密切。左岸阶地及右岸台地坝段坝高较低（0～64.00m），基岩受混凝土自重荷载较小。而主河床及两岸岸坡坝段坝高较高（60.40～121.50m），基岩受混凝土自重荷载较大，且泄水及引水建筑物均亦布置于此，荷载条件复杂。此外，建基面高度不同，同一库水位对各坝段产生水压力作用效应也不同，大坝中间坝段库水较深，坝踵前部基岩由于水自重作用致使库盘产生下沉变形。因此，由于所受上覆混凝土自重与库水荷载较大，大坝中部主河床及两岸岸坡坝段坝基岩体较之左岸阶地、右岸台地坝段基岩呈下沉状态。而左岸阶地和右岸台地，坝基岩体呈现抬升的原因，其一是因为双金属标 DS1（左岸阶地 14# 坝段）与 DS5（右岸台地 80# 坝段）安装时间较晚（2011 年 5 月 25 日），坝基受上覆混凝土荷载下沉变形已基本完成，其次由于水库分别于 2010 年 3—7 月，2013 年 3—8 月进行了两次较大规模的蓄水，水位升高后坝体受库水推力影响造成坝踵上抬、坝趾产生压缩变形。

（2）上游库水位的影响。上游库水位变化对基岩位移的影响效应主要分为两个方面：①库水自重对库盘的压力作用；②由于库水对坝体的推力使坝体向下游倾斜，并在基岩位置产生的力矩作用。如图 7.65 与图 7.66 所示，分别为 29# 溢流坝段双金属标垂直位移与上游库水位变化过程线，由该图可以看出：上游库水位对 29# 坝段坝基垂直位移影响明显（库水推力作用使坝踵拉应力增大或压应力减小），尤其在 2013 年 3—8 月水库蓄水期间，水位上升约 25m，则 29# 溢流坝段坝基向上抬升约 0.70mm；上游库水位对 29# 坝段坝基垂直位移的影响存在滞后时间较短，二者变化较为同步。如图 7.63 所示，48# 右岸台地坝段坝基垂直变形呈周期性变化，与上游库水位的变化相关规律性不强。

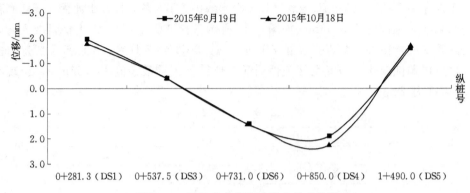

图 7.64　坝基垂直位移沿纵向分布曲线

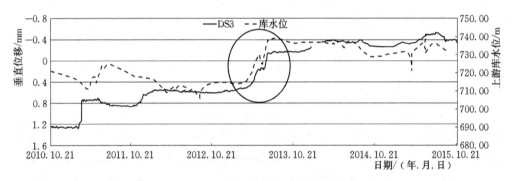

图 7.65　29#坝段坝基垂直位移与上游库水位变化过程线

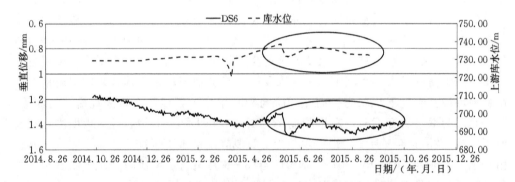

图 7.66　42#坝段坝基垂直位移与上游库水位变化过程线

（3）48#坝段（DS4）垂直变形周期性分析。如图 7.63 所示，关于 48#坝段所设双金属标 DS4 所测垂直位移呈周期性变化，与气温相关性明显的异常情况，分析如下：根据《混凝土坝安全监测技术规范》（DL/T 5178—2003），大坝垂直位移变形是要求优于±1mm 的高精度监测项目，而作为工作基点或水准基点本身的精度至少应控制在±0.5mm 以内。由于双金属标能够消除温度对材料热胀冷缩对位移测值的影响，能够较准确地反映坝基垂直位移，因而被广泛用于坝基"绝对垂直位移"监测并作为静力水准或激光准直系统的校核基点。

理论认为铝的线膨胀系数为钢的线膨胀系数的 2 倍，实际应用中为便于计算，绝对垂直位移也常取为 2 倍钢标长度变形减去铝标的长度变形，即

$$h_i = 2s_g - s_l \tag{7.22}$$

式中 h_i——第 i 次所测坝基绝对垂直位移；

s_g、s_l——第 i 次所测钢标、铝标相对于初值的位移变化量。

然而，用作双金属标的钢管和铝管并非物理学上所指的纯净材料，而是合金材料，其线膨胀系数与物理学上所列的钢、铝线膨胀系数有一定的差距。在三峡临时船闸 3 号坝段上所埋设的双金属标 $\alpha_{铝} = 0.000024222/℃$，$\alpha_{钢} = 0.000010602/℃$，$\alpha_{铝}$ 为 $\alpha_{钢}$ 的 2.285 倍。此时若按式（7.22）计算，1mm 绝对位移变化量误差超过 0.2mm。也就说明了，若不进行严格准确的线膨胀系数率定程序，双金属标可能将不能修正温度的影响。反而由于仪器参数设置不合理随温度的变化出现系统误差，掩盖掉真实的垂直位移变化。

据此推测 DS4 可能是由于仪器参数设置误差而导致了其垂直位移测值随温度呈周期性变化。

3. 特征值分析

统计各坝段双金属标垂直位移特征值，见表 7.11。

表 7.11　　　29#、42#、48# 坝段双金属标垂直位移特征值统计表　　　单位：mm

测点编号	年份	29#、42#、48# 坝段双金属标垂直位移					
		极大值	出现日期/ （年．月．日）	极小值	出现日期/ （年．月．日）	均值	变幅
DS3（29#）	2011	1.29	2011.1.19	0.61	2011.12.21	0.88	0.68
	2012	0.65	2012.1.1	0.52	2012.4.1	0.58	0.13
	2013	0.59	2013.1.2	−0.24	2013.12.23	0.1	0.83
	2014	−0.21	2014.1.1	−0.41	2014.8.20	−0.33	0.21
	2015	−0.26	2015.1.3	−0.56	2015.7.25	−0.25	0.32
DS4（48#）	2011	3.79	2011.12.13	1.00	2011.2.26	2.08	2.79
	2012	3.98	2012.12.7	2.08	2012.6.10	2.9	1.9
	2013	3.83	2013.1.1	1.34	2013.7.22	2.38	2.49
	2014	2.84	2014.12.5	0.98	2014.4.15	1.71	1.89
	2015	2.74	2015.1.1	1.05	2015.6.3	1.04	1.7
DS6（42#）	2015	1.49	2015.6.11	1.29	2015.1.12	138	0.21

注　DS6 于 2014 年 10 月 21 日接入自动化监测系统，因此仅对 2015 年（截至 10 月 26 日）特征值作统计分析。

（1）极值分析。统计 29# 坝段、42# 坝段、48# 坝段双金属标垂直位移最值列于表 7.12 中，可知 29# 坝段双金属标 DS3 垂直位移变化范围为 −0.26~0.65mm，

48#坝段双金属标 DS4 垂直位移截至 2015 年 10 月 26 日变化范围－0.56～0.52mm，42#坝段双金属标 DS6 垂直位移变化范围为－0.26～0.65mm（2014 年 10 月 21 日）。

表 7.12　　　　　29#、42#、48#坝段双金属标垂直位移最值统计表　　　　单位：mm

仪器编号	DS3	DS4	DS6
最大值	0.65	0.52	1.49
出现日期/（年.月.日）	2010.12.27	2012.12.7	2015.6.13
最小值	－0.26	－0.56	1.16
出现日期/（年.月.日）	2015.7.25	2014.4.18	2014.10.23

（2）年均值分析。根据特征值统计结果得到如图 7.67 所示的 29#、48#坝段垂直位移年均值分布图，可知：29#坝段双金属标 DS3 所反映该部位坝基垂直位移下沉量年均值在 2014 年前逐渐减小，48#坝段双金属标 DS4 下沉量的年均值自 2012 年后呈逐年递减的趋势；总体而言，这两个坝段坝基垂直位移年均值变化趋势平稳，见表 7.13，DS3 年均值变化范围在－0.33～0.88mm 之间，DS4 年均值变化范围为 1.04～2.90mm。

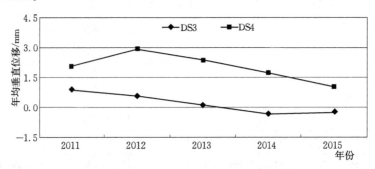

图 7.67　29#坝段与 48#坝段双金属标垂直位移年均值分布图

表 7.13　　　　　29#、48#坝段双金属标垂直位移年均值最值统计表　　　　单位：mm

仪器编号	DS3	DS4
最大年均值	0.88	2.90
发生年份	2011	2012
最小年均值	－0.33	1.04
发生年份	2014	2015

（3）年变幅分析。如图 7.68 为坝基垂直位移的年变幅分布图，可以看出：29#坝段双金属标 DS3 与 48#坝段双金属标 DS4 的垂直位移年变幅增减趋势基本一致，2011 年、2013 年两坝段年变幅均较大的原因是 2011 年 3—7 月、2013 年 3—8 月分

别进行了两次较大规模的蓄水。除去 2013 年来看，年变幅有逐年减小的趋势。此外，较之溢流坝段，48#坝段坝基垂直位移变化相对平缓。结合表 7.14 可知：DS3 年变幅变化范围在 0.13～0.83mm 之间，最大年变幅为 0.83mm，出现年份为 2013 年，最小年变幅为 0.13mm，出现年份为 2012 年。DS4 年均值变化范围为 1.70～2.79mm，最大年变幅为 2.79mm，出现年份为 2011 年，最小年变幅为 1.70mm，出现年份为 2015 年。

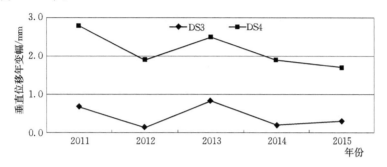

图 7.68　29#坝段与 48#坝段双金属标垂直位移年变幅分布图

表 7.14　　　　　29#、48#坝段双金属标垂直位移年变幅最值统计表　　　　单位：mm

仪器编号	DS3	DS4
最大年变幅	0.83	2.79
发生年份	2013	2011
最小年变幅	0.13	1.70
发生年份	2012	2015

4．小结

（1）由于坝体自重、外荷载（包括库水压力、库水推力等）不同，左岸阶地、右岸台地坝基岩呈小幅抬升状态，主河床及两岸岸坡坝段基岩呈下沉状态。

（2）上游库水位对基岩位移的影响效应主要分为两个方面：①库水自重对库盘的压力作用；②由于上游库水对坝体的推力作用。结合各坝段垂直位移时序过程线来看，二者共同作用下，上游库水位与主河床（29#溢流坝段）及两岸岸坡坝段（42#右岸岸坡坝段）基岩下沉量呈明显负相关性，14#左岸阶地坝段、80#右岸台地坝段由于监测资料时序较短，暂未对其坝基垂直变形规律进行分析。

（3）针对 48#坝段双金属标 DS4 所测垂直位移呈周期性变化的情况进行了分析，推测其可能由于仪器参数设置不准确未能消除温度对材料变形带来的影响。

7.2.2.2　静力水准垂直位移分析（横向廊道）

1．资料系列及时序分析

为监测坝基沿横向的垂直位移分布，并反馈横向坝基倾斜状况，在 28#、31#、

34#坝段基础横向廊道内安装了三条静力水准线，每条线上布设 5 个测点。如图
7.69 所示，编号为 LS3 的静力水准线设于 28#坝段（测点桩号为 0+513.20），安装
高程 630.22m，长度为 66.5m，编号为 LS4 的静力水准线设于 30#坝段（测点桩号
为 0+558.70），安装高程 630.22m，长度为 66.5m，编号为 LS5 的静力水准线设于
33#坝段（测点桩号为 0+603.20），安装高程 634.23m，长度为 60.5m。三条水准
线均于 2009 年 7 月 3 日完成安装，2010 年 10 月下旬接入自动化监测系统。其中，
水准线 LS3 以 LS3-1（坝下桩号 0+007.00）为测值基准点，LS4 以 LS4-1（坝下
桩号 0+007.00）为测值基准点，LS5 以 LS5-1（坝下桩号 0+009.00）为测值基
准点。

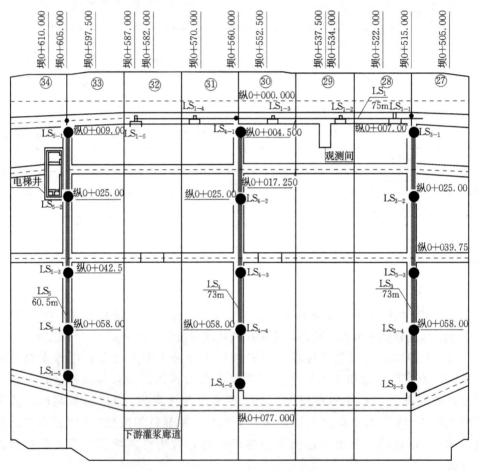

图 7.69　坝基横向廊道静力水准布置示意图

注：各测点重取基准值日期为 2010 年 10 月 24 日，本节垂直位移测值均为相对各水准线上基准点的
　　相对位移量。

截至 2015 年 10 月 26 日，28#坝段 0+513.2 断面坝基横向廊道垂直位移下沉量
（以 LS3-1 为基准）在 0.66～1.01mm 之间，该坝段垂直位移过程线如图 7.70 所
示，可以看出：2013 年 3 月前各测点下沉量无明显发展趋势。2013 年 3—8 月，水

库蓄水，基岩所受静水压荷载增大，库盘下沉。同时，库水对坝体的推力作用增强，使坝体向下游倾斜。二者共同作用的结果是使近坝踵处坝基压应力减小，坝体向下游倾斜量有所增加。

图 7.70　0+513.2 断面坝基横向廊道垂直位移时序过程线

另外，表 7.15 统计结果显示，上游库水位抬升，越靠近下游侧测点的相对下沉量越大。如 2013 年蓄水期间，LS3-5（坝下 0+073.50）2013 年 7 月 19 日较 2013 年 3 月 10 日垂直位移测值下沉增量达 1.54mm。随着 2014 年 7 月上旬上游库水位的降低，LS3 水准线上各测点垂直位移均呈一定幅度的抬升。

表 7.15　　　　　不同上游库水位坝基横向廊道垂直位移测值比较（28#坝段）　　　　单位：mm

日期/（年.月.日）	上游库水位/m	不同坝轴距垂直位移测值/mm				
		LS3-1	LS3-2	LS3-3	LS3-4	LS3-5
2013.3.10	714.72	0	0.23	0.12	0.33	−0.02
2013.7.19	739.25	0	0.92	1.18	1.61	1.52
增量	↑24.53	0	↓0.69	↓1.06	↓1.28	↓1.54

截至 2015 年 10 月 26 日，31#坝段 0+558.70 断面坝基横向廊道垂直位移下沉量在 0.77~1.69mm 之间，该坝段垂直位移时序过程线如图 7.71 所示，由该图可以看出，与 LS3 监测结果类似，水准线 LS4 上各测点下沉量受 2013 年蓄水影响下沉量有较为明显的增加，2014 年 7 月上旬上游库水位的降低，各测点垂直位移有所抬升，其他时段基岩垂直位移主要呈弹性变化。见表 7.16，受 2013 年 3 月上旬上游库水位抬升影响，31#坝段坝基横向廊道内水准线上各测点垂直位移抬升量均明显减小，靠近下游端测点 LS4-4（坝下 0+058.00）2013 年 7 月 19 日垂直位移测值较之 2013 年 3 月 10 日下沉量达 1.37mm。

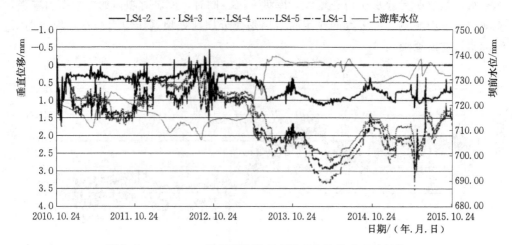

图 7.71   0+558.7 断面坝基横向廊道垂直位移时序过程线

表 7.16 不同上游库水位坝基横向廊道垂直位移测值比较（31#坝段）　　　单位：mm

日期/（年.月.日）	上游库水位/m	不同坝轴距垂直位移测值				
		LS4-1	LS4-2	LS4-3	LS4-4	LS4-5
2013.3.10	714.72	0	0.36	0.94	1.06	0.82
2013.7.19	739.25	0	0.95	2.15	2.43	2.00
增量	↑24.53	0	↓0.59	↓1.21	↓1.37	↓1.18

截至 2015 年 10 月 26 日，34#坝段 0+603.2 断面坝基横向廊道垂直位移在 0.49～1.05mm 之间，该坝段垂直位移时序过程线如图 7.72 所示，由该图可知：34#坝段坝基垂直位移的发展过程与 28#、31#坝段基本一致，受到 2013 年蓄水影响较为明显，水准线 LS5 上各测点下沉量有所增加，其他时段垂直位移主要呈弹性波动。表 7.17 中所示，2013 年 3 月 10 日—7 月 19 日水库水位上升 24.53m，34#坝段坝基横向廊道内 LS5 水准线上各测点垂直位移下沉量也呈现不同程度的增大，与 LS3、LS4 监测结果类似，水准线 LS5 靠近下游测点其下沉量相对较大。在此期间，测点 LS5-5（坝下 0+070.50）下沉量达 1.36mm。随着 2014 年 7 月上旬上游库水位降低，LS5 水准线上各测点垂直位移有所抬升。

表 7.17 不同上游库水位坝基横向廊道垂直位移测值比较（34#坝段）　　　单位：mm

日期/（年.月.日）	上游库水位/m	不同坝轴距垂直位移测值				
		LS5-1	LS5-2	LS5-3	LS5-4	LS5-5
2013.3.10	714.72	0	0.78	-0.08	-0.20	-0.26
2013.7.19	739.25	0	1.15	0.68	0.89	1.10
增量	↑24.53	0	↓0.37	↓0.76	↓1.09	↓1.36

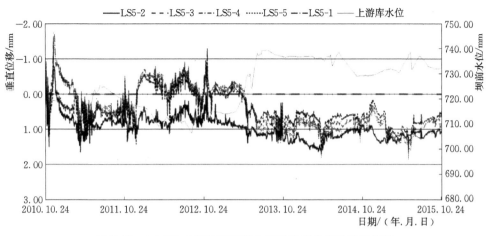

图 7.72 0+603.2 断面坝基横向廊道垂直位移时序过程线

总体而言，28#坝段、31#坝段、34#坝段坝基横向廊道的垂直位移受上游库水位变化影响明显，水库蓄水，各测点垂直位移下沉量增加，水库水位下降，各测点垂直位移下沉量减小。在上游库水位稳定时段水准线上各测点的垂直位移变化相对较为平缓。

截至 2015 年 10 月 26 日，各坝段坝基垂直变形情况分布如图 7.73~图 7.75 所示。28#坝段最大下沉量为 1.01mm（坝下桩号 0+042.0），最小下沉量为 0.66mm（坝下桩号 0+007.0）。

坝下桩号 0+007.0 至坝下桩号 0+025.0 段坝基倾斜量为 7.56″，坝下桩号 0+025.0 至坝下桩号 0+042.5 段坝基倾斜量为 0.83″，坝下桩号 0+042.5 至坝下桩号 0+058.0 段坝基倾斜量为 3.73″，坝下桩号 0+058.0 至坝下桩号 0+073.5 段坝基倾斜量为 −3.59″。

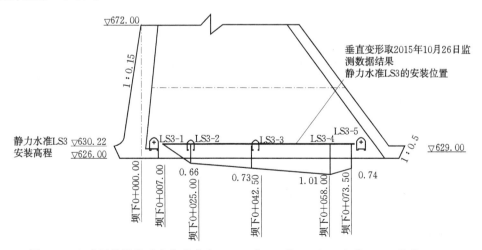

图 7.73 28#坝段坝基垂直位移分布（2015 年 10 月 26 日）（高程：m；位移：mm）

31#坝段最大下沉为 1.69mm（坝下桩号 0+058.00），最小为 0.77mm（坝下桩号 0+025.00）。

坝下桩号 0+007.00 至坝下桩号 0+025.00 段坝基倾斜量为 8.82″，坝下桩号 0+025.00 至坝下桩号 0+042.50 段坝基倾斜量为 8.84″，坝下桩号 0+042.50 至坝下桩号 0+058.00 段坝基倾斜量为 2.26″，坝下桩号 0+058.0 至坝下桩号 0+073.50 段坝基倾斜量为 −3.99″。

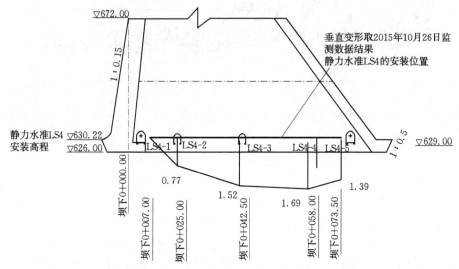

图 7.74　31# 坝段坝基垂直位移分布（2015 年 10 月 26 日）（高程：m；位移：mm）

34# 坝段最大下沉量 1.05mm（坝下桩号 0+025.00），最小为 2.90mm（坝下桩号 0+042.50）。

坝下桩号 0+009.00 至坝下桩号 0+025.00 段坝基倾斜量为 13.54″，坝下桩号 0+025.00 至坝下桩号 0+042.50 段坝基倾斜量为 −6.60″，坝下桩号 0+042.5 至坝下桩号 0+058.0 段坝基倾斜量为 1.46″，坝下桩号 0+058.00 至坝下桩号 0+070.50 段坝基倾斜量为 4.62″。

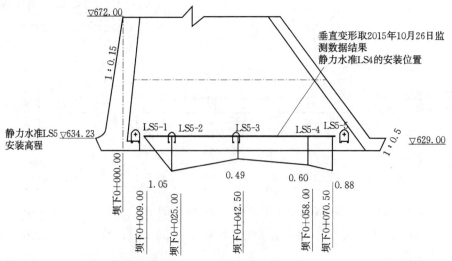

图 7.75　34# 坝段坝基垂直位移分布（2015 年 10 月 26 日）（高程：m；位移：mm）

2. 变化规律分析

(1) 上游库水位的影响。如前所述，28#坝段、31#坝段、34#坝段坝基横向廊道的垂直位移受上游库水位变化影响明显。通过数据统计分析发现，因上游库水位的变化而引起的坝基横向廊道垂直位移变化存在良好的线性关系。如图7.76、图7.77所示，选取2013年3月10日、7月31日水库蓄水阶段，各坝段水准线下游端测点LS3-5、LS5-5垂直位移与上游库水位变化进行一元线性回归分析得到两测点判定系数 R^2 分别为0.9553、0.9477，表征了上游库水位对坝基横向廊道垂直位移影响确有良好的线性关系。

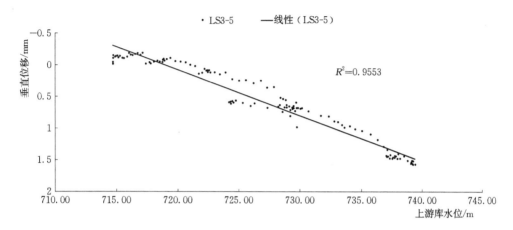

图7.76　LS3-5测点垂直位移与上游库水位变化一元回归分析

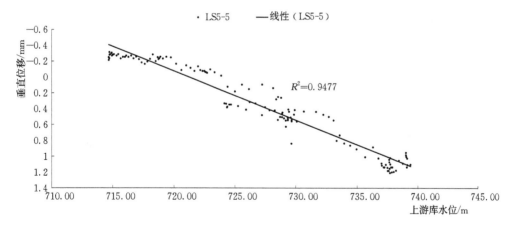

图7.77　LS5-5测点垂直位移与上游库水位变化一元回归分析

(2) 气温的影响。如图7.78与表7.18所示，温度对28#坝段、31#坝段、34#坝段坝基横向廊道的垂直位移变化的影响规律性并不显著，水准线上各测点垂直位移并不随温度时序过程线呈周期性变化，且在上游库水位相近的条件下，气温的改变并未引起水准线上各测点垂直位移呈现一致下沉或抬升趋势。

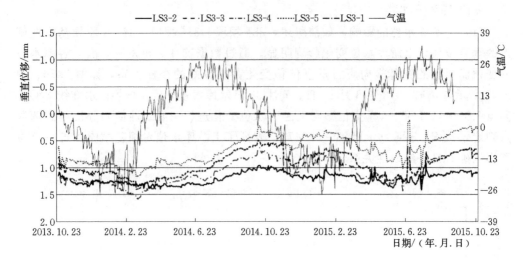

图 7.78　0+513.2断面坝基横向廊道垂直位移与气温时序过程线

表 7.18　相近上游库水位坝基横向廊道垂直位移测值比较（28[#]、31[#]坝段）　单位：mm

日期/（年．月．日）	2014.9.14	2014.11.14	增量
气温/℃	12.97	−2.49	↓−15.46
上游库水位	730.68	729.25	↓−1.43
LS3−1	0.00	0.00	→0
LS3−2	0.63	0.63	→0
LS3−3	0.73	0.67	↓−0.06
LS3−4	1.09	1.13	↑0.04
LS3−5	0.96	0.92	↓−0.04
LS4−1	0.00	0.00	→0
LS4−2	0.63	0.73	↑0.1
LS4−3	1.88	1.64	↓−0.24
LS4−4	1.94	1.82	↓−0.12
LS4−5	1.67	1.56	↓−0.11

3. 特征值分析

图 7.79、图 7.80 为 28[#]、34[#]坝段沿坝基横向静力水准线 LS3～LS5 的部分测点特征值分布图。各坝段坝基横向廊道内静力水准线上沿坝下桩号垂直分布年均值如图 7.81、图 7.82 所示，各坝段坝基横向廊道内静力水准线上沿坝下桩号垂直分布年均值如图 7.83、图 7.84 所示。

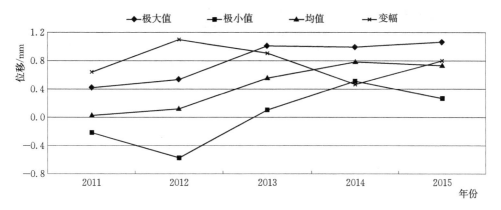

图 7.79　28[#]坝段坝基排水廊道水准线测点 LS3-2 特征值分布图

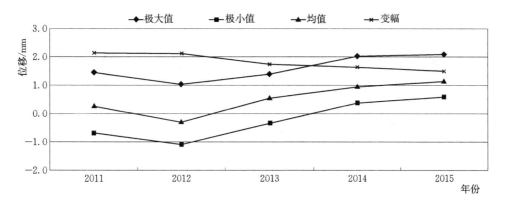

图 7.80　34[#]坝段坝基排水廊道水准线测点 LS5-5 特征值分布

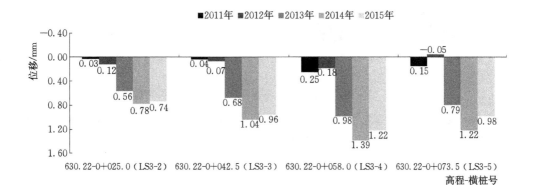

图 7.81　28[#]坝段水准线 LS3 不同部位垂直位移历年均值分布

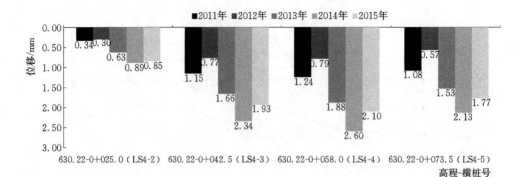

图 7.82　31# 坝段水准线 LS4 不同部位垂直位移历年均值分布

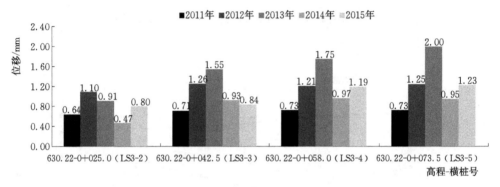

图 7.83　28# 坝段水准线 LS3 不同部位垂直位移历年变幅分布

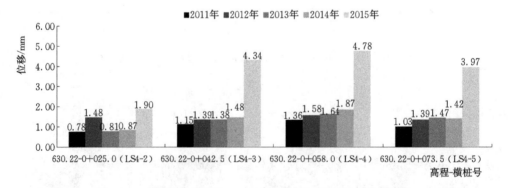

图 7.84　31# 坝段水准线 LS4 不同部位垂直位移历年变幅分布

（1）极值分析。2013 年后，由于上游库水位相对稳定，总体而言，各测点极值变化也趋于平缓。28# 坝段垂直位移量最值介于－0.62～1.91mm 之间；31# 坝段垂直位移量最值介于－0.46～4.52mm 之间；34# 坝段垂直位移量最值介于－1.32～2.22mm 之间。

（2）年均值分析。与极值分布规律类似，年均值分布也主要受水库蓄水影响，2013 年水准线上各测点下沉量较为明显地增加，蓄水前 2011 年、2012 年与蓄水后 2014 年、2015 年水准线 LS3～LS5 上各测点位置垂直位移年均值变化较为平缓。28# 坝段垂直位移年均值介于 −0.05～1.39mm 之间；31# 坝段垂直位移量年均值介于 0.30～2.60mm 之间；34# 坝段垂直位移量年均值介于 −0.32～1.21mm 之间。

（3）年变幅分析。28# 坝段 LS3 水准线上的最大年变幅为 2.00mm，发生位置为坝下桩号 0+073.50 的测点 LS3 − 5（2013 年），最小年变幅为 0.47mm，发生位置为坝下桩号 0+025.00 的测点 LS3 − 2（2014 年）。31# 坝段 LS4 水准线上的最大年变幅为 4.78mm，发生位置为坝下桩号 0+058.00 的测点 LS4 − 4（2015 年），最小年变幅 0.78mm，发生位置为坝下桩号 0+025.00 的测点 LS4 − 2（2011 年）。34# 坝段 LS5 水准线上的最大年变幅为 2.84mm，发生位置为坝下桩号 0+042.50 的测点 LS5 − 3（2012 年），最小年变幅为 0.85mm，发生位置为坝下桩号 0+025.00 的测点 LS5 − 2（2013 年）。

（4）特征值沿横向的分布。图 7.81、图 7.82 分别为水准线 LS3、LS4 上各测点的历年均值分布，可以看出：2011—2014 年 LS3 上各测点下沉量有逐渐增大的趋势，至 2015 年下沉量有所降低，坝下桩号 0+058.00 的测点 LS3 − 4 为下沉量的年均值最大的点，2013 年水库蓄水对水准线上坝下桩号为 0+058.00 与 0+073.50 的测点影响最为明显，2012—2013 两年年均值变化量分别为 0.80mm 和 0.84mm。水准线 LS4 上各测点年均值变化较为同步，下沉量最小值均发生于 2012 年，最大值则发生于 2014 年，下沉量最大的点为坝下桩号 0+058.00 的测点 LS4 − 4。

图 7.83、图 7.84 分别为水准线 LS3、LS4、LS5 上各测点的历年变幅的分布，可以看出：28# 坝段坝基横向廊道垂直位移年变幅受上游库水位影响最为明显，受 2013 年蓄水影响，靠近下游侧的三个测点年变幅均在 1.5mm 以上；31# 坝段水准线 LS4 在 2015 年年变幅陡增，究其原因，是由于 2015 年 3 月 28 日—4 月 5 日，水库水位由 730.38m 陡降至 720.52m，4 月 5 日—6 月 2 日，水位又回升至 738.29m，相应引起水准线 LS4 发生两次突变，如图 7.85 中圆圈所示。

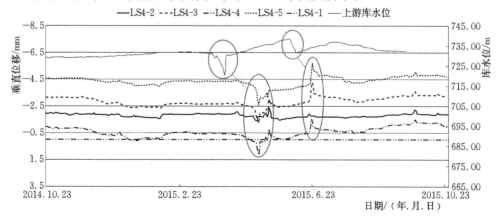

图 7.85　2015 年水准线 LS4 垂直位移与上游库水位时序过程线

4. 小结

（1）针对自动化监测系统中各水准线初值差异较大、31#坝段各测点抬升量异常的情况，将基准日期取为 2010 年 10 月 24 日。各测点垂直位移测值均以最上游测点（近坝踵处）为参照的相对位移。

（2）上游库水位对坝基垂直位移影响主要体现为库水对库盘压力作用和库水对坝体的推力作用。蓄水后，库水对坝体推力作用较为明显。水位上升，近坝踵处基岩压应力减小，水准线上各测点下沉量增大，向下游倾斜量增加。截至 2016 年 10 月 26 日，向下游最大倾斜量为 13.54″（34#坝段坝下桩号 0+009.00 至坝下桩号 0+025.00 段坝基），当前坝基倾斜量发展趋势平缓，处于正常状态。

（3）温度对基岩垂直变形的影响甚微，横向三条水准线各测点位置垂直位移的分布差异主要是由于地质、荷载条件引起的。

7.2.2.3 静力水准垂直位移分析（纵向灌浆廊道）

1. 资料系列及时序分析

为监测坝基沿坝轴线方向的垂直变形分布，2009 年 7 月 3 日在 28#～32#坝段上游纵向灌浆廊道内安装了一条静力水准线 LS1，水准线布设 5 个测点，分别位于 28#、29#、30#、31#、32#坝段。以 29#坝段双金属标 DS3 的锚固点位移为参考，相应取该坝段上水准线测点 LS1-2（纵向桩号 0+534.0）测点为测值基准点，水准线长度为 68.0m，安装高程 630.22m，坝下桩号为 0+006.0，该条水准线于 2010 年 10 月 21 日接入自动化监测系统。

28#～32#坝段上游纵向灌浆廊道的水准线 LS1 垂直位移与上游库水位时序过程线如图 7.86 所示，可以看出：2013 年 6 月中旬以前，水准线上各测点其垂直变形均呈现不同程度的下沉。2013 年 3 月水库蓄水后，由于库水对坝体推力的增加，坝体向下游倾斜，水准线上各测点垂直位移整体有所抬升。2013 年 9 月 9 日，位于 31#、32#坝段的 LS1-4 及 LS1-5 测点垂直位移量发生一次测值抬升突变（图中圆圈所标），当日两测点垂直位移测值抬升量分别为 1.07mm、1.03mm。由于水准线上其他测点 LS1-1、LS1-2、LS1-3 的当日测值稳定，并结合 31#坝段坝基横向廊道布置水准线 LS4 垂直位移监测数据无异常的情况判定，该次测值异常可能由于施工扰动等外界干扰因素引起，认为该日测值突变不能反映该位置的垂直位移的真实情况。考虑到 LS1-4、LS1-5 在 2013 年 9 月 9 日后测值稳定，仪器工作正常，能反映测点间的相对位移，因此认为对于当日所产生的测值突变予以剔除是合理的。剔除突变后的 LS1 垂直位移与上游库水位时序过程线如图 7.87 所示。

2. 变化规律分析

（1）与上游库水位的关系。如图 7.87 中圆圈标注所示，上游库水位的变动对水准线 LS1 上各测点的垂直位移有明显的影响。上游库水位上升，水准线上各测点也随之抬升，上游库水位降低，造成测点垂直变形有所下沉。2013 年蓄水前后水准线 LS1 不同坝段垂直位移变化见表 7.19。

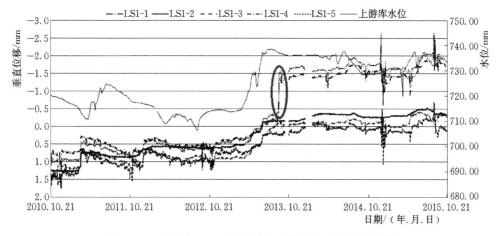

图 7.86　水准线 LS1 垂直位移与上游库水位时序过程线

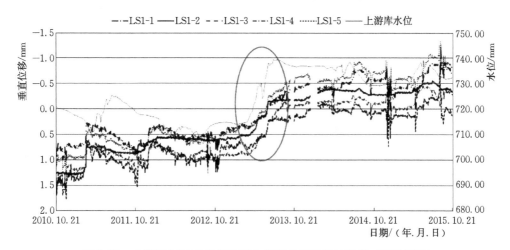

图 7.87　水准线 LS1 垂直位移与上游库水位时序过程线（剔除突变）

表 7.19　　　　　　　　2013 年蓄水前后水准线 LS1 不同坝段垂直位移变化

日期/（年.月.日）	上游库水位/m	不同坝段垂直位移测值/mm				
		LS1－1	LS1－2	LS1－3	LS1－4	LS1－5
2013.3.10	714.72	0.9	0.52	0.73	0.4	0.37
2013.7.19	739.25	0.12	－0.17	0.21	－0.29	－0.11
增量	↑24.53	↓0.78	↓0.69	↓0.52	↓0.69	↓0.48

上游库水位对垂直位移变化的影响与横向廊道的监测结果不同，原因在于：纵向布置的水准线 LS1 是以 29# 双金属标 DS3 的锚固点为基准点，基准点的垂直位移变化可由双金属标监测提供，而 28#、31#、34# 坝段基础横向廊道的水准线 LS3、LS4、LS5 是以各自水准线上的第一个测点为基准点，基准点的垂直位移不能由其他监测仪器提供。因此假定基准点的垂直位移为 0，水准线上其他各测点的监测结

果是以此为前提相对于 0 值基准点的相对位移。库水对库盘的压力作用与库水对坝体的推力作用，两者同时存在，但对坝基岩体不同坝下桩号部位横向、纵向的效应存在主次之分。此外，水准线 LS1 沿纵向布置，反映的是沿纵向桩号不同坝段坝基的垂直位移变化分布情况，而 LS3、LS4、LS5 则是沿横向布置，反映的是同一坝段上沿不同坝下桩号各测点的垂直位移分布情况。

（2）与温度的关系。如图 7.88 所示，水准线 LS1 的垂直位移变化受气温影响规律性不明显，气温呈明显的周期性变化与水准线上各测点的垂直位移时序曲线增减规律相去甚远，在上游库水位相近的情况下，气温变化水准线 LS1 各测点测值比较见表 7.20，同样反映出与温度基本无相关性。

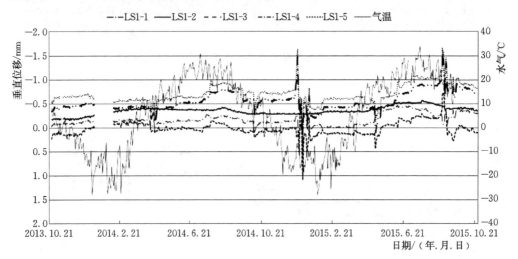

图 7.88　水准线 LS1 垂直位移与气温时序过程线

表 7.20　　　　　相近水位情况下气温变化水准线 LS1 各测点测值比较

日期/（年.月.日）	2015.6.12	2015.9.2	增量
气温/℃	24.41	16.71	↓ −7.7
上游库水位/m	732.60	732.60	→0
LS1 − 1/mm	−0.46	−0.36	↑0.1
LS1 − 2/mm	−0.5	−0.38	↑0.12
LS1 − 3/mm	0.01	−0.33	↓ −0.34
LS1 − 4/mm	−2.02	−2.52	↓ −0.5
LS1 − 5/mm	−1.74	−2.37	↓ −0.63

（3）沿各坝段纵向分布。水准线 LS1 沿纵向不同桩号的垂直位移分布如图 7.89所示，可以看出：2013 年起水准线 LS1 在各坝段上布置的测点垂直变形均有所抬升。位于 30[#] 坝段的测点 LS1 − 3（30[#] 坝段）在整条水准线上呈现明显的"凹陷"特点。根据已有地质资料并结合多点位移计的监测结果分析可知，主河床及溢流坝

段坝基向下一定深度的岩层中存在软弱带，前期各坝段地基缺陷处理方式和固结灌浆效果可能不同（LS1-3 附近 32#、33# 坝段上游侧软弱夹层采用挖除和回填混凝土处理，在填塘混凝土底部和表面布设钢筋网，其中部分还在基岩面布置了基础锚杆），加之坝基岩体中的节理密集带黄铁矿（FeS_2）含量较高，氧化后使基岩岩性劣化等因素可能是造成 30# 坝段基岩位移下沉量较大的原因。如图 7.90 所示，2015 年 10 月 26 日监测数据显示该测点垂直变形下沉量为 0.11mm，而水准线上其他四个测点 LS1-1、LS1-2、LS1-4 及 LS1-5 垂直变形抬升量分别为 0.29mm、0.34mm、0.82mm、0.70mm，当前水准线上各测点测值变化平稳，无异常情况。

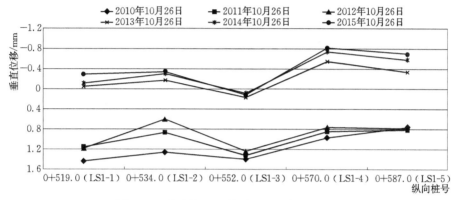

图 7.89　水准线 LS1 沿纵向的垂直位移分布

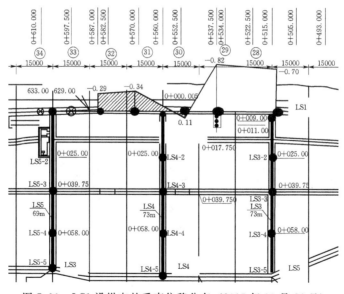

图 7.90　LS1 沿纵向的垂直位移分布（2015 年 10 月 26 日）

3．特征值分析

图 7.91、图 7.92 为 28#～32# 坝段水准线 LS1 上部分测点的特征值分布图，沿坝段纵向不同纵向桩号垂直位移年均值分布如图 7.93 所示，年变幅如图 7.94 所示。

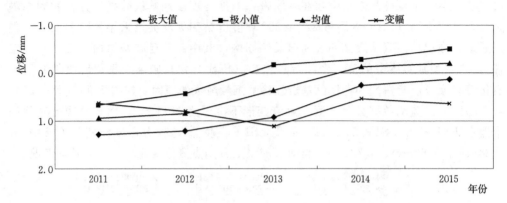

图 7.91　28# 坝段坝基灌浆廊道水准线测点 LS1－1 特征值分布图

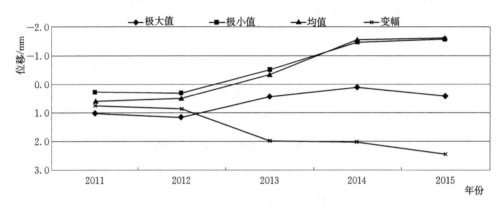

图 7.92　32# 坝段坝基灌浆廊道水准线测点 LS1－5 特征值分布图

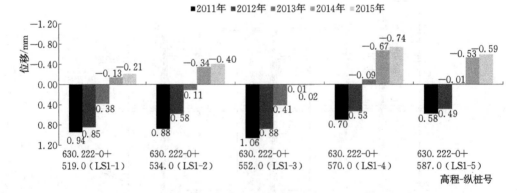

图 7.93　28#～32# 坝段水准线 LS1 不同位置垂直位移历年均值分布

　　(1) 极值分析。受 2013 年 3 月至 8 月水库蓄水影响，水准线上各测点极值位移分布也随之有所抬升。LS1 水准线上的下沉量最大值为 2.63mm，发生位置为纵向桩号 0＋552.00 的测点 LS1－3（2012 年 9 月 18 日），上抬量最大值 1.66mm，发生位置为纵向桩号 0＋570.00 的测点 LS1－4（2015 年 8 月 27 日）。

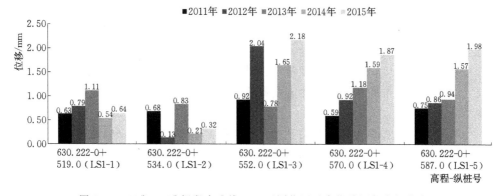

图 7.94 28#~32#坝段水准线 LS1 不同位置垂直位移历年变幅分布

（2）年均值分析。水准线上各测点年均值有逐渐抬升的趋势，尤其受 2013 年水库蓄水影响，各测点垂直位移年均值均抬升幅度明显。从图 7.93 中可以看出：各坝段坝基岩体垂直变形年均值逐步抬升较为同步，LS1 水准线上的下沉量最大年均值为 1.06mm，发生位置为纵向桩号 0+552.00 的测点 LS1-3（2011 年），上抬量最大年均值为 0.74mm，发生位置为纵向桩号 0+570.00 的测点 LS1-4（2015 年）。

（3）年变幅分析。如图 7.94 所示，水准线 LS1 上各测点 2014 年变幅较大主要受 2013 年 12 月 23 日前后测值异常影响，从时序过程线上可看到明显的粗差。而 2015 年变幅较大的原因是上游库水位的陡增陡降（2015 年 3 月 28 日—4 月 5 日，水库水位由 730.38m 陡降至 720.52m，4 月 5 日—6 月 2 日，水位又回升至 738.29m）。此外 2012 年 9 月 18 日，2015 年 1 月 1 日在时序过程线上也是离群尖点。考虑将 2012 年 9 月 18 日、2014 年 12 月 23 日与 2015 年 1 月 1 日粗差进行剔除后，水准线上各测点历年变幅分布如图 7.95 所示。LS1 水准线上的最大年变幅为 1.70mm，发生位置为纵向桩号 0+587.0 的测点 LS1-5（2015 年），最小年变幅为 0.13mm，发生位置为纵向桩号 0+534.0 的测点 LS1-2（2012 年）。

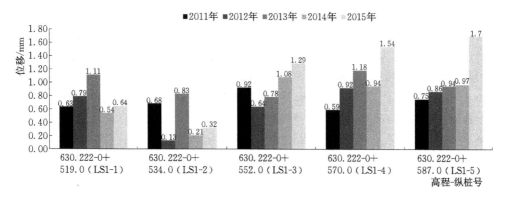

图 7.95 28#~32#坝段水准线 LS1 不同位置垂直位移历年变幅分布（粗差剔除后）

4. 小结

（1）当前坝踵部位坝基垂直位移在−0.82～0.11mm 之间，除 30# 坝段有微弱下沉变形外，其他坝段均处于抬升状态。

（2）库水对坝体推力作用对坝踵部位基岩垂直位移变化影响明显，上游库水位升高，坝体所受水推力增大，坝体随之向下游倾斜，造成近坝踵位置基岩垂直变形表现为向上抬升。

（3）温度与基岩垂直变形的关系规律性不强，垂直位移沿纵向桩号的分布变化除受库水荷载影响外，主要与各坝段地质条件及前期地基缺陷处理手段、固结灌浆效果不同有关。

7.2.3 坝体及坝顶垂直位移监测资料分析

7.2.3.1 静力水准垂直位移分析（高程 697.00m 廊道）

1. 资料系列及时序分析

为监测坝体沿坝轴线方向的垂直变形分布，2010 年 4 月 25 日在 48#～62# 坝段 697.0m 高程的纵向廊道内安装了一条静力水准线 LS2，水准线上共布设 9 个测点，分别位于 48#、50#、52#、54#、56#、57#、59#、61#、62# 坝段。绝对位移量以 48# 坝段双金属标 DS4 的锚固点位移为基准点，相对位移量取该坝段上水准线测点 LS2−1（纵向桩号 0+847.0）测点为测值基准点，水准线长度为 286.0m，安装高程 698.48m，坝下桩号为 0+007.0，该条水准线于 2010 年 10 月 21 日接入自动化监测系统。

如图 7.96 所示为水准线上各测点绝对位移（基准点为 48# 坝段坝基双金属标 DS4）时序过程线。结合图 7.97 中基准点绝对位移时序过程线可以看出：48#～62# 坝段高程 698.50m 处坝体的垂直位移变化受坝基变形影响明显，697.00m 高程不同坝段垂直位移的抬升或下沉与 48# 坝段坝基的垂直变形基本同步，位移下沉量最大值出现在 11 月下旬或 12 月上旬，最小值则出现在 6 月下旬或 7 月上旬。697.00m 高程廊道内各坝段测点的绝对位移变化趋势一致，变化量值略有差异。水准线相对位移（基准点 LS2−1）时序过程线如图 7.98，可以看出：水准线上各测点相对位移变化均较为平稳，时序过程线具有良好的连续性。2011 年 2 月末，位于 52# 坝段的测点 LS2−3 测值发生一次异常跳动，2011 年 3 月 2 日该测点垂直位移较之 2011 年 2 月 26 日下沉 0.55mm，通过分析发现该时段相邻水准测点以及 52# 坝段及其周边坝段大坝变形其他监测项目测值均无异常，该测点异常可能是由于施工碰撞等外因干扰引起。水准线 LS2 上相对位移最大值发生在位于 62# 坝段的 LS2−9 测点，该测点相对 LS2−1 的最大下沉量为 2.03mm，发生时间为 2015 年 9 月 29 日。

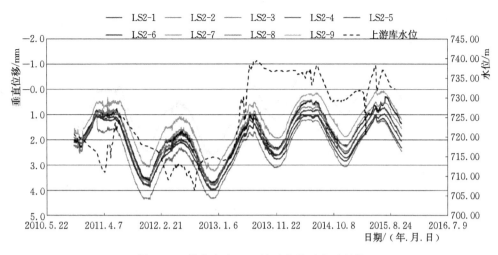

图 7.96　静力水准 LS2 绝对位移时序过程线

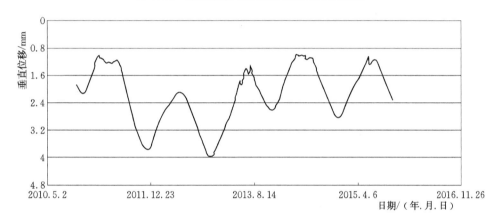

图 7.97　42# 坝段坝基垂直位移时序过程线

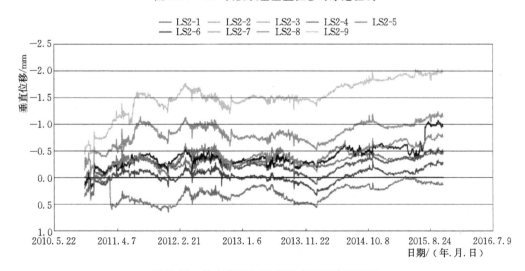

图 7.98　静力水准 LS2 相对位移时序过程线

2. 变化规律分析

(1) 与上游库水位的关系。由图 7.96 可以看出，2011 年 6 月—2012 年 4 月上游库水位下降后，水准线 LS2 上各测点的垂直位移 2012 年时序过程线下沉量的峰值与谷值均高于 2011 年的监测结果。相反在 2013 年 3—8 月蓄水后，2013 年段水准线上各测点的垂直位移较之 2012 年段的下沉量的峰值和谷值均有所降低。即受水推力对坝体作用的影响，水位升高，坝体倾向下游，LS2 水准线上各测点的垂直位移表现为抬升。反之，水位降低，坝体倾向上游，水准线上各测点表现为有所下沉。

(2) 沿坝纵向分布。如图 7.99 所示为水准线 LS2 各测点的垂直位移沿坝纵向的分布情况，总体而言：坝体高程 697.00m 52# 坝段测点 LS2-3 较之相邻测点下沉量较大，在分布线上呈一个较为明显的"凹陷点"，其他各坝段间的垂直位移变化相对较为平缓。截至 2015 年 10 月 26 日，52# 坝段测点 LS2-3 垂直位移下沉量为 2.44mm，50# 坝段测点 LS2-2 及 54# 坝段测点 LS2-4 下沉量分别为 1.86mm、2.04mm。

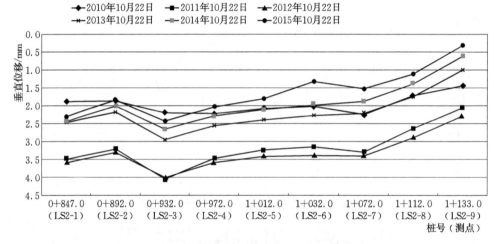

图 7.99　水准线 LS2 沿不同桩号垂直位移分布

(3) 与坝体温度的关系。如图 7.100 为 697.00m 高程廊道内水准线 LS2 上位于 57# 坝段重点监测断面的测点 LS2-6（横 0+007.0）与该坝段高程 695.00m 坝体温度计 T4-6（坝下 0+003.5）的监测数据时序过程线，可知：LS2-6 的垂直位移与坝体温度变化较为明显的相关关系，由图中直观看出两条曲线在不同的时间段都呈现出凹凸性相反的性质。考虑到温度对坝体变形有滞后作用，坝体温度降低将使坝体混凝土收缩，造成垂直位移测点的下沉。反之，当坝体温度升高时，坝体混凝土得到一定程度的膨胀，从而使垂直变形表现为抬升。

综上所述：上游库水位和坝体温度是影响坝体垂直位移的两个重要因素。上游库水位对坝体垂直位移的影响，表现在影响时序曲线某一时段内峰值、谷值以及均值的大小上，二者同步性较好。而坝体温度对坝体垂直位移的影响，表现在影响时序曲线的增减趋势上，其影响具有滞后性。

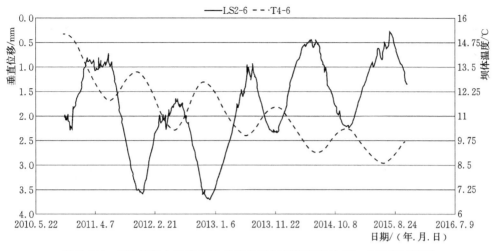

图 7.100　57#坝段水准线 LS2 绝对位移与坝体温度计 T4-6 时序过程线

3. 特征值分析

图 7.101、图 7.102 为 48#~62#坝段水准线 LS2 上部分测点的特征值分布图，水准线上不同纵向桩号垂直位移年均值分布如图 7.103、图 7.104 所示，年变幅如图 7.105、图 7.106 所示。

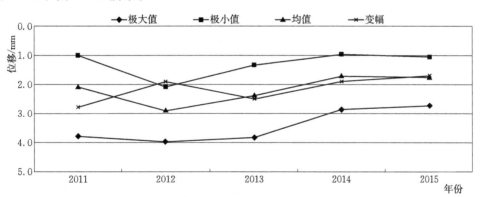

图 7.101　48#坝段高程 697.00m 水准线测点 LS2-1 特征值分布图

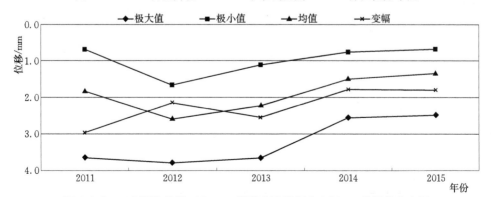

图 7.102　56#坝段高程 697.00m 廊道水准线测点 LS2-5 特征值分布图

(1) 极值分析。各测点分年段的极大值与极小值的变化趋势和走向基本一致，说明整条水准线上垂直位移的变化具有较好的同步性和整体性。LS2 水准线上的下沉量最大值为 4.36mm，发生位置为纵向桩号 0＋932.00 的测点 LS2－3（2011年 12 月 23 日），上抬量最大值 0.87mm，发生位置为纵向桩号 1＋133.00 的测点 LS2－9（2015 年 6 月 3 日）。通过对表 7.21 中的统计结果分析发现，各测点极大值出现的日期集中于每年的 12 月与 1 月，极小值则集中出现在 6—7 月，原因在于坝体温度增减趋势呈周期性变化相应引起的坝体垂直位移滞后地呈周期性变化趋势。

水准线测点附近坝体温度增减趋势虽呈周期性变化，但其年均值总体呈现逐年递减趋势，并无周期性规律。

表 7.21　　　　　　　水准线 LS2 不同位置垂直位移特征值统计表　　　　　　单位：mm

测点编号	年份	48#～62# 坝段静力水准 LS2 垂直位移（DS4）					
		极大值	出现日期/（年.月.日）	极小值	出现日期/（年.月.日）	均值	变幅
698.482－0＋892.0（LS2－2）	2011	3.58	2011.12.23	0.73	2011.4.30	1.81	2.85
	2012	3.70	2012.12.12	1.73	2012.6.13	2.62	1.97
	2013	3.58	2013.1.1	0.99	2013.7.27	2.08	2.59
	2014	2.47	2014.12.20	0.66	2014.7.10	1.37	1.81
	2015	2.39	2015.1.1	0.67	2015.6.3	1.34	1.72
698.482－0＋932.0（LS2－3）	2011	4.36	2011.12.23	0.97	2011.2.26	2.49	3.39
	2012	4.33	2012.12.7	2.30	2012.6.13	3.24	2.03
	2013	4.15	2013.1.1	1.67	2013.7.24	2.70	2.48
	2014	3.09	2014.12.11	1.16	2014.5.20	1.96	1.93
	2015	2.94	2015.1.1	1.04	2015.6.3	1.82	1.90
698.482－1＋012.0（LS2－5）	2011	3.65	2011.12.20	0.70	2011.4.28	1.82	2.95
	2012	3.80	2012.12.7	1.65	2012.6.13	2.59	2.15
	2013	3.66	2013.1.1	1.11	2013.7.21	2.22	2.55
	2014	2.56	2014.12.11	0.77	2014.6.29	1.51	1.79
	2015	2.48	2015.1.1	0.68	2015.7.21	1.34	1.80
698.482－1＋032.0（LS2－6）	2011	3.60	2011.12.20	0.75	2011.6.20	1.81	2.85
	2012	3.70	2012.12.7	1.63	2012.6.22	2.54	2.07
	2013	3.54	2013.1.1	0.96	2013.6.24	2.08	2.58
	2014	2.26	2014.12.21	0.43	2014.5.30	1.25	1.83
	2015	2.17	2015.1.1	0.25	2015.7.26	1.05	1.92

（2）年均值分析。如图 7.103、图 7.104 中静力水准线 LS2 上不同位置年均值分布所示，与极值分布走向一样，整条水准线上各测点的年均值变化趋势基本一致。2012 年后，不同坝段测点年均值均有上抬趋势，故各测点下沉量年均值的最小值或上抬量年均值的最大值基本都发生于 2015 年。2013 年蓄水后，水准线 LS2 上各测点垂直位移年均值变化相对较小，变化趋于平缓。LS2 水准线上的下沉量最大年均值为 3.24mm，发生位置为纵向桩号 0＋932.0 的测点 LS2-3（2012 年），上抬量最大年均值为 0.18mm，发生位置为纵向桩号 1＋133.0 的测点 LS2-9（2015 年）。

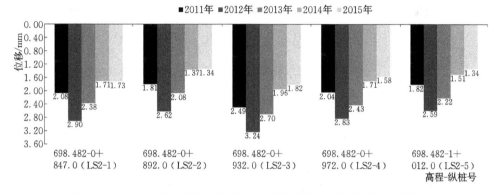

图 7.103　48#～56# 坝段水准线 LS2 不同位置垂直位移历年均值分布

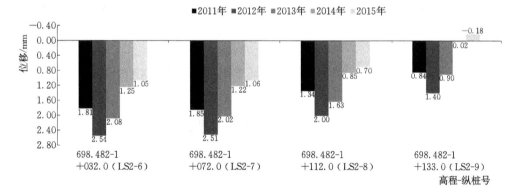

图 7.104　57#～62# 坝段水准线 LS2 不同位置垂直位移历年均值分布

（3）年变幅分析。坝体垂直位移的变化除了坝体本身受上游库水位、坝体温度等因素影响外，由于坝基变形而随之引起的坝体的变形也是不可忽视的。而坝体静力水准线上垂直位移监测数据的变动也与测量误差和自动化监测系统的稳定性有关，表现在其时序过程线上就会存在"毛刺"。因此测值的年变幅不仅反映了内、外因变化对测值序列的影响，一定程度上也反映了自动化监测系统的稳定性及测量误差的控制能力。如图 7.105 和图 7.106 所示，除水库进行阶段蓄水的 2011 年、2013 年外，年变幅基本呈逐年减小趋势，水准线上各测点年变幅变化同步性较强，表征了坝体各坝段垂直位移受荷载、温度等影响因素作用的整体性。LS2 水准线上的最大年变幅为 3.39mm，发生位置为纵向桩号 0＋932.0 的测点 LS2-3（2011 年），最小年变幅为 1.70mm，发生位置为纵向桩号 1＋072.0 的测点 LS2-7（2015 年）。

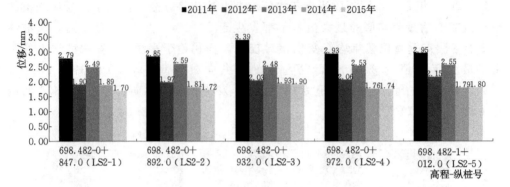

图 7.105　　48#～56#坝段水准线 LS2 不同位置垂直位移历年变幅分布

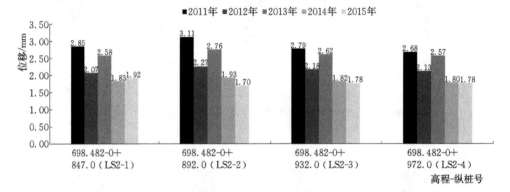

图 7.106　　57#～62#坝段水准线 LS2 不同位置垂直位移历年变幅分布

4. 小结

（1）上游库水位和坝体温度是影响坝体垂直位移的两个重要因素。上游库水位与坝体垂直位移的变化的同步性较好。上游库水位的作用表现在影响时序曲线某一时段内峰值、谷值以及均值的大小上。而坝体温度的影响，表现在影响时序曲线的增减趋势上，其影响具有滞后性。

（2）由于坝体温度滞后性的影响，水准线 LS2 各测点极大值出现的日期集中于每年的 12 月与 1 月，极小值则集中出现在 6—7 月。

（3）水准线上各测点之间的特征值变化具有较好的同步性，表征了坝体各坝段垂直位移受荷载、温度等影响因素作用的整体性。

7.2.3.2　真空激光准直垂直位移监测资料分析

由于真空激光准直系统中激光发射端所在的 21#坝段双金属标 DS2 已判定失效，故按照原系统中将 DS2 的锚固点作为垂直变形分析的绝对位移基准点是不合理的。因此参考 42#坝段双金属标 DS6 的绝对垂直位移监测数据（2014 年 10 月 21 日—2015 年 10 月 26 日），对真空激光准直系统上各测点的相对垂直位移作简要的趋势性分析。即相对位移分析不考虑 21# 坝段基岩的垂直变形，仅以 42# 坝段双金属标 DS6 的锚固点为基准点。

如图 7.107 所示为高程 706.50m 真空激光准直相对垂直位移时序过程线，可以看出以 DS6 垂直变形为参考，真空激光准直系统上各测点相对垂直位移变化平稳，整个系统中仅位于 22# 坝段测点 LA1-1 相对位移有所上抬，其余各测点相对位移均为下沉（时序过程线上的空白部分是由于自动化系统中监测数据不完整造成的）。

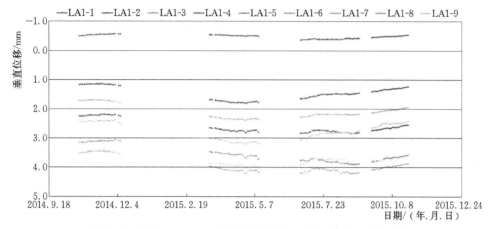

图 7.107　高程 706.50m 真空激光准直相对垂直位移时序过程线

如图 7.108 所示，真空激光准直系统的相对垂直位移沿坝右至坝左（22#～38# 坝段）总体呈逐渐下沉的趋势。位于 33# 坝段的测点 LA1-7（纵 0+597.00）下沉量较之相邻测点 LA1-6 和 LA1-7 相对较小。截至 2015 年 10 月 26 日，其相对垂直位移下沉量为 2.42mm，而 LA1-6、LA1-7 的下沉量分别为 3.87mm 和 3.71mm。

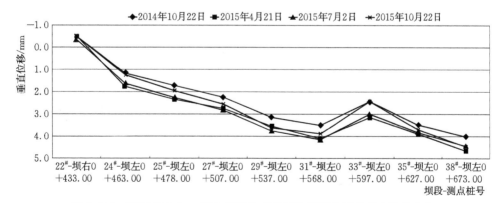

图 7.108　高程 706.50m 真空激光准直不同位置测点相对垂直位移分布

高程 706.50m 真空激光准直系统中，垂直相对位移下沉量最大值为 4.71mm，发生位置为 38# 坝段测点 LA1-9（纵 0+673.00，2015 年 5 月 15 日），上抬量最大值为 0.57mm，发生位置为 22# 坝段测点 LA1-1（纵 0+433.00，2014 年 11 月 30 日）。

7.2.4 垂直位移回归模型及其成果分析

垂直位移统计模型的建模原理与水平位移一致，此处不再赘述。

7.2.4.1 双金属管标回归模型及其成果分析

1. 资料系列

根据监测数据的连续性和测值稳定性，选取 DS3、DS4 和 DS6 做统计回归分析，各测点的建模资料时间区间见表 7.22。对于规律性较差或有尖刺型突变的测值，为不影响统计模型精度，已将该类噪值删除。

表 7.22 双金属管标测点统计模型建模时间序列

测点编号	测点高程/m	桩号/m	建模时段/（年.月.日）	坝段
DS3	629.00	纵 0+537.50 坝下 0+007.00	2010.10.21—2016.6.14	29#
DS4	697.00	纵 0+850.00 坝下 0+010.00	2010.10.21—2016.6.14	48#
DS6	706.50	纵 0+731.00 坝下 0+012.70	2014.10.30—2016.6.14	42#

2. 统计模型

采用逐步加权回归分析法，由式（7.21）对上述各测点建立统计模型。表 7.23 为各测点的回归系数及相应的模型复相关系数 R、标准差 S，表 7.24 为各测点的统计模型预测结果。

表 7.23 双金属管标变形统计模型系数、复相关系数以及标准差统计表

系数	测点		
	DS3	DS4	DS6
a_1	0.4298	0	0
a_2	−0.4354	−0.717	0.7446
a_3	0	0	−0.7451
b_1	0	0.8804	0
b_2	0	−0.4174	0
b_3	0	0	0
b_4	0	0	0
c_1	−0.6244	−0.5935	0
c_2	−0.4492	0.7496	0.8867
R	0.9846	0.9332	0.9423
S	0.1042	0.2919	0.0344

表 7.24 双金属管标统计模型预测结果 单位：mm

测点	观测值	预测值	预测误差	|预测误差/2S|
DS3	−0.90	0.0465	0.2231	−0.8965
	−0.88	−0.9233	0.0433	0.2078

续表

测点	观测值	预测值	预测误差	｜预测误差/2S｜
DS4	0.83	0.6488	0.1812	0.3104
	0.83	0.6460	0.1840	0.3152
DS6	1.38	1.4123	−0.0323	−0.4692
	1.38	1.3822	−0.0022	−0.0322

3. 精度分析

从表 7.23 可以看出 DS3、DS4、DS5 测点统计模型复相关系数分别为 0.9843、0.9320、0.9402，模型拟合效果好。

从标准差统计情况来看，各测点标准差在 0.034~0.292mm 之间，测点标准差较小。

从 2016 年 6 月 21 日与 2016 年 6 月 25 日的模型预测效果来看，29$^{\#}$ 及 42$^{\#}$ 坝段两测点的两次预测结果 $\dfrac{|\delta-\hat{\delta}|}{2S}$ 的值在 0.0322~0.4692 之间，预测误差 $|\delta-\hat{\delta}|$ 在 0.0022~0.0465mm 之间，统计模型预测结果稳定且准确。

双金属管标测点统计模型精度满足预报要求。

4. 影响因素分析

DS3 与 DS6 模型均选入了时效和水压影响因子，而 DS4 还选入了温度影响因子。DS4 垂直位移温度分量占 70% 以上，这与双金属标资料分析中结论一致，推测 DS4 可能是由于仪器参数设置不准确而导致了其测值受温度影响明显，如图 7.109~图 7.111 所示。根据年变幅判断，29$^{\#}$ 坝段坝基垂直位移的水压分量约占 50%，时效分量约为 40%。42$^{\#}$ 坝段坝基垂直位移的水压分量约占 55%，时效分量约为 35%。双金属管标监测的垂直位移主要受水压和时效影响。

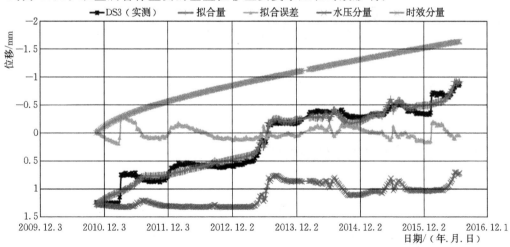

图 7.109　DS3 统计模型时序过程线

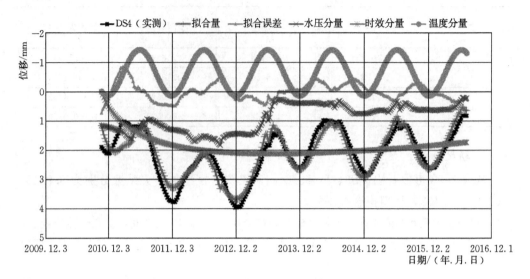

图 7.110　DS4 统计模型时序过程线

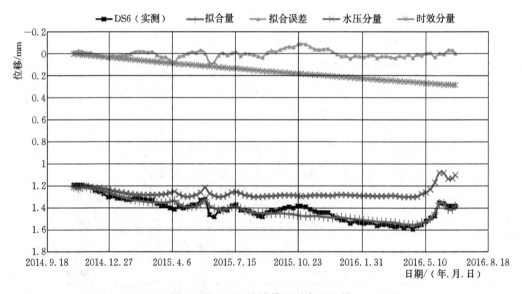

图 7.111　DS6 统计模型时序过程线

7.2.4.2　静力水准监测回归模型及其成果分析

1. 资料系列

根据监测数据的连续性和测值稳定性，选取 $28^{\#}$～$32^{\#}$ 坝段上游纵向灌浆廊道水准线 LS1 以及建模时间序列见表 7.25。对于规律性较差或有尖刺型突变的测值，为不影响统计模型精度，已将该类噪值删除。

表7.25   静力水准点LS1统计模型建模时间序列

测点编号	测点高程/m	桩号	建模时段/（年.月.日）	坝段
LS1-1	630.20	纵0+519.00，坝下0+006.00	2010.10.28—2016.6.14	28#
LS1-2	630.20	纵0+534.00，坝下0+006.00	2010.10.28—2016.6.14	29#
LS1-3	630.20	纵0+552.00，坝下0+006.00	2010.10.28—2016.6.14	30#
LS1-4	630.20	纵0+570.00，坝下0+006.00	2010.10.28—2016.6.14	31#
LS1-5	630.20	纵0+587.00，坝下0+006.00	2010.10.28—2016.6.14	32#

2. 统计模型

采用逐步加权回归分析法，由式（7.21）对上述各测点对应的资料系列建立统计模型。表7.26为各测点的回归系数及相应的模型复相关系数R、标准差S，表7.27为各测点的统计模型预测结果。

表7.26   静力水准监测统计模型系数、复相关系数以及标准差统计表

系数	测点				
	LS1-1	LS1-2	LS1-3	LS1-4	LS1-5
a_1	0.2536	0.4572	0	0.1711	0
a_2	−0.2587	−0.4626	0	−0.1768	0
a_3	0	0	−0.6132	0	−0.506
b_1	0	0	0	0	0
b_2	0.1469	0	0.3023	0	0
b_3	0	0	0	0.1701	0.2041
b_4	0	0	0	0	0
c_1	−0.8655	−0.806	−0.586	−0.9007	−0.7867
c_2	0	−0.4322	−0.2919	0	0.216
R	0.9647	0.9842	0.955	0.9728	0.9591
S	0.1652	0.1057	0.1558	0.1692	0.1763

表7.27   静力水准统计模型预测结果   单位：mm

测点	观测值	预测值	预测误差	|预测误差/2S|
LS1-1	−0.88	−0.838	−0.042	−0.1271
	−0.91	−0.8626	−0.0474	−0.1435
LS1-2	−0.85	−0.9273	0.0773	0.3657
	−0.88	−0.9554	0.0754	0.3567

续表

测点	观测值	预测值	预测误差	|预测误差/2S|
LS1-3	-0.48	-0.3886	-0.0914	-0.2933
	-0.49	-0.3973	-0.0927	-0.2975
LS1-4	-1.51	-1.3609	-0.1491	-0.4406
	-1.55	-1.3877	-0.1623	-0.4796
LS1-5	-1.34	-1.0915	-0.2485	-0.7048
	-1.38	-1.1077	-0.2723	-0.7723

3. 精度分析

从表 7.26 中发现,测点统计模型复相关系数分别在 0.9543~0.9840 之间,剩余标准差则介于 0.1057~0.1763mm 之间,统计模型拟合效果好。

根据 2016 年 6 月 21 日及 6 月 25 日两次预报结果来看,模型预测误差最大不超过 0.2723mm,满足《混凝土坝安全监测技术规范》(SL 601—2013)的对坝基垂直位移监测精度±0.3mm 的要求。

4. 影响因素分析

除 LS1-2 测点外,其他各测点均选入了水压、时效和温度相关的因子。各测点的实测值、拟合值及残差过程线如图 7.112~图 7.114 所示。

综合来看,温度对各测点垂直位移测值的影响相对较弱,分量比重不超过 10%。当前坝基上游纵向灌浆廊道垂直位移呈逐渐抬升的趋势,28#~32# 坝段各测点年抬升速度介于 0.2~0.3mm 之间。在水位变化较大的时段,水压分量对位移的影响较为明显,如在 2012 年 9 月至 2013 年 7 月水库蓄水期间,水压分量占 70% 以上。

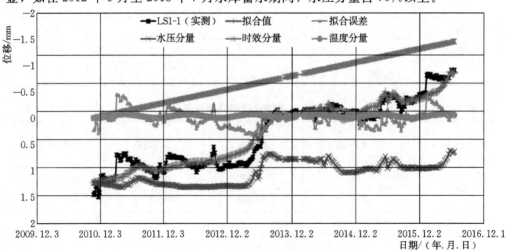

图 7.112　LS1-1 统计模型时序过程线

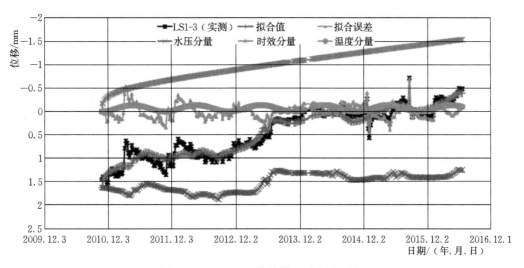

图 7.113　LS1-3 统计模型时序过程线

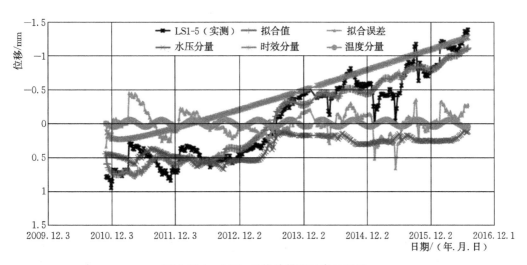

图 7.114　LS1-5 统计模型时序过程线

总体而言，从长序列上看，时效因子控制了坝踵部位坝基垂直位移抬升量逐渐增加的发展趋势。而水位的影响则主要体现在水位波动较大的时段，且水位对基岩变形的影响呈弹性变化，即水位上升，测点抬升量增加。

7.2.4.3　倾斜监测回归模型及其成果分析

1. 资料系列

以 28#、31#、34# 坝段坝基横向廊道水准线 LS3、LS4、LS5 的实测资料为计算基础，28#、31# 坝段分别选择各自水准线上相对下沉量最大点（LS3-4、LS4-4）与基准点（LS3-1、LS4-1）之间的坝基（坝下 0+007.00～坝下 0+058.00）倾斜量作统计模型分析，34# 坝段相应选择坝下 0+009.00～坝下 0+058.00 区段的坝基倾斜量作统计模型分析。建模时间序列为 2010 年 10 月 28 日—2015 年 10 月 26 日。

2. 统计模型

采用逐步加权回归分析法，由式（7.21）对上述各测点对应的资料系列建立统计模型。表 7.28 为各测点的回归系数及相应的模型复相关系数 R、标准差 S。

表 7.28　　　　倾斜监测统计模型系数、复相关系数以及标准差统计表

系数	测点		
	28# 坝段	31# 坝段	34# 坝段
a_1	0	0	−0.1735
a_2	−0.9112	−0.8378	0.1667
a_3	0.9184	0.8497	−0.16
b_1	0	0.2029	−0.2322
b_2	−0.4509	−0.4351	−0.2209
b_3	0	0	−0.146
b_4	0	0	−0.3776
c_1	0	0	0.1301
c_2	0.4549	0.182	0
R	0.9581	0.9101	0.8756
S	0.7002	1.3308	1.2365

3. 精度分析

从表 7.28 中发现，坝基倾斜监测统计模型复相关系数在 $0.8720\sim0.9567$ 之间，统计模型拟合效果好。模型剩余标准差 S 介于 $0.7002''\sim1.3308''$ 之间，基本满足《混凝土坝安全监测技术规范》（SL 601—2013）对坝基倾斜监测精度 $\pm1''$ 的要求。

4. 影响因素分析

3 个坝段倾斜监测统计模型均选入了水压、时效、温度影响因子，坝基倾斜量主要受水压分量的影响，根据变幅判断，水压分量占 $70\%\sim85\%$；温度的影响相对较弱，在水位较为平缓的时段，倾斜量随温度变化有小幅波动，分量占 $10\%\sim20\%$。时效对坝基倾斜量的影响相对较弱，3 个坝段各自所占比重均不超过 10%，呈收敛状态。各测点的实测值、拟合值及残差过程线如图 7.115～图 7.117 所示。

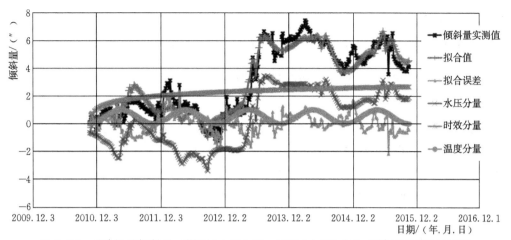

图 7.115 28#坝段倾斜量（坝下 0+007.00～坝下 0+058.00）统计模型时序过程线

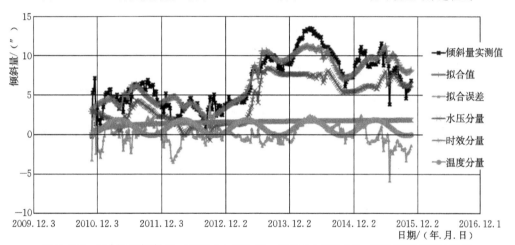

图 7.116 31#坝段倾斜量（坝下 0+007.00～坝下 0+058.00）统计模型时序过程线

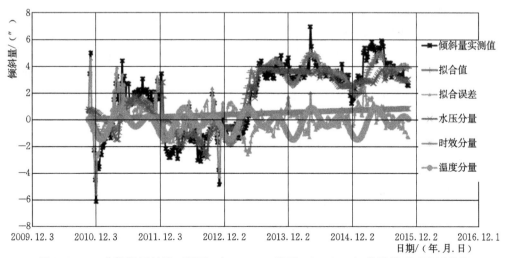

图 7.117 34#坝段倾斜量（坝下 0+007.00～坝下 0+058.00）统计模型时序过程线

7.2.4.4 小结

（1）双金属管标。统计模型复相关系数均大于 0.9，拟合效果好。各测点标准差在 0.034～0.292mm 之间，测点标准差较小。预测结果 $\dfrac{|\delta - \hat{\delta}|}{2S}$ 的值在 0.0322 ～ 0.4692 之间，统计模型预测结果稳定且准确。

29# 坝段坝基垂直位移的水压分量约占 50％，时效分量约为 40％。42# 坝段坝基垂直位移的水压分量约占 55％，时效分量约为 35％。双金属管标监测的垂直位移主要受水压和时效影响。

（2）静力水准。测点统计模型复相关系数在 0.9543～0.9840 之间，剩余标准差则介于 0.1057～0.1763mm 之间，拟合效果良好。模型预测误差最大不超过 0.27mm，满足《混凝土坝安全监测技术规范》（SL 601—2013）中对坝基垂直位移监测精度±0.3mm 的要求。

各测点垂直位移主要受上游库水位影响，水位分量约占 70％，温度分量和时效分量影响较小，温度分量比重不超过 10％，时效分量约占 20％。

倾斜监测：坝基倾斜监测统计模型复相关系数在 0.8720～0.9567 之间，统计模型拟合效果好。模型剩余标准差 S 介于 $0.7002''$～$1.3308''$之间，基本满足《混凝土坝安全监测技术规范》（SL 601—2013）的对坝基倾斜监测精度±1$''$的要求。

坝基倾斜量主要受水压分量的影响，水压分量占 70％～85％；温度的影响相对较弱，倾斜量随温度变化有小幅波动，温度分量占 10％～20％；时效对坝基倾斜量的影响相对较弱，比重均不超过 10％，目前呈收敛趋势。

7.3 接缝监测资料分析

7.3.1 坝体横缝监测

7.3.1.1 仪器布置

为监测坝体横缝变化情况，根据坝体的结构布置，在 13# 坝段、24# 坝段、26# 坝段、29# 坝段、35# 坝段和 38# 坝段横缝的高程 638.00m、高程 648.00m、高程 668.00m、高程 698.00m、高程 718.00m、高程 725.00m 和高程 738.00m 上共埋设 85 支测缝计。表 7.29 为各坝段横缝测缝计的分布情况。表 7.30 为横缝测缝计在横缝中的布置情况。

表 7.29　　　　　　　坝体横缝测缝计分布统计表

监测项目	部位	数量/支	高程/m	埋设方向
坝体横缝	13#～14# 拐点坝段	4	725.00、738.00	水平；垂直缝面
	24#～25# 左岸岸坡坝段	12	668.00、698.00、718.00、738.00	
	26#～27# 主河床坝段	15	643.00、668.00、698.00、718.00、738.00	
	29#～30# 溢流坝段	12	638.00、668.00、698.00、718.00	

监测项目	部位	数量/支	高程/m	埋设方向
坝体横缝	32#～33#泄水坝段	15	638.00、668.00、698.00、718.00、738.00	水平；垂直缝面
	35#～36#主河床坝段	15	643.00、668.00、698.00、718.00、738.00	
	38#～39#右岸岸坡坝段	12	668.00、698.00、718.00、738.00	

表 7.30　　　　　　　　坝体横缝测缝计损坏测点分布统计表

部位	横缝上游	横缝中部	横缝下游	高程/m
24#/25#坝段	J1	J2	J3*	668.00
	J4	J5	J6*	698.00
	J7	J8	J9	718.00
	J10	J11	J12	738.00
26#/27#坝段	J13	J14	J15	643.00
	J16	J17	J18*	668.00
	J19	J20	J21	698.00
	J22	J23	J24	718.00
	J25	J26	J27	738.00
29#/30#坝段	J28	J29	J30	638.00
	J31	J32	J33	668.00
	J34	J35	J36*	698.00
	J37	J38	J39*	718.00
32#/33#坝段	J40*	J41	J42*	638.00
	J43	J44	J45	668.00
	J46	J47	J48	698.00
	J49	J50	J51*	718.00
	J52	J53	J54	738.00
35#/36#坝段	J55	J56	J57	643.00
	J58	J59	J60	668.00
	J61*	J62	J63	698.00
	J64	J65	J66	718.00
	J67	J68	J69*	738.00
38#/39#坝段	J70	J71	J72	668.00
	J73	J74	J75	698.00
	J76	J77	J78*	718.00
	J79	J80	J81	738.00

注　*表示测值失常或失效测点；其余表示测值正常测点。

7.3.1.2 坝体横缝监测资料分析

1. 时空分析

（1）空间分析。当前（2015年10月26日）坝体横缝最大开合度为4.73mm，测点位于32#～33#泄水坝段高程668.00m上游侧，泄水底孔附近；横缝最小开合度为－0.07mm，测点位于38#～39#右岸岸坡坝段高程668.00m上游侧。图7.118为当前坝体横缝靠近坝轴线（上游侧）的开合度分布情况，图7.119为当前坝体横缝（靠近下游侧）的开合度分布情况，从图中可以总结出以下规律：

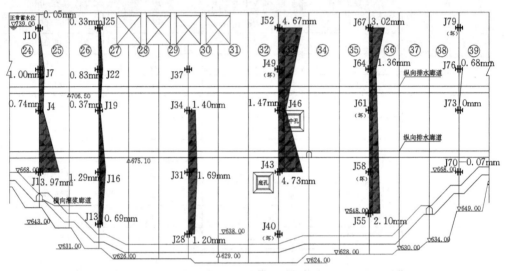

图7.118 主河床坝段横缝上游测缝计布置及开合度分布示意图

（2015年10月26日；高程单位：m）

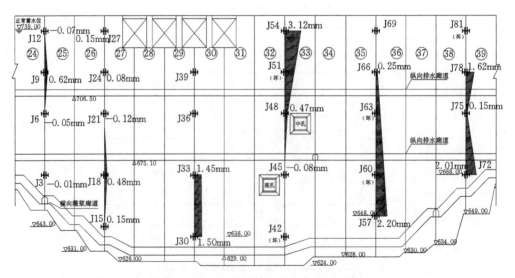

图7.119 主河床坝段横缝下游测缝计布置及开合度分布示意图

（2015年10月26日；高程单位：m）

1）从坝体纵轴线来看，主河床坝段横缝当前开合度明显大于左、右岸岸坡坝段横缝开合度，主河床坝段最大开合度达到 4.73mm（泄水底孔附近），而左右岸岸坡坝段除 25#～26# 坝段高程 668.00m 上游侧开合度达到 3.97mm 外，其余部位横缝开合度均小于 1.29mm（26#～27# 坝段，高程 668.00m）。

2）从高程方向看，主河床坝段坝顶附近横缝开合度较大，接近或超过同桩号横缝开合度最大值。35#～36# 主河床坝段坝顶附近横缝开合度为 4.67mm，而该坝段横缝最大开合度为 4.73mm（泄水底孔附近）。38#～39# 右岸岸坡坝段坝顶附近横缝开合度为 3.02mm，为该坝段横缝最大值。

3）综合坝轴线和高程方向来看，当前最大开合度部位均位于高程 668.00m 处（死水位 680.00m），该高程下左岸岸坡坝段和主河床坝段横缝开合度在 1.29～4.73mm 之间，其中左岸岸坡坝段该高程的最大开合度为 3.97mm，主河床坝段该高程的最大开合度为 4.73mm。

4）泄水坝段（32#～33#）坝基附近高程 638.00m、主河床坝段（35#～36#）高程 668.00m、溢流坝段（29#～30#）高程 698.00m（靠近溢流孔）横缝测点损坏，因上述坝段位置较为重要，水荷载及坝体荷载分布复杂，加之横缝开合度较大，这对分析横缝工作状态，评估大坝运行稳定性存在一定影响。

（2）时序分析。从坝体横缝开合度空间分布规律可见，主河床坝段横缝开合度整体上较大，横缝上、下游开合度分布均匀，综合坝段横缝测点工作状态，选取重点监测坝段（29#～30#）溢流坝段的横缝测点时序数据分析横缝开合度的时间规律，以减少关键测点损坏带来的影响，评估横缝工作状态。

（29#～30#）溢流坝段高程 698.00m 以上（靠近溢流孔）横缝上游、下游侧测点损坏，但坝体中部及坝基附近关键测点完好，且时序数据完整。该坝段横缝当前开合度在 1.20～1.69mm 之间。图 7.120～图 7.122 分别为（29#～30#）溢流坝段横缝上游侧、中部和下游侧各高程缝开合度时序过程线；图 7.123、图 7.124 分别为坝基附近表面和坝体中部表面测缝计开合度过程线；图 7.125～图 7.127 分别为高程 638.00m 上游侧横缝相关曲线和高程 668.00m 上、下游侧横缝开合度相关曲线。

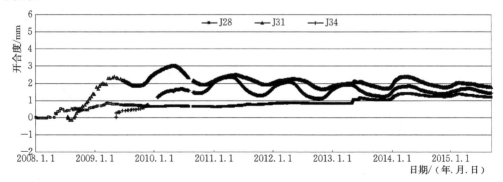

图 7.120　29#～30# 溢流坝段横缝上游测缝计开合度过程线

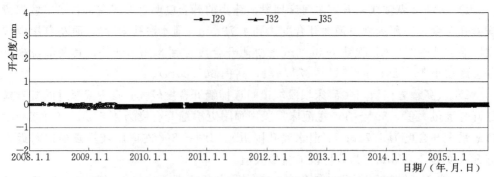

图 7.121 29#～30#溢流坝段横缝中部测缝计开合度过程线

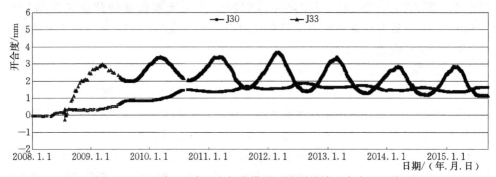

图 7.122 29#～30#溢流坝段横缝下游测缝计开合度过程线

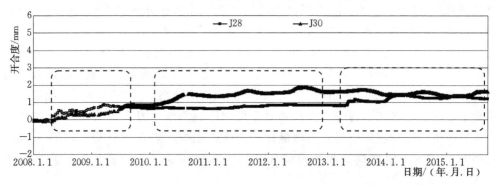

图 7.123 29#～30#溢流坝段高程 638.00m（坝基附近）横缝开合度过程线

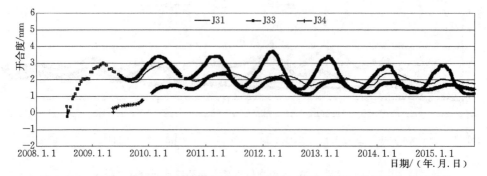

图 7.124 29#～30#溢流坝段高程 668.00m 以上（坝体中部）横缝开合度过程线

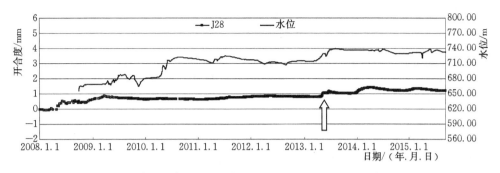

图 7.125　29#～30#溢流坝段高程 638.00m 上游侧横缝开合度相关线

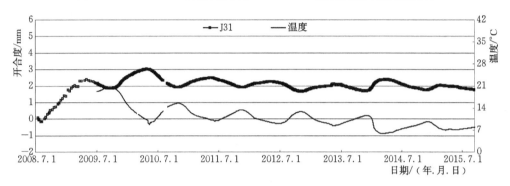

图 7.126　29#～30#溢流坝段高程 668.00m 上游侧横缝开合度相关线

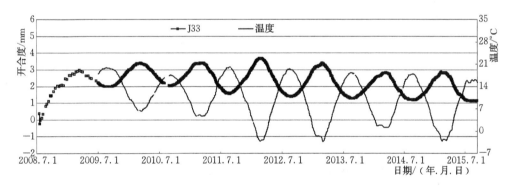

图 7.127　29#～30#溢流坝段高程 668.00m 下游侧横缝开合度相关线

1）由图 7.120～图 7.122 可见：坝体表面（上游侧和下游侧）横缝开合度变幅比坝体中部横缝明显。坝体近表面横缝开合度在 1.00～2.00mm 之间，坝体中部横缝基本未变化。这是由于横缝靠近坝体表面部位在埋设初期温降较坝体中部要大；在大坝分阶段蓄水期间，靠上游侧横缝受库水压力及温度波动影响，靠下游侧横缝受气温影响，造成坝体表面附近横缝开合度和变幅均比坝体中部横缝显著。

2）由图 7.123、图 7.124 可见：坝基表面和坝体中部表面横缝均处于张开状态，且开合度表现出不同的阶段性特征。首先，坝基附近横缝开合度主要分为三个阶段：①第一阶段自仪器埋设至 2009 年 11 月，这个阶段横缝主要受混凝土自身温降影响，开合度缓慢增长至 1.00mm 左右；②第二阶段自下闸蓄水至 2012

年 12 月，这个阶段横缝开合度受库水荷载和温度耦合影响，开合度存在一定的增幅（小于 0.5mm）；③最后一阶段自 2013 年 4 月蓄水至今，这个阶段坝基下游横缝开合度存在一定的减小。其次，坝体中部表面横缝开合度变化主要有两个阶段：①自埋设之后，开合度在混凝土自身温降的影响下，增长显著（最大开合度达到为 3.00mm，发生在 2008 年 11 月 2 日，668.00m 高程下游侧）；②自 2008 年 11 月至今，横缝开合度在蓄水期变化周期性明显，与库水荷载联系不明显，开合度变主要受温度影响。

3）由图 7.125～图 7.127 可见，蓄水前期，坝基附近横缝开合度基本不变，2013 年 5 月 3 日，横缝开合度突增 0.20mm，分析认为主要受蓄水影响。坝体中部横缝上、下开合度变化与温度联系较为紧密，表现出显著的周期性；且下游侧横缝周期特征较上游侧明显，这是由于下游侧测点在尾水位以上，开合度主要受气温影响的缘故。

2. 特征值分析

（1）极值分析。坝体横缝开合度极大值为 9.24mm（2011 年 4 月 6 日，35$^\#$～36$^\#$ 主河床坝段坝顶上游附近）。坝体横缝开合度极小值为 -1.00mm（2008 年 1 月 1 日，25$^\#$～26$^\#$ 左岸岸坡坝段与主河床坝段坝基附近横缝）。不同高程坝体横缝上游侧极大值分布见图 7.128～图 7.130。

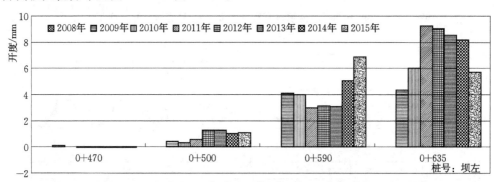

图 7.128　高程 738.00m 坝体上游侧横缝开合度极大值分布图

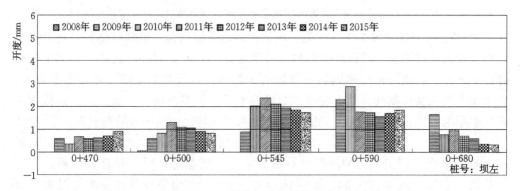

图 7.129　高程 699.00m 坝体上游侧横缝开合度极大值分布图

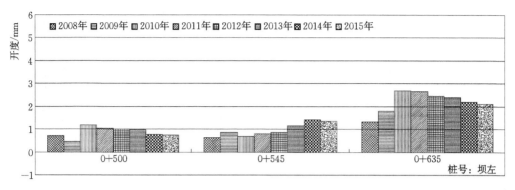

图 7.130　高程 643.00m 以下坝体上游侧横缝开合度极大值分布图

1）$32^{\#}\sim33^{\#}$ 泄水坝段（坝左 0+590）坝顶及坝基附近横缝（高程 668.00m 测点损坏）开合度极大值在 $1.55\sim6.89$mm 之间，表明泄水坝段横缝上游侧张开较为明显。主河床坝段（坝左 0+470.00～坝左 0+590.00）坝体中、下部横缝开合度极大值在 $0.02\sim5.51$mm，部分部位张开量也较大。而左右岸岸坡坝段中、下部横缝开合度极大值在 $-0.08\sim2.69$mm 之间，与主河床部位和泄水坝段高程较高部位相比，缝开合度明显较小。

2）坝体横缝上游各高程下，不同部位的横缝极大值的变化不同步，即相邻坝段极大值的最大量出现时间不尽相同。如：坝体中部（高程 668.00m）上游附近横缝极大值分布如图 7.128 所示，左右岸岸坡坝段与主河床坝段之间横缝极大值的变化呈"凹"形，即极大值量值有增大趋势；而溢流坝段极大值则呈现逐渐减小趋势。

3）坝体横缝极大值在蓄水初期均有增长趋势，即 2008 年 9 月蓄水之后，次年横缝极大值均有较大幅度增长，其中高程 668.00m 测点开合度极大值增加量在 $1.05\sim2.47$mm 之间，见表 7.31。各部位在大坝蓄水的中、后阶段横缝开合度极大值变化规律不尽一致。

表 7.31　　　　高程 668.00m 坝体上游侧横缝开合度极大值增幅统计

年份	2008		2009		开合度增幅/mm
桩号	开合度/mm	温度/℃	开合度/mm	温度/℃	
坝左 0+470.00	4.46	26.34	5.51	18.35	1.05
坝左 0+500.00	0.02	21.54	1.9	14.24	1.88
坝左 0+545.00	1.4	29.21	2.55	15.07	1.15
坝左 0+590.00	2.66	24.6	5.13	14.21	2.47

（2）年均值分析。坝体横缝开合度最大年均值为 5.88mm（2012 年，$35^{\#}\sim36^{\#}$ 主河床坝段坝顶上游附近）。坝体横缝开合度最小年均值为 -0.90mm（2014 年，$38^{\#}\sim39^{\#}$ 右岸岸坡坝段坝顶下游附近）。不同高程下坝体横缝上游侧年均值如图 7.131～图 7.133 所示。

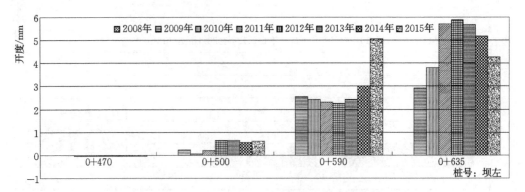

图 7.131　高程 738.00m 坝体上游侧横缝开合度年均值分布图

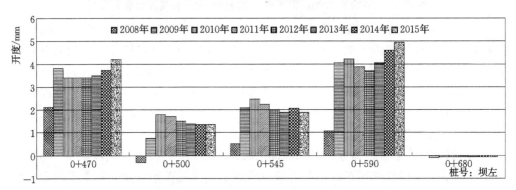

图 7.132　高程 668.00m 坝体上游侧横缝开合度年均值分布图

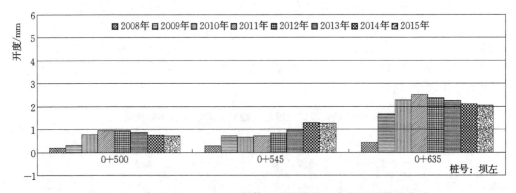

图 7.133　高程 643.00m 以下坝体上游侧横缝开合度年均值分布图

1) 与坝体横缝极大值的分布规律相似，32#～33#泄水坝段（坝左 0+590）坝顶及坝基附近横缝（高程 668.00m 测点损坏）开合度年均值水平较高，开合度年均值在 2.26～5.07mm 之间。主河床坝段（坝左 0+470～坝左 0+590）坝体中、下部横缝开合度年均值较大，最大年均值为 4.96mm。而左右岸岸坡坝段中、下部横缝开合度年均值最大值为 0.54mm，年均值水平较低。

2) 与坝体横缝极大值的分布规律相似，坝体横缝年均值各部位变化不同步，即相邻坝段极大值的最大量出现时间不尽相同。如：坝体中部（高程 668.00m）上游附近横缝均值分布如图 7.132 所示，左右岸岸坡坝段与主河床坝段之间横缝极大值的变化呈"凹"形，即年均值量值有增大趋势；而溢流坝段年均值则呈现逐渐减小趋势。

3）坝体横缝年均值在蓄水初期均有增长趋势，即 2008 年 9 月蓄水之后，次年横缝年均值均有较大幅度增长；蓄水运行期，坝体中下部横缝开合度均值逐渐趋稳。其中高程 668.00m 测点开合度年均值增加量在 1.06～2.97mm 之间，见表 7.32。

表 7.32　　　　　高程 668.00m 坝体上游侧横缝开合度年均值增幅统计

年份	2008		2009		开合度增幅/mm
桩号	开合度/mm	温度/℃	开合度/mm	温度/℃	
坝左 0+470.00	2.11	26.34	3.8	18.35	1.69
坝左 0+500.00	−0.3	21.54	0.76	14.24	1.06
坝左 0+545.00	0.52	29.21	2.08	15.07	1.56
坝左 0+590.00	1.08	24.6	4.05	14.21	2.97

（3）年变幅分析。坝体横缝开合度最大年变幅为 6.28mm（2011 年，35#～36# 主河床坝段横缝上游坝顶附近）。坝体横缝开合度最小年变幅为 0.01mm（2014 年，26#～27# 左岸岸坡坝段与主河床坝段横缝中部坝顶附近）。不同高程下坝体横缝上游侧年变幅如图 7.134～图 7.136 所示。

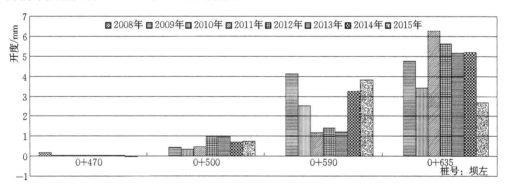

图 7.134　高程 738.00m 坝体上游侧横缝开合度年变幅分布图

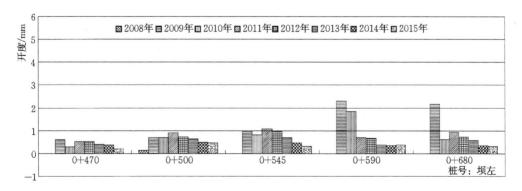

图 7.135　高程 699.00m 坝体上游侧横缝开合度年变幅分布图

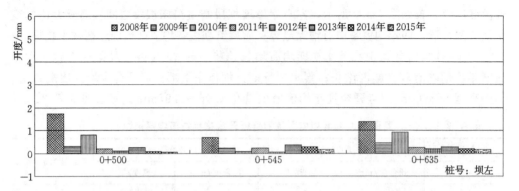

图 7.136　高程 643.00m 以下坝体上游侧横缝开合度年变幅分布图

1）如图 7.134 所示。主河床坝段坝顶附近（高程 699.00m 以上）横缝年变幅在右岸部分（坝左 0+590.00～0+635.00）明显大于左岸，右岸侧横缝开合度年变幅在 1.00～6.28mm 之间，左岸侧最大年变幅为 1.00mm；坝体中下部横缝（高程 668.00m 以下）横缝年变幅在坝体纵轴线分布均匀，2009 年后开合度变幅小于 2.00mm。

2）主河床坝体中下部横缝（高程 699.00m 以下）横缝年变幅在蓄水初期达到最大，达到 4.56mm，发生在 2008 年，位于左岸岸坡与主河床横缝（坝左 0+470）上游高程 668.00m。在蓄水运行期，主河床坝体中下部横缝年变幅逐渐减小至 1.00mm 以内。分析认为蓄水运行期测点位于正常蓄水位以下，库水水温变幅较小，因而横缝开合度变幅逐渐变弱。

7.3.1.3　小结

（1）坝体表面横缝基本处于张开状态，坝体表面横缝开合度大于坝体中部横缝，主河床坝段横缝开合度相对显著，尤其在泄水坝段（底孔）附近开合度达到最大（4.73mm）。就坝体上游侧横缝而言：坝顶横缝开合度明显要大于坝体中下部，坝基附近横缝上游开合度最小（均在 1.00～2.00mm 之间）。

（2）坝体上、下游横缝开合度变化受温度影响显著，均表现为明显周期性，温度上升，则横缝开合度减小，反之则增大。但上游横缝在上游库水位的"保温"作用下，变幅不如下游坝体表面横缝变幅显著。

（3）个别坝段坝基附近横缝止水效果不理想，库水入渗过快导致坝体温度骤降，蓄水早期横缝开合度变幅较大。蓄水初期（2008—2009 年），主河床坝段中下部横缝开合度变化显著，最大增幅达到 4.56mm；在蓄水运行期，主河床坝体中下部横缝年变幅减小至 1.00mm 以内。分析认为蓄水运行期上游横缝测点基本位于正常蓄水位以下，库水水温变幅较小，因而横缝开合度变幅逐渐变弱。

（4）泄水坝段（32#～33#）坝基附近高程 638.00m、主河床坝段（35#～36#）高程 668.00m、溢流坝段（29#～30#）高程 698.00m（靠近溢流孔）横缝测点损坏，而上述坝段位置较重要，水荷载及坝体荷载分布复杂，加之横缝开合度较大，这对分析横缝工作状态，评估大坝运行稳定性存在一定影响。

综上所述，主河床个别坝段坝基横缝开合度变化与上游库水位变化相关性较强，且当前测值较大，建议关注。坝体横缝开合度基本在合理范围内，变化趋势符合一般规律。

7.3.2 基岩面接缝监测

7.3.2.1 仪器布置

为监测坝基与基岩接缝的开合度变化，在坝体的主河床坝段：25#坝段、26#坝段、29#坝段、32#坝段、33#坝段、35#坝段、37#坝段和57#坝段，左岸、右岸陡坡坝段：18#坝段、19#坝段、25#坝段、26#坝段、38#坝段、39#坝段和拐点坝段（13#坝段、14#坝段）的基岩面共布置了36支裂缝计，测点布置见表7.33。

表7.33 坝体基岩面裂缝计分布统计表

监测项目	部位	数量/支	高程/m	埋设方向
陡坡基岩接缝	18#左岸岸坡坝段	2	695.00、698.00	
	19#左岸岸坡坝段	2	682.00、688.00	
	25#左岸岸坡坝段	2	642.00、649.00	
	26#主河床坝段	2	634.00、640.00	
	38#右岸岸坡坝段	2	635.00、647.00	
	39#右岸岸坡坝段	2	653.00、661.00	
建基面接缝	13#拐点坝段	2	716.50	垂直基岩面
	14#拐点坝段	2	716.50	
	25#坝段主监测断面I	3	641.00	
	29#坝段主监测断面II	3	626.00	
	32#底孔坝段	2	624.00	
	33#中孔坝段	2	624.00	
	35#坝段主监测断面III	3	628.00	
	37#右岸岸坡坝段	4	628.00	
	57#坝段主监测断面IV	3	682.00	

7.3.2.2 接缝监测资料分析

基岩面接缝裂缝计自埋设以来，19#左岸岸坡坝段（坝左0+357.00）高程682.70m裂缝计KJ4于2014年12月2日测值剧增并超过量程、33#中孔泄水坝段（坝左0+597）高程624.00m裂缝计K5-1于2011年失效、37#右岸岸坡坝段（坝左0+657.00）高程628.00m裂缝计K37-3于2010年测值异常、57#右岸阶地坝段（坝左1+030.00）裂缝计K4-1和K4-2与2013年12月失效，共计5支裂缝计出现异常外，其余裂缝计工作状态均正常。

1. 时空分析

（1）空间分析。当前（2015年10月26日）坝体基岩裂缝计开合度最大为2.39mm，测点位于18#左岸岸坡坝段（坝左0+354）高程698.00m上游侧；基岩裂缝计最小开合度为-0.60mm，测点位于57#右岸阶地坝段（坝左1+030）高程707.00m坝踵位置。图7.137～图7.140为当前坝体基岩裂缝计的开合度分布情况。

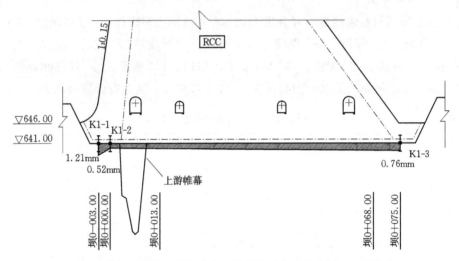

图7.137　25#坝段建基面裂缝计布置及当前开合度分布图（高程单位：m）

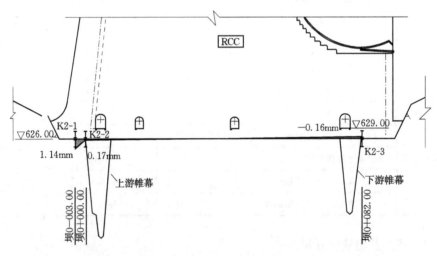

图7.138　29#坝段建基面裂缝计布置及当前开合度分布图（高程单位：m）

1）如图7.137和图7.138所示，主河床坝段基岩裂缝计开合度较小，且建基面裂缝计开合度分布符合一般规律。图7.138所示的坝踵处裂缝计开合度最大为1.14mm，坝趾建基面裂缝计开合度呈闭合状态（-0.16mm）。在上游库水荷载的水平分量作用下，对坝体产生了一个以坝体中部建基面为基点的力矩作用，引起坝踵建基面受拉略张开，而坝趾建基面则表现为受压闭合。

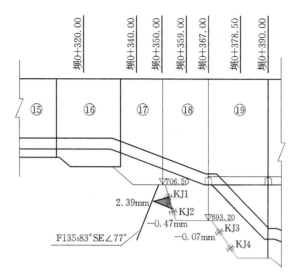

图 7.139　左岸陡坡坝段（18#坝段、19#坝段）基岩面裂缝计
当前开合度分布图（高程单位：m）

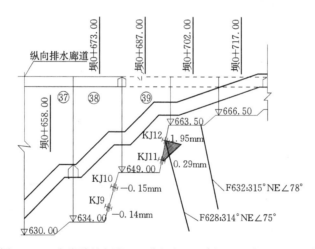

图 7.140　右岸陡坡坝段（38#坝段、39#坝段）建基面裂缝计
当前开合度分布图（高程单位：m）

2）如图 7.139 和图 7.140 所示，左、右岸岸坡坝段基岩面裂缝计基本处于张开状态，其中左岸陡坡坝段基岩面最大开合度达到 2.39mm，右岸陡坡坝段基岩面裂缝计最大开合度达到 1.95mm，可见左岸陡坡段基岩面开合度略大。

（2）时序分析。左岸陡坡坝段基岩面裂缝计开合度较大，主河床及拐点坝段基岩面开合度均较小，以左岸陡坡坝段（25#坝段，坝左 0+478.00）基岩面裂缝计测值成果为典型分析坝段，分析裂缝计开合度的时间变化规律。25#坝段基岩面坝踵建基面和斜坡段基岩面裂缝计的开合度时序过程线如图 7.141、图 7.142 所示，主河床坝段裂缝计开合度时序过程线如图 7.143、图 7.144 所示。

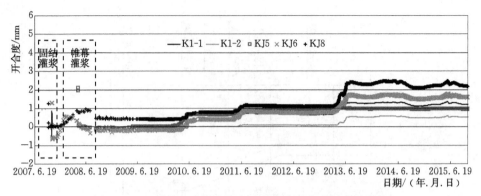

图 7.141　25#～26#坝段基岩面裂缝计开合度时序过程线

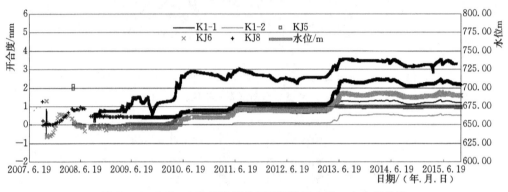

图 7.142　25#～26#坝段基岩面裂缝计开合度—水位相关线

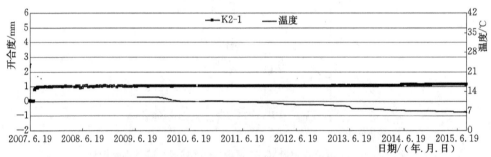

图 7.143　29#溢流坝段建基面上游裂缝计高程 626.00m 测点 K2-1 开合度过程线

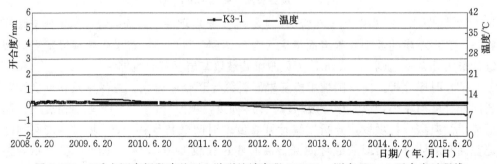

图 7.144　35#主河床坝段建基面上游裂缝计高程 628.00m 测点 K3-1 开合度过程线

1）如图 7.141 所示，受坝基固结灌浆影响，2007 年 7 月，坝踵建基面（测点 K1-2）接缝开合度增长 1.00mm；受帷幕灌浆影响，2008 年 6 月，左岸陡坡坝段坝基（测点 KJ5、KJ8）接缝开合度突增 1.00～2.00mm，灌浆结束后，接缝开合度迅速回落至 1.00mm 以内。由此可知：坝基固结灌浆和帷幕灌浆为引起坝基抬动的因素之一；灌浆结束后，随着坝体浇筑高度增加，接缝逐渐减小，有受压的趋势。

2）如图 7.142 所示，蓄水各阶段期，左岸岸坡坝段陡坡基岩面和建基面开合度均有所增长。其中 26# 坝段基岩面裂缝（KJ8）在 2013 年蓄水期（4 月 10 日—7 月 13 日）开合度增幅达 1.17mm。运行期各测点开合度小于 2.47mm，基岩面接缝开合度变化与上游库水位变化同步，开合度变化受上游库水位变化影响明显。

3）如图 7.143、图 7.144 所示，主河床坝段建基面裂缝在施工期变化很小，只有溢流坝段建基面裂缝开合度增长约 1.00mm，蓄水期建基面裂缝开合度基本无变化。可见，主河床坝段基岩面接缝受温度影响很小，蓄水期库水荷载对接缝开合度影响也不明显。

2. 特征值分析

（1）极值分析。坝体基岩面接缝开合度极大值最大为 3.46mm，发生于 2015 年 5 月 4 日，18# 左岸岸坡坝段（坝左 0+354，坝下 2m，高程 698.00m）。坝体基岩面接缝开合度极小值最小为 -1.00mm，发生于 2007 年 10 月 15 日，25# 左岸岸坡坝段（坝左 0+478，坝轴线，高程 641.70m）。不同部位基岩面接缝开合度极大值如图 7.145 所示，由图可知：

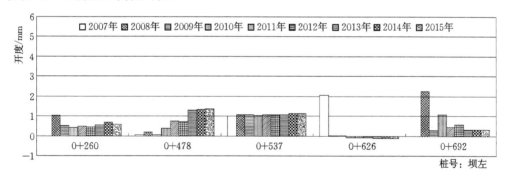

图 7.145　坝体基岩面接缝裂缝计开合度极大值分布图

1）拐点坝段（坝左 0+260.00）基岩面接缝极大值在蓄水初期达到最大，2008年基岩面开合度极大值为 1.03mm，蓄水期及运行期基岩面接缝开合度极大值有所减小。

2）左岸岸坡坝段（坝左 0+478.00）基岩面接缝开合度极大值自蓄水以来逐年增大，2013 年之后极大值达到 1.31mm 并保持在该量值。溢流坝段（坝左 0+537.00）基岩面接缝开合度极大值自施工期以来稳定在 1.00mm 左右，蓄水运行期基本无变化。

3）主河床右岸侧和右岸岸坡坝段基岩面接缝开合度极大值在 2007 年和 2008 年

达到最大，分别为 2.07mm 和 2.24mm，蓄水运行期间，接缝开合度极大值显著减小。

（2）年均值分析。坝体基岩面接缝开合度年均值最大为 2.92mm，发生于 2015年，18# 左岸岸坡坝段（坝左 0+354，坝下 2m，高程 698.00m）。坝体基岩面接缝开合度年均值最小为 −1.00mm，发生于 2007 年，25# 左岸岸坡坝段（坝左 0+478，坝轴线，高程 641.70m）。不同部位基岩面接缝开合度年均值如图 7.146 所示，由图可知：

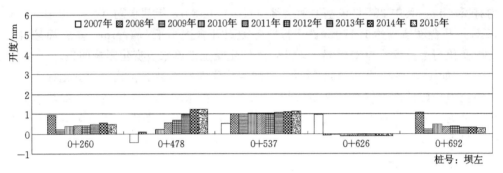

图 7.146　坝体基岩面接缝裂缝计开合度年均值分布图

1）拐点坝段（坝左 0+260.00）基岩面接缝开合度年均值在蓄水初期达到最大，2008 年基岩面开合度年均值为 0.95mm，蓄水期及运行期基岩面接缝开合度极大值有所减小并趋于 0.50mm。

2）左岸岸坡坝段（坝左 0+478.00）基岩面接缝开合度年均值蓄水以来逐年增大，2013 年之后年均值达到 0.98mm 并维持在该水平。溢流坝段（坝左 0+537.00）基岩面接缝开合度年均值自施工期以来稳定在 1.00mm 左右，蓄水运行期基本无变化。

3）主河床右岸侧和右岸岸坡坝段基岩面接缝开合度年均值在 2007 年和 2008 年达到最大，分别为 0.98mm 和 1.07mm，蓄水运行期间，接缝开合度年均值显著减小。

（3）年变幅分析。坝体基岩面接缝开合度年变幅在 2008 年最大（2.62mm），位于 38# 右岸岸坡坝段（坝左 0+678.00，坝下 0.5m，高程 647.00m）。坝体基岩面接缝开合度年变幅最小为 0.01mm，左、右岸岸坡坝段均有发生。不同部位基岩面接缝开合度年变幅如图 7.147 所示，从图中可见：

1）坝体施工阶段及蓄水阶段初期，基岩面接缝开合度变幅达到最大。2007—2008 年期间，坝基接缝开合度变幅在 0.99~2.35mm 之间。而后各坝段坝基接缝开合度年变幅均有不同程度的减小。分析认为 2007 年 7 月坝基固结灌浆造成了混凝土盖重抬动，引起开合度在左岸岸坡坝段突增了 1.00mm 左右，右岸岸坡坝段坝基接缝开合度突增了 2.00mm 左右。蓄水年份年变幅较大，蓄水结束后，坝基接缝年变幅逐年减小，趋于稳定。

2）左、右岸岸坡坝段坝基接缝开合度变幅在蓄水阶段中后期有一定回升，表明该坝段坝基接缝受库水荷载影响较大，2008—2013 年蓄水阶段，坝基接缝开合度增

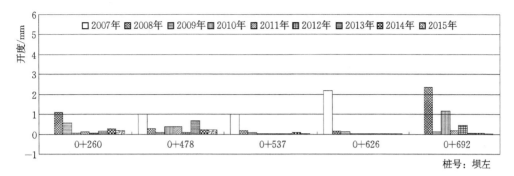

图 7.147 坝体基岩面接缝裂缝计开合度年变幅分布图

幅保持在 0.37～1.18mm 之间。运行期至今各坝段坝基接缝开合度年变幅很小，小于 0.20mm。

7.3.2.3 小结

（1）主河床坝段基岩裂缝计开合度较小，且建基面裂缝计开合度分布符合一般规律。坝踵处裂缝计开合度最大为 1.14mm，坝趾建基面裂缝计开合度呈闭合状态（－0.16mm）。左、右岸岸坡坝段基岩面裂缝计基本处于张开状态，其中左岸陡坡坝段基岩面最大开合度达到 2.39mm，右岸陡坡坝段基岩面裂缝计最大开合度达到 1.95mm。

（2）受帷幕灌浆的影响，坝体施工阶段及蓄水阶段初期，基岩面接缝开合度变幅达到最大。2007—2008 年期间，坝基接缝开合度变幅在 0.99～2.35mm 之间。蓄水运行期各坝段坝基接缝开合度年变幅均有不同程度的减小。

（3）蓄水期各阶段左岸岸坡坝段坝基接缝开合度均有所增长，接缝开合度变化与上游库水位变化相关性较强。

综上所述，主河床坝段基岩裂缝计开合度较小，坝体浇筑和上游库水位变化对接缝开合度影响不明显；左、右岸岸坡坝段基岩面裂缝计开合度变化受灌浆及蓄水影响显著。建基面裂缝计开合度分布符合一般规律，蓄水后，坝基上游接缝开合度变化与上游库水位存在较强相关性。

7.3.3 接缝监测资料回归模型及其成果分析

接缝监测资料统计模型的建模原理与水平位移一致，此处不再赘述。

7.3.3.1 横缝开度回归模型及其成果分析

1. 资料系列

根据仪器工作状态的统计结果，对所有测点进行统计建模分析，建模时间序列根据各测点始测日期及监测数据完整情况而定。

2. 统计模型

采用逐步加权回归分析法，由式（7.21）对上述各测点对应的资料系列建立统计模型。表 7.34 为部分测点的回归系数及相应的模型复相关系数 R、标准差 S，各测点的实测值、拟合值及残差过程线如图 7.148～图 7.150 所示。

表 7.34　横缝开合度统计模型系数、复相关系数以及标准差统计表

系数	测点											
	J33	J34	J35	J38	J41	J43	J44	J46	J48	J50	J52	J53
a_0	2.40	0.69	-0.07	0.10	0.14	5.02	0.51	1.91	1.97	-0.03	4.21	2.29
a_1	0	-1.32E-01	-1.86E-01	0	8.06E-01	0	-7.59E+00	2.73E+01	0	0	-5.54E+01	4.86E+00
a_2	0	1.90E-02	2.58E-04	1.25E-04	-1.13E-03	0	1.06E-02	-3.85E-02	0	0	7.88E-02	-7.46E-03
a_3	0	-9.00E-06	-1.19E-07	-1.17E-07	5.31E-07	1.77E-09	-5.00E-06	1.80E-05	0	0	-3.70E-05	4.00E-06
c_1	-6.86E-02	-1.77E-02	1.83E-03	5.12E-02	1.90E-03	2.47E-01	-3.90E-02	1.21E-01	6.76E-02	-9.11E-03	4.80E-01	0
c_2	2.28E-01	0	-3.07E-02	-3.93E-01	4.30E-03	-2.26E+00	5.76E-01	-1.36E+00	-1.14E+00	7.24E-02	-3.88E+00	0
b_1	-7.96E-01	-1.84E-01	0	3.13E-02	0	-1.58E-01	0	-1.81E-01	-4.54E-01	9.79E-03	-7.37E-01	-7.60E-02
b_2	0.32	0.31	0	-0.02	0	0.31	0.03	0.22	0.30	0.00	0.53	-0.01
b_3	-7.03E-02	-3.57E-02	0	-9.84E-03	0	0	0	-4.11E-02	-6.50E-02	0	0	0
b_4	-1.68E-02	-2.28E-02	0	-8.56E-03	1.12E-03	0	-5.67E-03		-4.47E-02	2.42E-03	0	0
d_1	0	0	0	0	0	0	0	0	0	0.17	0	0
R	0.9793	0.8739	0.9284	0.9399	0.9334	0.9177	0.9071	0.9597	0.9779	0.9780	0.8826	0.9606
S	0.1482	0.1538	0.0038	0.0368	0.0059	0.2223	0.0545	0.1092	0.1096	0.0156	0.5716	0.0785

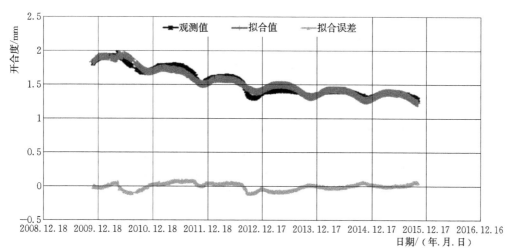

图 7.148 26#～27#坝段横缝测缝计 J16（上游，高程 668.00m）统计模型时序过程线

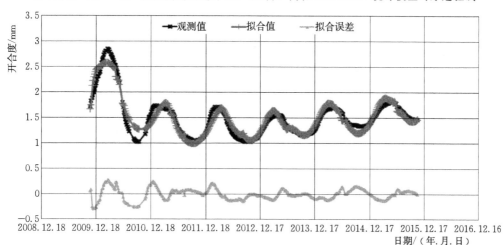

图 7.149 32#～33#坝段横缝测缝计 J46（上游，高程 698.00m）统计模型时序过程线

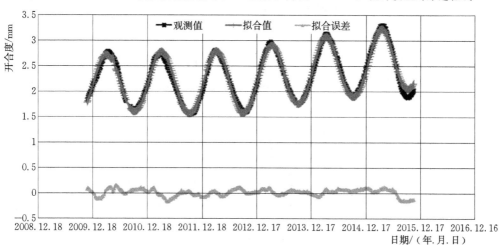

图 7.150 38#～39#坝段横缝测缝计 J72（下游，高程 668.00m）统计模型时序过程线

3. 精度分析

各测点统计模型复相关系数在 0.7154～0.9982 之间，共 47 个测点统计模型的复相关系数大于 0.9，10 个测点的复相关系数介于 0.8～0.9 之间，2 个测点的复相关系数小于 0.8（35#～36# 坝段中部 EL718m 测点 J65 复相关系数为 0.7555，38#～39# 坝段下游 EL738m 测点 J81 复相关系数为 0.7164）；剩余标准差在 0.0030～0.6556mm 之间，剩余标准差的大小基本反映了各测点所在部位横缝对各类影响因子变化感知的"灵敏程度"，例如统计模型剩余标准差较大的三个测点 J52、J54、J67 其开合度变化均主要受温度影响呈周期性变化，且较之其他测点开合度随温度变化的变幅明显较大，多年变幅分别维持在 2.5～4mm、1.5～2.5mm、4～6mm 水平。

总体而言，由坝体横缝测缝计测值所建立的模型能反映坝体横缝开度的变化规律，可用所建模型分析和评价各影响量对横缝开度的影响。

4. 影响因素分析

所有测点回归模型均选中温度因子，温度变化是影响测缝计开度变化的主要因素。温度上升，各坝段间横缝开合度减小，温度下降，缝开合度增大。

大多数测点的统计模型选入了时效因子，主要表征了测点相应位置横缝开合度在随外界温度变化的同时，还处于一定的变化趋势中。其中，开合度处于不断减小的测点有 J8、J11、J21、J35、J56，开合度不断增加的测点为 J20、J32、J38、J57、J74、J77。需说明的是，以上测点开合度虽受时效因子影响较为明显，但由于开合度量值较小，且过程中未发生较大的测值突变。因此，坝体横缝开合度仍具较高安全裕度，属正常变化规律。

上游库水位的影响主要集中在初蓄期（2009 年 11 月—2010 年 8 月）水位变化较大的时段，如 J17、J19。初蓄期后，水位变化相对较小，对测缝计测值的影响也随之减小。

7.3.3.2　基岩面接缝开度回归模型及其成果分析

1. 资料系列

根据资料时空分析及特征值分析，选取具有代表性的 6 个测点，即 K0-1、KJ1、KJ6、KJ8、K1-2、K4-3 开合度监测数据进行建模分析，建模时间序列见表 7.35。

表 7.35　　　　　　　　　　基岩接缝开合度统计模型建模时间序列表

测点编号	高程/m	桩号/m	建模时段/（年.月.日）	坝段
K0-1	716.80	纵 0+260.00，坝下 0+001.00	2008.9.26—2016.6.21	29#
K1-2	641.60	纵 0+478.00，坝下 0+000.00	2008.9.28—2016.6.21	25#
K4-3	681.70	纵 1+030.00，坝下 0+038.90	2008.9.30—2016.6.21	57#
KJ1	698.60	纵 0+345.00，坝下 0+002.00	2008.11.20—2016.6.21	18#

2. 统计模型

采用逐步加权回归分析法，由式（7.21）对上述各测点对应的资料系列建立统计模型。表 7.36 为各测点的回归系数及相应的模型复相关系数 R、标准差 S，各测点的实测值、拟合值及残差过程线如图 7.151～图 7.154 所示。

表 7.36　基岩接缝开合度统计模型系数、复相关系数以及标准差统计表

系数	测点			
	K0-1	K1-2	K4-3	KJ1
a_0	0.30	-0.03	-0.47	-0.21
a_1	0.95	4.18	0	0
a_2	$-1.42\mathrm{E}-03$	$-6.17\mathrm{E}-03$	$2.60\mathrm{E}-05$	$-1.13\mathrm{E}-04$
a_3	$7.05\mathrm{E}-07$	$3.00\mathrm{E}-06$	$-2.51\mathrm{E}-08$	$1.09\mathrm{E}-07$
c_1	$-5.07\mathrm{E}-03$	$1.48\mathrm{E}-02$	0	0.016821
c_2	$9.29\mathrm{E}-02$	0	$-2.76\mathrm{E}-02$	0.32
b_1	$1.98\mathrm{E}-02$	0.013363	$3.74\mathrm{E}-03$	0.50
b_2	$-5.33\mathrm{E}-02$	0	$2.87\mathrm{E}-03$	-0.52
b_3	$6.80\mathrm{E}-03$	0	0	$4.08\mathrm{E}-02$
b_4	0	0	0	0
b_T	$-8.38\mathrm{E}-03$	0	$7.49\mathrm{E}-03$	$3.35\mathrm{E}-02$
R	0.8486	0.9924	0.9919	0.939
S	0.0557	0.0336	0.0092	0.0055

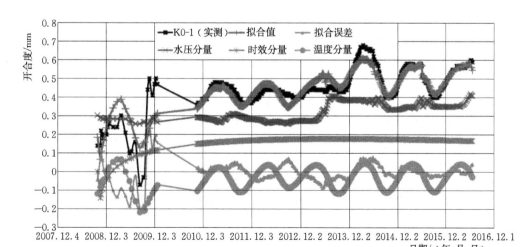

图 7.151　$13^{\#}$ 坝段（坝纵 $0+260.00$，坝下 1m）高程 716.80m 测点 K0-1 统计模型过程线

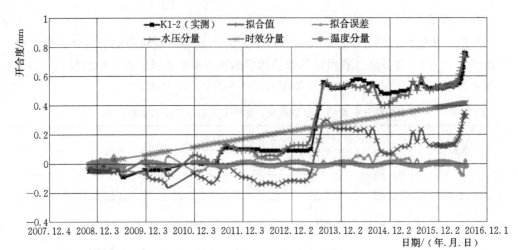

图 7.152 25#坝段（坝纵 0+478.00，坝上 0）高程 641.60m 测点 K1-2 统计模型过程线

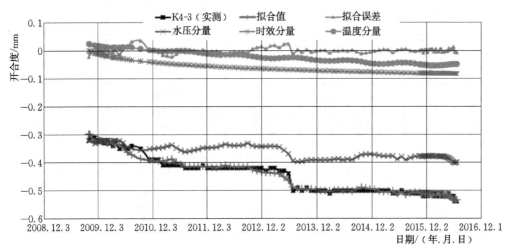

图 7.153 57#坝段（坝纵 1+030.00，坝下 38.90m）高程 681.70m 测点 K4-3 统计模型过程线

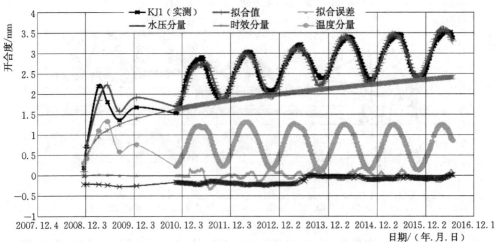

图 7.154 18#坝段（坝纵 0+354.00，坝下 2.00m）高程 698.60m 测点 KJ1 统计模型过程线

3. 精度分析

从表 7.36 可以看出，所选测点校正复相关系数均大于 0.84，剩余标准差 S 不超过 0.06mm，统计建模拟合效果良好。

4. 影响因素分析

13# 拐点坝段基岩接缝开合度主要受水位和温度因子影响，根据变幅判断，水压分量为 30%～45%（水位波动大时段分量比重稍大），温度分量占 50%～60%。

25# 左岸岸坡坝段陡坡基岩接缝开合度主要受水位波动影响，在上游库水位变动较大时段，水压分量约占 90%。时效分量影响次之，贯穿整个开合度发展始终，年开合度贡献量约为 0.05mm。温度的影响相对较弱，分量占 5%～15%。

57# 坝段主监测断面 IV 基岩接缝开合度主要受上游库水位波动影响，水压分量占 75% 左右。温度和时效影响稍弱，分量约占 25%。上游库水位上升，造成"踵拉趾压"，位于坝下 0+038.90 的测点 K4-3 受此影响闭合量也因此增加。此外，在库水稳定的时段，由于温度（伴测）和时效（推测可能由于基岩蠕变或混凝土徐变）的共同作用，接缝闭合量处于不断增加中。

18# 左岸岸坡坝段陡坡基岩接缝开合度主要受温度和时效因子影响，接缝开合度发展初期，在时效和温度的共同作用下接缝开合度增长速度相对较快，两者分量各占 50%。自 2011 年起，时效的影响减弱，分量占 10%～25%，接缝开合度主要随温度的影响而上下波动，且波幅稳定。

7.3.3.3 小结

各测点统计模型复相关系数在 0.7154～0.9982 之间，57 个测点统计模型的复相关系数大于 0.8，剩余标准差在 0.0030～0.6556mm 之间，大部分测点标准差满足模型分析精度。

坝体横缝回归模型均选中温度因子，温度是影响测缝计开度变化的主要因素，横缝开度与温度呈负相关关系。水位和时效因子影响次之，上游库水位变化较大时段横缝开度变化明显。

7.4 大坝变形监测资料分析综合评价

7.4.1 水平位移

7.4.1.1 坝基变形

1. 上下游方向

坝基上下游方向位移自左岸阶地 14# 坝段逐渐过渡至 29# 溢流坝段表现为向下游位移量逐渐递增，自主河床 35# 坝段至右岸台地 62# 坝段位移变化相对平缓。总体而言，坝基上下游向位移量相对较小，变形具有较高的安全裕度。截至 2015 年 10 月 26 日，坝基上下游向位移量在 0.53～3.20mm 之间。

2. 左右岸方向

坝基左右岸方向位移分布是以 35# 坝段纵向桩号为 0+627.0 的倒垂测点 IP5 为中心呈 180°旋转对称分布。坝基左右岸方向位移大小主要受地质条件影响，地质条件相对较差的坝段的坝基可能沿软弱带和断层发生滑移而使其左右岸方向的位移稍大。总体处于正常安全状态，截至 2015 年 10 月 26 日，基左右岸方向位移量在 −1.96～3.63mm 之间。

3. 运行期存在的问题

（1）48# 坝段的倒垂线测点 IP7 由于仪器安装存在较大偏心距，导致目前仪器复位检测不合格，需采取适当措施予以修复。

（2）按照《大坝安全监测系统验收规范》（GB/T 22385—2008），25# 坝段 IP3 的复位差不满足小于 0.15mm 的要求，且其左右岸位移测值跳动频繁，需对其工作性能进行复检，并优化其工作环境。

7.4.1.2 坝体变形

1. 上下游方向

坝体及坝顶上下游向位移沿铅垂方向的分布符合将坝体视为悬臂梁受库水推力作用形成的挠曲线规律（由于横缝的存在，各坝段具有一定的独立性）。除上游库水位外，气温也是影响坝体向下游位移量大小的一个重要因素。考虑到本工程所处特殊地理环境，应对低温高水位坝体向下游变位的极端工况下坝面产生拉应力裂缝的可能情况予以一定的关注。截至 2015 年 10 月 26 日，坝体及坝顶向下游最大位移量为 17.30mm（29# 溢流坝段坝顶），向下游最小位移量为 2.99mm（14# 左岸阶地坝段坝顶）。当前坝体及坝顶水平位移均变化平稳，处于正常状态。

2. 左右岸方向

由于坝体各部位荷载条件、基础地质条件、混凝土性质及其应力应变状态等存在差异，坝体左右岸向水平位移分布规律性不强，但位移量处于安全状态内。截至 2015 年 10 月 26 日，坝体各部位向左岸最大位移量为 7.65mm（42# 右岸边坡坝段坝顶），向右岸最大位移量 5.22mm（25# 左岸边坡坝段高程 675.10m）。

7.4.2 垂直位移

7.4.2.1 坝基垂直位移

1. 静力水准系统工作基点

由于外荷载（包括上覆混凝土自重、库水压力、库水推力等）不同，左岸阶地、右岸台地坝段基岩呈小幅抬升状态，主河床及两岸岸坡坝段基岩呈下沉状态。上游库水位对基岩位移的影响效应主要分为两个方面：①库水自重对库盘的压力作用；②库水对坝体的推力作用。在两者共同作用下，上游库水位与主河床及两岸岸坡坝段基岩下沉量呈明显负相关性。

2. 静力水准系统

库水对坝体推力作用对坝踵部位纵向廊道内基岩垂直位移变化影响明显，上游库水位升高，坝体所受水推力增大，坝体随之向下游倾斜，造成近坝踵位置基岩垂直变形表现为向上抬升。截至 2015 年 10 月 26 日，近坝踵坝基垂直位移在 −0.82～0.11mm 之间，除 30# 坝段有微弱下沉变形外，其他坝段均处于抬升状态，变形量相对较小，处于正常安全状态。

3. 测值计算参数核实

针对 48# 坝段双金属标 DS4 所测垂直位移呈周期性变化的情况，推测其可能由于仪器参数设置不准确未能消除温度对材料变形带来的影响，需要对测值计算参数进行核实。

7.4.2.2 坝体垂直位移

1. 静力水准系统（高程 697.00m）

由于静力水准系统 LS2 以 DS4 为工作基点，故坝体高程 697.00m 垂直位移受到一定的影响，呈年周期性波动。

上游库水位和坝体温度是影响坝体垂直位移的两个重要因素。上游库水位与坝体垂直位移变化的同步性较好，上游库水位的作用表现在影响某一时段内峰值、谷值以及均值的大小上。而坝体温度的影响，表现在影响测值的增减趋势上，其影响具有滞后性。水准线 LS2 各测点极大值出现的日期集中于每年的 12 月与 1 月，极小值则集中出现在 6 与 7 月，截至 2015 年 10 月 26 日，坝体高程 697.00m 廊道垂直位移在 0.38～2.44mm 之间。位移量变化幅度主要受工作基点影响，处于正常稳定状态。

2. 真空激光准直系统（高程 706.50m）

以 DS6 垂直变形为基准，真空激光准直系统上各测点相对垂直位移变化平稳，整个系统中仅位于 22# 坝段测点 LA1−1 相对位移有所上抬，其余各测点相对位移均为下沉。垂直相对位移下沉量最大值为 4.71mm，发生位置为 38# 坝段测点 LA1−9（纵 0+673.00，2015 年 5 月 15 日），上抬量最大值为 0.57mm，发生位置为 22# 坝段测点 LA1−1（纵 0+433.00，2014 年 11 月 30 日）。当前垂直位移变化较为平稳，处于正常安全状态。

7.4.3　坝基倾斜

坝基倾斜量主要受上游库水位波动影响，上游库水位上升，坝基向下游倾斜量增加，上游库水位下降，坝基向下游倾斜量减小。温度的影响次之，在水位较为平缓的时段，倾斜量随温度变化有小幅波动。坝基倾斜量变化符合一般规律。

7.4.4　主坝接缝

1. 坝体横缝

坝体表面横缝基本处于张开状态，坝体表面横缝开合度大于坝体中部横缝，主河床坝段横缝开合度相对显著。温度变化是影响测缝计开度变化的主要因素。温度上升，各坝段间横缝开合度减小。主河床个别坝段横缝开合度变化与上游库水位变化相关性较强。截至 2015 年 10 月 26 日，坝体横缝最大开合度为 4.73mm，测点位于 $32^\#\sim33^\#$ 泄水坝段高程 668.00m 上游侧，位于泄水底孔附近；横缝最小开合度为 -0.07mm，测点位于 $38^\#\sim39^\#$ 右岸岸坡坝段高程 668.00m 上游侧。坝体横缝开合度在合理范围内，变化趋势符合一般规律。

2. 基岩面接缝

主河床坝段基岩裂缝计开合度较小，坝体浇筑和上游库水位变化对接缝开合度影响不明显；左、右岸岸坡坝段基岩面裂缝计开合度变化受灌浆及蓄水影响显著。蓄水后，坝基上游接缝开合度变化与上游库水位存在较强相关性。截至 2015 年 10 月 26 日，坝体基岩裂缝计开合度最大为 2.39mm，测点位于 $18^\#$ 左岸岸坡坝段（坝左 0+354）高程 698.00m 上游侧；基岩裂缝计最小开合度为 -0.60mm，测点位于 $57^\#$ 右岸阶地坝段（坝左 1+030.00）高程 707.00m 坝踵位置。建基面裂缝计开合度分布及变化规律均符合一般规律，处于正常安全状态。

第8章 碾压混凝土坝渗流渗压监测资料分析

8.1 监测仪器布置情况

为了解大坝渗流状态,从坝基扬压力、坝基渗压、帷幕阻渗、坝体渗压、大坝和坝基渗流量、绕坝渗流六个方面进行分析。其中,坝基扬压力主要分析大坝上游纵向灌浆廊道扬压力、大坝下游纵向灌浆廊道扬压力、大坝横向排水及交通廊道扬压力;坝基渗压主要分析35#坝段、37#坝段、13#、14#拐点坝段坝基渗压;帷幕主要分析帷幕前、后渗压;坝体渗压主要分析29#、35#、57#坝段不同高程坝体渗压及越冬层坝体渗压;大坝和坝基渗流量主要分析灌浆廊道排水沟汇水量;绕坝渗流主要分析坝后绕坝渗流水位与上游库水位关系。

大坝渗流监测共布置监测仪器193支,各监测仪器安装统计见表8.1。

表8.1　　　　　　　　　　大坝渗流监测仪器安装统计表

序号	监测项目	设备布置部位	设备布置坝段	监测设备数量	监测设备设计编号	日期
1	坝基扬压力	大坝上游纵向灌浆廊道	11#、13#、14#、16#; 18#~25#; 26#~37#; 38#~44#; 45#~83#	47	P11-1~P16-4; P18-5~P25-12; P26-13~P37-24; P38-25~P44-30; P45-31~P77-47	2009年9月—2015年10月
		大坝下游纵向灌浆廊道	25#~38#	14	P25-48~P38-61	2009年9月—2015年10月
		大坝横向排水及交通廊道	25#、28#、31#、33#、38#、41#、58#、64#	22	P25-62~P64-83	2009年9月—2015年10月
		小计		83		
2	坝基渗压	大坝坝基	35#	9	P3-1~P3-9	2007年9月—2015年10月
			37#	4	P37-1~P37-4	2007年9月—2015年10月
			13#、14#	6	P0-1~P0-6	2008年9月—2015年10月
		小计		19		
3	帷幕阻渗	帷幕前后	25#、29#、35#、37#、57#	10	PJ1~PJ10	2007年9月—2015年10月
		小计		10		

序号	监测项目	设备布置部位	设备布置坝段	监测设备数量	监测设备设计编号	日期
4	坝体渗压	坝体	29#	18	P2-1~P2-18	2007年9月—2015年10月
			35#	9	P3-10~P3-18	2008年9月—2015年10月
			57#	8	P4-1~P4-8	2008年9月—2015年10月
		越冬层坝体	29#	8	PB2-1~PB2-8	2008年9月—2015年10月
			35#	8	PB4-1~PB4-8	2008年9月—2015年10月
			57#	2	PB5-1~PB5-2	2008年9月—2015年10月
		小计		53		
5	大坝和坝基渗流量	灌浆廊道、排水廊道	22#、25#、28#~32#、34#、39#、58#、64#	22	WE1~WE22	2015年11月—2016年3月
		小计		22		
6	绕坝渗流	坝肩	两坝肩下游	6	PR1~PR6	2015年11月—2016年3月
		小计		6		
合计				193		

8.2 渗流监测资料分析

8.2.1 水位变化

本工程于 2008 年 9 月导流洞下闸首次蓄水，2013 年 8 月 6 日首次蓄至正常蓄水位 739.50m。在蓄水至正常蓄水位过程中，2009 年上游库水位从 668.00m 抬升至 688.00m，2010 年上游库水位又抬升至 722.80m 且当年水位变幅最大（变幅达 42.6m），2011—2012 年上游库水位基本维持在 706.48~725.35m 且变化不大（在 10.81~14.25m 之间），2013 年 8 月上游库水位抬升至正常蓄水位，2013 年 9 月后上游库水位总体在 729.00m 以上运行。上游库水位运行过程线见图 8.1，上游库水位历年特征值见表 8.2。

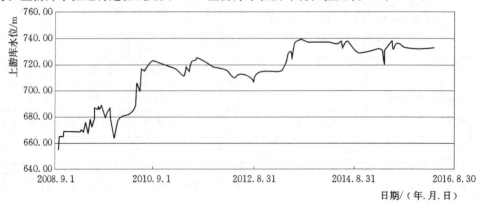

图 8.1 上游库水位过程线

表 8.2		上游库水位特征值统计表			单位：m
年份	最高水位/m	出现日期/ （年．月．日）	最低水位/m	出现日期/ （年．月．日）	变幅
2009	688.70	2015.8.11	664.10	2015.11.15	24.6
2010	722.80	2010.8.28	680.20	2010.1.1	42.6
2011	725.40	2011.7.9	711.10	2011.4.12	14.3
2012	717.30	2012.1.1	706.50	2012.8.29	10.8
2013	739.50	2013.8.6	714.00	2013.2.5	25.5
2014	738.40	2014.7.9	729.00	2014.9.30	9.4
2015	738.30	2015.6.2	720.50	2015.4.5	17.8

8.2.2　坝基扬压力分析

1. 坝基扬压力纵向分布分析

扬压力是在上、下游净水头作用下形成的渗流场产生的，其减小了重力坝作用在地基上的有效压力，从而降低了大坝的抗滑力，但其变化主要受库水位波动影响。为判断坝基扬压力是否过大对大坝产生不利影响，通常采用计算坝基扬压力折减系数的方法进行判断。为全过程分析扬压力变化情况，判断其是否满足设计控制值要求，选取最高库水位、当前库水位两种工况分别计算坝基扬压力折减系数。计算方法采用《混凝土坝安全监测资料整编规程》（DL/T 5209—2005）中扬压力折减系数计算公式：

下游水位高于基岩高程时　　　$a_i = \dfrac{H_i - H_2}{H_1 - H_2}$　　　　　　　　　　　　（8.1）

下游水位低于基岩高程时　　　$a_i = \dfrac{H_i - H_4}{H_1 - H_4}$　　　　　　　　　　　　（8.2）

式中　a_i——第 i 测点扬压力折减系数；

　　　H_1——上游水位，m；

　　　H_2——下游水位，m；

　　　H_i——第 i 测点实测水位，m；

　　　H_4——测点处基岩高程，m。

工况 1：2013 年 8 月 6 日，上游库水位为 739.50m，尾水位为 643.40m（以下同）；工况 2：2016 年 3 月 27 日（当前），上游库水位为 732.60m，尾水位为 642.10m（以下同）。对于部分已损坏测点或最高库水位时无数据测点或当前日期无测值测点，为提高统计表完整性，工况 1 为测点未损坏时最高库水位及对应尾水位或完好测点的次高库水位及对应尾水位，工况 2 为数据库中最近一次测值对应的上游库水位及尾水位。坝基扬压力折减系数计算统计见表 8.3、表 8.4。

表 8.3   大坝上游纵向灌浆廊道坝基扬压力折减系数统计表

坝段编号	测点编号	基岩高程/m	工况1 坝基扬压力折减系数	工况2 坝基扬压力折减系数	扬压力折减系数设计警戒值	工况1 扬压力测值/m	工况2 扬压力测值/m
11#	P11-1	715.10	0.55	0.45	0.35	728.42	726.13
13#	P13-2	716.01	0.29	0.27	0.35	722.38	722.39
14#	P14-3	716.17	0.12	0.13	0.35	718.90	719.09
16#	P16-4	711.95	0.20	0.15	0.35	717.54	716.14
18#	P18-5	693.08	0.02	0.07	0.35	694.18	696.19
19#	P19-6	680.11	0.18	0.05	0.35	690.68	683.22
20#	P20-7	673.88	0.16	0.05	0.35	684.70	682.19
21#	P21-8	672.87	0.07	0.07	0.35	677.82	677.77
22#	P22-9	669.47	0.09	0.08	0.35	675.44	675.41
23#	P23-10	661.31	0.25	0.28	0.35	681.10	683.15
24#	P24-11	653.60	0.10	0.11	0.35	662.15	663.11
25#	P25-12	645.67	0.06	0.06	0.35	651.34	651.67
26#	P26-13	635.64	0.12	-0.01	0.2	655.41	642.85
27#	P27-14	626.26	0.13	-0.11	0.2	655.94	633.06
28#	P28-15	625.40	0.17	-0.14	0.2	657.67	629.66
29#	P29-16	625.51	0.08	-0.16	0.2	650.77	628.29
30#	P30-17	623.91	0.69	-0.13	0.2	710.03	630.92
31#	P31-18	623.91	-0.03	-0.07	0.2	640.58	637.00
32#	P32-19	623.38	-0.06	-0.08	0.2	638.15	635.24
33#	P33-20	623.72	-0.02	-0.03	0.2	641.55	640.81
34#	P34-21	626.13	-0.09	-0.09	0.2	635.11	634.45
35#	P35-22	626.03	-0.10	-0.10	0.2	633.57	633.57
36#	P36-23	626.20	-0.03	-0.04	0.2	640.27	639.61
37#	P37-24	627.45	0.03	0.04	0.2	646.48	647.02
38#	P38-25	633.57	0.20	0.22	0.35	662.14	664.86
39#	P39-26	650.49	0.14	0.12	0.35	662.74	661.18
40#	P40-27	663.97	0.15	0.15	0.35	675.29	675.13
41#	P41-28	667.06	0.10	0.10	0.35	674.46	674.06
42#	P42-29	670.54	0.18	0.13	0.35	683.23	679.28
44#	P43-30	676.37	0.09	0.09	0.35	682.35	682.19
45#	P45-31	686.1	0.10	0.11	0.35	691.25	691.92
47#	P47-32	691.62	0.16	0.14	0.35	699.09	698.38
49#	P49-33	693.97	0.20	0.15	0.35	703.02	700.95
51#	P51-34	685.19	0.38	0.28	0.35	705.57	700.47

续表

坝段编号	测点编号	基岩高程/m	工况1坝基扬压力折减系数	工况2坝基扬压力折减系数	扬压力折减系数设计警戒值	工况1扬压力测值/m	工况2扬压力测值/m
53#	P53-35	690.23	0.25	0.36	0.35	702.74	707.88
55#	P55-36	682.42	0.36	0.30	0.35	702.76	699.63
57#	P57-37	681.2	0.27	0.25	0.35	697.18	696.00
59#	P59-38	681.24	0.34	0.27	0.35	701.23	697.06
61#	P61-39	678.57	0.29	0.29	0.35	696.15	696.08
63#	P63-40	690.06	0.28	0.33	0.35	703.84	706.14
65#	P65-41	694.21	0.16	0.17	0.35	701.58	702.09
67#	P67-42	697.8	0.18	0.17	0.35	705.41	705.02
69#	P69-43	701.13	0.15	0.11	0.35	706.89	705.40
71#	P71-44	704.65	0.02	0.02	0.35	705.52	705.50
73#	P73-45	708.92	0.22	0.10	0.35	715.68	712.13
75#	P75-46	712.09	0.19	0.23	0.35	717.17	718.27
77#	P77-47	713.89	0.15	0.10	0.35	717.72	716.57

表8.4　　　　大坝下游纵向灌浆廊道坝基扬压力折减系数统计表

坝段编号	测点编号	基岩高程/m	工况1坝基扬压力折减系数	工况2坝基扬压力折减系数	扬压力折减系数设计警戒值	工况1扬压力测值/m	工况2扬压力测值/m
25#	P25-48	645.94	0.01	0.01	0.5	646.43	647.06
26#	P26-49	631.57	−0.08	−0.11	0.5	636.11	633.15
27#	P27-50	625.96	−0.11	−0.11	0.5	632.9	632.56
28#	P28-51	625.93	0.18	0.10	0.5	660.71	652.85
29#	P29-52	625.76	−0.13	−0.14	0.5	631.35	629.65
30#	P30-53	624.28	−0.06	−0.14	0.5	637.17	629.52
31#	P31-54	623.57	−0.11	−0.15	0.5	632.97	628.94
32#	P32-55	624.01	−0.02	−0.10	0.5	641.47	633.34
33#	P33-56	625.1	−0.09	−0.08	0.5	635.05	635.5
34#	P34-57	627.36	−0.11	−0.10	0.5	632.91	633.31
35#	P35-58	627.97	−0.09	−0.10	0.5	634.51	634.21
36#	P36-59	628.04	−0.11	−0.10	0.5	633.08	633.49
37#	P37-60	631.13	−0.02	−0.02	0.5	641.82	641.58
38#	P38-61	633.68	0.08	0.07	0.5	650.62	650.39

　　从大坝坝基扬压力折减系数统计表及坝基扬压力折减系数分布见图8.2、图8.3。最高库水位时，大坝上游纵向灌浆廊道30#坝段坝基扬压力折减系数较大

且超过设计警戒值，11#坝段坝基扬压力折减系数高于设计警戒值，大坝下游纵向灌浆廊道坝基扬压力折减系数正常且小于设计警戒值；当前库水位时，大坝上游纵向灌浆廊道左岸11#坝段坝基扬压力折减系数高于设计警戒值，大坝下游纵向灌浆廊道坝基扬压力折减系数正常且小于设计警戒值。

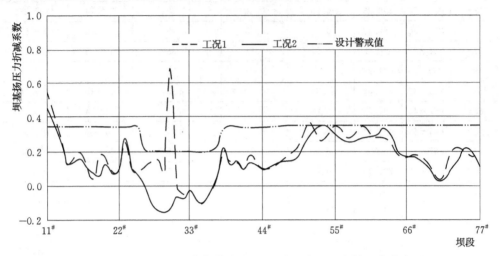

图 8.2　大坝上游纵向灌浆廊道不同工况坝基扬压力折减系数分布图

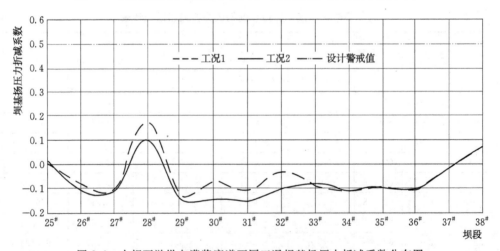

图 8.3　大坝下游纵向灌浆廊道不同工况坝基扬压力折减系数分布图

　　进一步分析发现，11#坝段坝基扬压力折减系数最高库水位时为 0.55、当前库水位时为 0.45，均高于设计警戒值。如图 8.4 所示，从扬压力折算水位过程线来看，大坝运行初期该坝段坝基扬压力变化主要受地下水影响（扬压力水位高于库水位），进入 2013 年 8 月后该坝段坝基扬压力水位增加约 8m，后续基本在高程728.00m 波动，未随库水位的波动而产生较大幅度的变化，推测该坝段坝基裂隙可能在高水头作用下被细小物质充填，测压管内扬压力水位后续将小幅波动，扬压力折减系数可能不会继续增大但需关注该坝段坝基扬压力变化情况。30#坝段坝基扬压力折减系数在 2013 年 8 月 6 日最高库水位时为 0.69，高于设计警戒值，运行单位于 2014 年 12 月—2015 年 1 月进行了坝基排水孔钻孔施工以降低坝基扬压力，监测数据显示该坝段钻孔降压处理效果明显，见图 8.5，目前该坝段坝基扬压力折减系数正常且小于设计警戒值。不同工况下，51#、53#、55# 坝段坝基扬压力折减系数在 0.25～0.38 之间，略高于设计警戒值，大坝运行多年后坝基扬压力已基本处于稳定状态，见图 8.6，正常监测扬压力测值即可。值得说明的是，不同工况下坝基扬压力折减系数存在负数，出现该情况主要为该坝段基岩高程低于下游水位且当前扬压力水位小于下游水位所致，该情况下坝基扬压力正常。

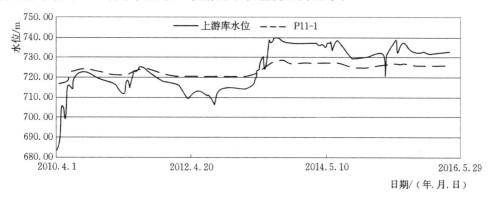

图 8.4　11# 坝段坝基扬压力水位过程线

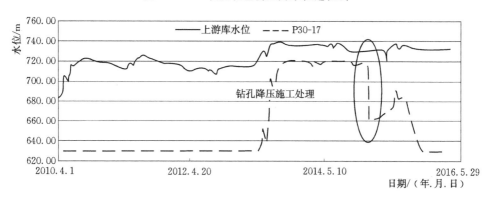

图 8.5　30# 坝段坝基扬压力水位过程线

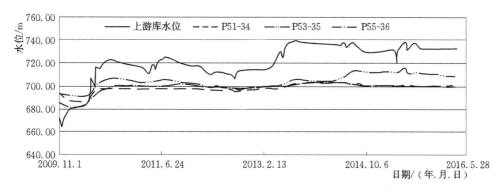

图 8.6　51#、53#、55# 坝段坝基扬压力水位过程线

2. 坝基扬压力横向分布分析

大坝除纵向灌浆廊道布置有测压管外，还在 25#、28#、31#、33#、38#、41#、58#、64# 坝段横向排水廊道布置有测压管监测坝基扬压力横向分布。为便于全过程分析扬压力分布状态并利于数据比对，选取最高库水位、当前库水位（选取工况日期同坝基扬压力纵向分布分析时工况日期）时扬压力测值分别绘制不同坝段扬压力折算水头分布示意图。

由于无设计扬压力警戒值，为便于评价扬压力折算水头大小，按照《混凝土重力坝设计规范》（SL 319—2005）中扬压力计算方法，采用上游最高库水位739.50m，下游水位643.40m，设计坝基扬压力折减系数见表 8.3、表 8.4，设计残余扬压力系数 0.5 等参数，计算扬压力折算水头控制值，并将扬压力控制线绘制在扬压力折算水头分布示意图中。

坝基扬压力折算水头分布示意图显示，监测坝段中 25#、58#、64# 坝段坝基扬压力折算水头低于控制值，见图 8.7、图 8.13、图 8.14；31#、33#、41# 坝段坝基扬压力折算水头在最高库水位工况时高于控制值，见图 8.9、图 8.10、图 8.12；28#、38# 坝段坝基扬压力折算水头最高水位工况时、当前水位工况时均高于控制值，见图 8.8、图 8.11。

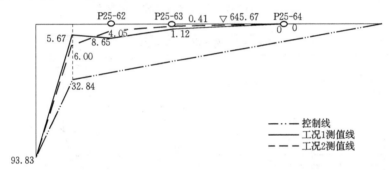

图 8.7　25# 坝段坝基扬压力折算水头分布示意图

[图中数字（高程除外）表示水头；扬压力折减系数 $\alpha = 0.35$；单位：m]

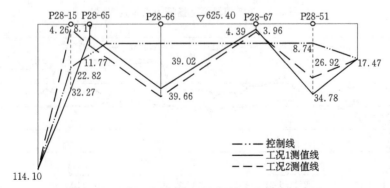

图 8.8　28# 坝段坝基扬压力折算水头分布示意图

[图中数字（高程除外）表示水头；扬压力折减系数 $\alpha_1 = 0.2$，

残余扬压力系数 $\alpha_2 = 0.5$；单位：m]

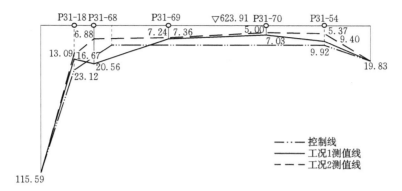

图 8.9　31# 坝段坝基扬压力折算水头分布示意图

［图中数字（高程除外）表示水头；扬压力折减系数 $\alpha_1=0.2$，

残余扬压力系数 $\alpha_2=0.5$；单位：m］

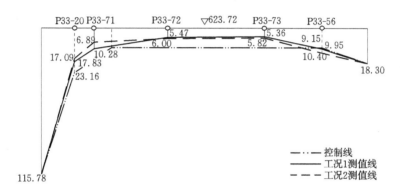

图 8.10　33# 坝段坝基扬压力折算水头分布示意图

［图中数字（高程除外）表示水头；扬压力折减系数 $\alpha_1=0.2$，

残余扬压力系数 $\alpha_2=0.5$；单位：m］

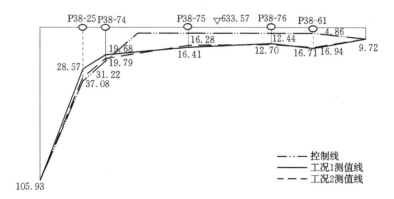

图 8.11　38# 坝段坝基扬压力折算水头分布示意图

［图中数字（高程除外）表示水头；扬压力折减系数 $\alpha_1=0.35$，

扬压力折减系数 $\alpha_2=0.5$；单位：m］

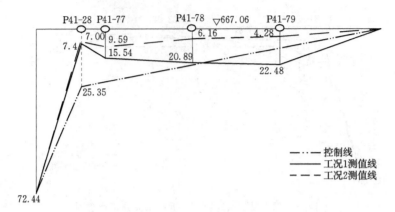

图 8.12　41#坝段坝基扬压力折算水头分布示意图

[图中数字（高程除外）表示水头；

扬压力折减系数 $\alpha=0.35$；单位：m]

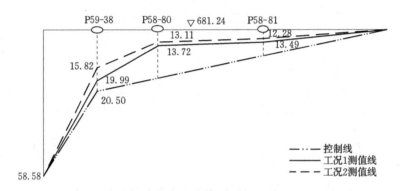

图 8.13　58#坝段坝基扬压力折算水头分布示意图

[图中数字（高程除外）表示水头；

扬压力折减系数 $\alpha=0.35$；单位：m]

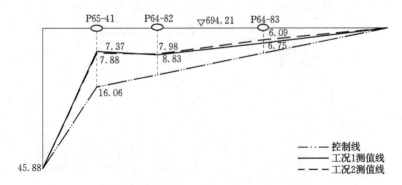

图 8.14　64#坝段坝基扬压力折算水头分布示意图

[图中数字（高程除外）表示水头；

扬压力折减系数 $\alpha=0.35$；单位：m]

　　根据不同工况下扬压力折算水头与控制线对比情况，重点分析 28#、38# 坝段扬压力分布情况，其余监测坝段仅最高库水位时存在部分测点扬压力超控制值，当前库水位时扬压力均小于控制值。28# 坝段在 2013 年 4 月初坝基扬压力随上游库水位抬升增加，建设单位于 2015 年初对坝基采取了钻孔降压施工措施，但扬压力降低有限（图 8.15）。2015 年 9 月后除靠近坝踵处 P28-15 测点坝基扬压力突降（最大降幅达 30m 水头）外，靠近坝中部、坝趾处坝基扬压力仍较大且超控制值，需重点关注。38# 坝段坝基扬压力与上游库水位关联性较弱（图 8.16），且 2015 年初进行钻孔降压施工未对该部位扬压力产生明显影响，由此可推测该坝段测压管可能安装在岩石较为完整部位（该坝段 2011 年11 月—2012 年 10 月监测数据异常，本次分析时进行了剔除处理）。41# 坝段坝基高于尾水位，该坝段坝基扬压力变化总体受上游库水位升降影响（图 8.17），进入 2013 年 6 月后，坝基扬压力呈现出随季节波动规律（图 8.18），可推测目前该坝段坝基扬压力受上游库水位、地下水共同影响。

　　监测成果显示，大坝挡水后坝基扬压力变化主要受上游库水影响。坝基扬压力纵向分布方面，坝基扬压力折减系数总体满足设计警戒值要求，11#、30#、51#、53#、55#坝段上游纵向灌浆排水廊道坝基扬压力折减系数在最高水位或当前水位时（工况 2）高于设计警戒值。其中，11# 坝段基础裂隙可能被细小物质填充，后续扬压力可能与库水位关联性较弱；30# 坝段钻孔降压处理后，坝基扬压力折减系数已降低并小于设计警戒值；51#、53#、55# 坝段坝基扬压力折减系数虽略高于设计警戒值但扬压力已基本处于稳定状态。坝基扬压力横向分布方面：除 25#、58#、64# 坝段外，其余监测坝段在最高库水位或当前水位时扬压力出现了一定程度超控制值情况。其中，31#、33#、41# 在最高库水位时坝基扬压力略超控制值，当前扬压力小于控制值；38# 坝段扬压力测压管自安装至今测值较为稳定，且进行钻孔降压处理后未见明显降低，该坝段扬压力可能受测压管钻孔位置岩石较为完整影响；28# 坝段扬压力在大坝运行过程中随库水位抬升增加且钻孔降压处理后未见明显降低，需重点关注。

　　综上所述，大坝坝基扬压力折减系数总体满足设计警戒值要求，但坝基扬压力折减系数或扬压力超设计警戒值或控制值的坝段在后续运行中需继续关注，其中 28# 坝段需重点关注。

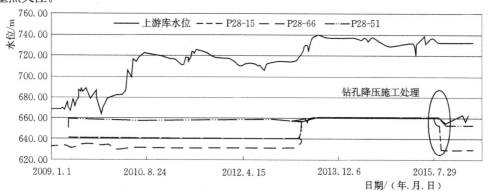

图 8.15　28# 坝段典型测点坝基扬压力水位过程线

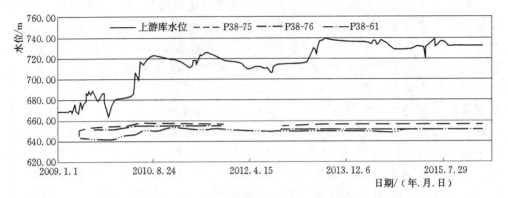

图 8.16　38#坝段典型测点扬压力水位过程线

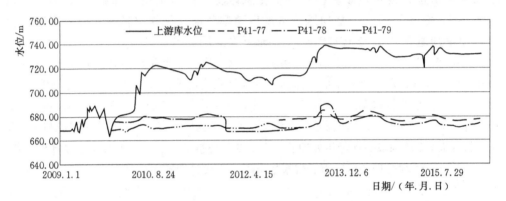

图 8.17　41#坝段典型测点扬压力水位过程线（一）

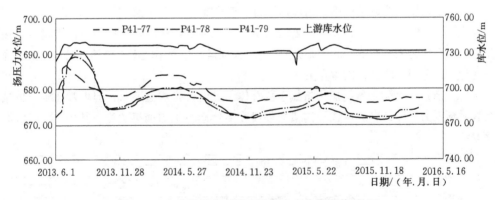

图 8.18　41#坝段典型测点扬压力水位过程线（二）

8.2.3　坝基渗压分析

为监测坝基渗压状况，在大坝 35#、37#、13#/14# 拐点坝段坝基分别布置了 9 支、4 支和 6 支渗压计。为便于判断坝基渗压状态，在无设计警戒值情形下，与坝基扬压力横向分布控制值计算方法、选取工况相同，计算坝基渗压折算水头控制值并绘制坝基渗压分布示意图。

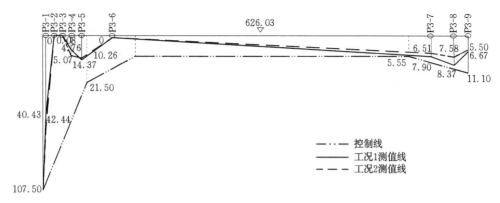

图 8.19 35# 坝段坝基渗压折算水头分布示意图

[图中数字（高程除外）表示水头；扬压力折减系数 $\alpha_1=0.2$，
残余扬压力系数 $\alpha_2=0.5$；单位：m]

35# 坝段坝基渗压折算水头分布示意图显示，不同工况下坝基渗压小于控制值，坝基渗压正常，其中靠近上游侧 P3-5 测点扬压力水位略高，但其值目前已基本处于稳定状态（图 8.20）。37# 坝段坝基渗压变化较为平稳（图 8.21）且与库水位关联性较弱。13#/14# 拐点坝段大坝运行初期坝基渗压主要受地下水影响，随上游库水位抬高，坝基渗压显示出与上游库水位具有较强关联性（图 8.22），其中应重点关注P0-1、P0-2测点坝基渗压水位基本与上游库水位相同。

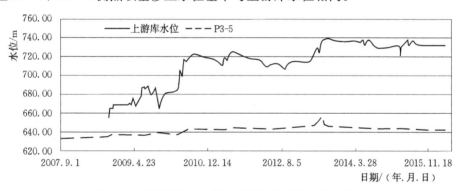

图 8.20 35# 坝段典型测点坝基渗压折算水位过程线

图 8.21 37# 坝段典型测点坝基渗压折算水位过程线

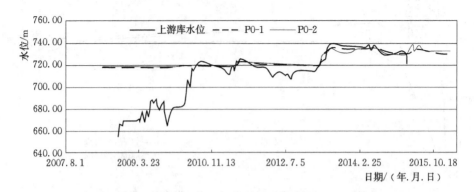

图 8.22 拐点坝段典型测点坝基渗压折算水位过程线

综上所述，大坝坝基渗压总体正常，但 13#/14# 拐点坝段坝基渗压偏高（P0-1、P0-2 测点），需重点关注。

8.2.4 帷幕阻渗分析

为检测主帷幕阻水效果，在大坝 25#、29#、35#、37# 和 57# 坝段上游帷幕前、后各埋设 1 支渗压计（Pj1～Pj10，奇数设计编号布置在上游侧，偶数设计编号布置在下游侧）。为利于分析帷幕阻水效果，将最高库水位、当前库水位（工况 2）两种工况下帷幕前、帷幕后坝基渗压折算水位绘制在同一张图中，见图 8.23、图 8.24。

不同工况下主帷幕前、后坝基渗压分布图显示（图 8.23、图 8.24），帷幕前、后坝基渗压有一定区别，帷幕发挥了延长渗径、阻水效果。从帷幕前、后坝坝基渗压折算水位过程线可见，帷幕前坝基渗压变化上游库水位变幅关联性较强（图 8.25），受帷幕阻水影响，帷幕后坝基渗压变化与上游库水位变幅关联性较弱（图 8.26）。综述，帷幕对延长渗径、减小坝基渗流发挥了积极作用，帷幕前、后坝基渗压符合一般工程规律。

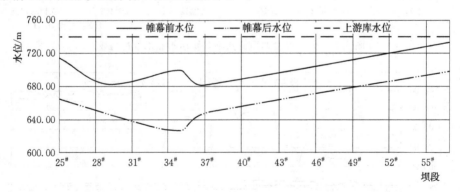

图 8.23 最高库水位时主帷幕前、后坝基渗压折算水位分布图

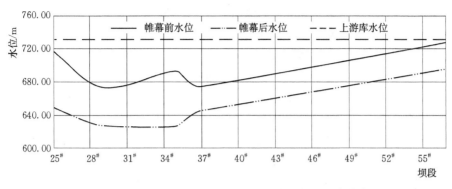

图 8.24 当前水位时主帷幕前、后坝基渗压折算水位分布图

图 8.25 帷幕前坝基渗压折算水位过程线

图 8.26 帷幕后坝基渗压折算水位过程线

8.2.5 坝体渗压分析

为监测大坝挡水后碾压混凝土是否存在层间渗漏，在大坝挡水坝段、溢流坝段、右岸台地坝段不同高程共布置 35 支渗压计，其中 29# 坝段布置 18 支渗压计，35# 坝段布置 9 支渗压计，57# 坝段布置 8 支渗压计。

1. 坝体渗压

29# 坝段监测数据显示坝体渗压总体较小，当前除高程 634.00m 下游侧坝体外，不同高程坝体渗压在 0.58m 水头以内（P2 - 8 5.73m 水头，P2 - 9 4.68m 水头），高程 660.00m、高程 698.00m 坝体为无水压状态。最高库水位时 29# 坝段坝体渗压等势线见图 8.27，典型测点坝体渗压过程线见图 8.28~图 8.30。

35# 坝段监测数据显示坝体呈微小渗压状态，当前坝体渗压总体在 3.73m 水头以内（P3-11，6.30m 水头），高程 658.00m 坝体渗压在 0.15~6.30m 水头之间，总体呈从上游向下游递减分布，高程 692.00m 坝体渗压在 1.08~1.40m 水头之间，坝体渗压虽呈从上游向下游递减分布但同一高程分布测点坝体渗压较为接近，该高程可能存在层间渗漏，需重点关注。典型测点坝体渗压过程线见图 8.31、图 8.32。

57# 坝段监测数据显示坝体渗压主要集中在高程 686.10m，当前坝体渗压在 35.16~45.01m 水头之间，高程 707.00m 坝体渗压微小。高程 686.10m 坝体渗压随上游库水位抬升增加，上游库水位达到正常蓄水位后坝体渗压亦达最大值，2014 年下半年该高层靠近下游侧渗压与上游库水位基本相同，该处可能存在层间结合薄软环节（图 8.33）；高程 707.00m 坝体渗压与上游库水位关联性相对较小，仅上游侧坝体渗压在 2010 年 12 月—2012 年 12 月出现升高又逐步回落的变化过程，目前该高层坝体渗压基本回落至蓄水初期测值水平（图 8.34）。

在上游库水位较大幅度抬升过程中，监测坝段不同高程坝体渗压均出现了滞后于上游库水位的增大、波动、消散变化，在上游存在水压情况下坝体渗压消散变化，可能是混凝土细小裂缝被库水中细小颗粒填充或坝内渗压通过其他通道消散所致，因此须加强坝内廊道、坝后坡面人工巡视检查，查看是否有渗流出漏点。

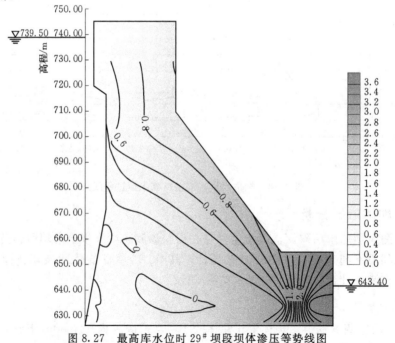

图 8.27　最高库水位时 29# 坝段坝体渗压等势线图

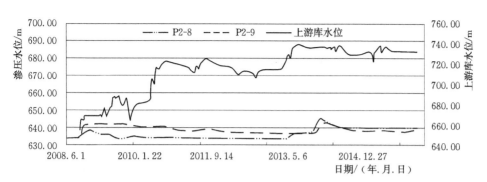

图 8.28　29#坝段高程 634.00m 坝体渗压时间过程线

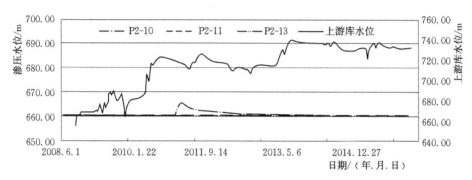

图 8.29　29#坝段高程 660.00m 坝体渗压时间过程线

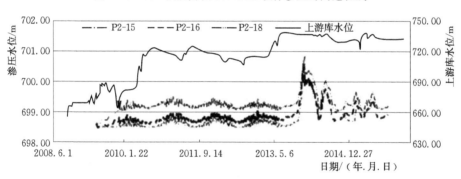

图 8.30　29#坝段高程 698.00m 坝体渗压时间过程线

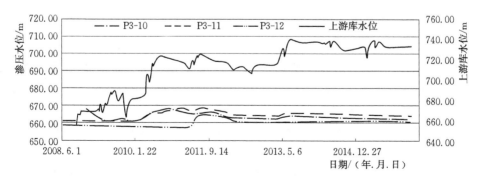

图 8.31　35#坝段高程 658.00m 坝体渗压时间过程线

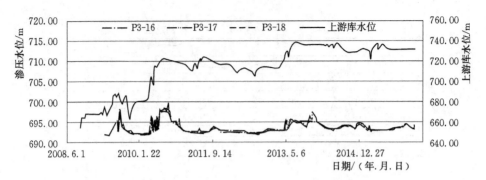

图 8.32　35# 坝段高程 692.00m 坝体渗压时间过程线

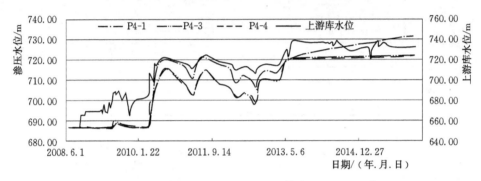

图 8.33　57# 坝段高程 686.10m 坝体渗压时间过程线

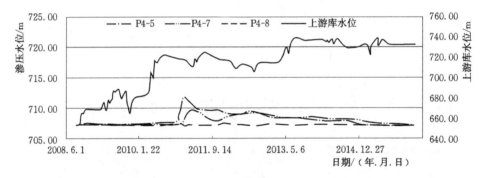

图 8.34　57# 坝段高程 707.00m 坝体渗压时间过程线

2. 越冬层坝体渗压

大坝坐落于高寒区，气候寒冷，坝体浇筑需跨冬季施工，为监测大坝挡水后施工越冬面是否发生层间渗漏，在 29#、35#、57# 施工越冬面新旧混凝土结合面处布置 18 支渗压计。其中：2007 年越冬时，在 29#、35# 大坝高程 645.00m、高程 641.00m 分别布置 4 支渗压计；2008 年越冬时，在 29#、35#、57# 大坝高程 696.00m、高程 690.00m、高程 728.50m 分别布置 4 支、4 支和 2 支渗压计。

29# 坝段监测数据显示，当前坝体渗压除高程 645.00m 上游侧为 15.58m 水头外，其余部位在 4.22m 水头以内。从坝体渗压过程线可见，大坝高程

645.00m 上游坝面、上游侧坝体渗压在 2008 年蓄水初期随上游库水位抬升有所增加，后随上游库水位抬升仅 PB2-1、PB2-4 测点有波动，其余测点总体无渗压（图 8.35）；大坝高程 696.00m 坝体渗压在上游库水位抬升过程中总体变化较小，但靠近上游坝面 PB2-5 测点在 2014 年初、2015 年初、2016 年初出现渗压突增后又缓慢下降变化规律（图 8.36），该部位渗压呈现的冬季突增、夏季消散变化规律可能为附近混凝土存在裂纹所致。

35# 坝段监测数据显示，当前坝体处于有渗压状态，其中高程 641.00m 坝体渗压在 4.34～7.69m 水头之间，高程 691.00m 坝体渗压在 0.07～1.88m 水头之间。高程 641.00m 坝体 PB4-2、PB4-4 测点在大坝运行过程中随上游库水位增加有较小波动，见图 8.37。高程 691.00m 坝体渗压在 2013 年 3 月上游库水位再次抬升后增加，见图 8.38。目前坝体渗压变化主要受上游库水位影响。

57# 坝段监测数据显示，当前靠近上游侧坝体渗压为 3.77m 水头，靠近下游侧坝体无水压。坝体渗压在 2013 年上游库水位抬升前基本呈无水状态，2013 年 3 月上游库水位再次抬升后，靠近上游侧坝体渗压随上游库水位变化而增加且存在关联性，靠近下游侧坝体仍为无渗压状态（图 8.39）。

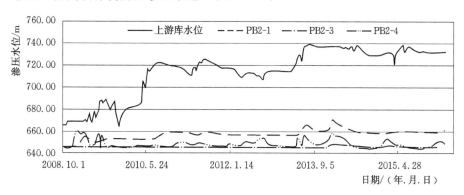

图 8.35　29# 坝段高程 645.00m（越冬层）坝体渗压时间过程线

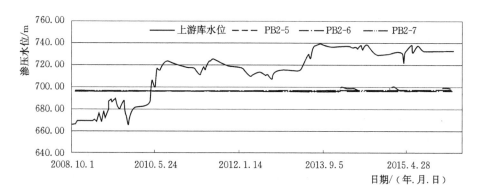

图 8.36　29# 坝段高程 696.00m（越冬层）坝体渗压时间过程线

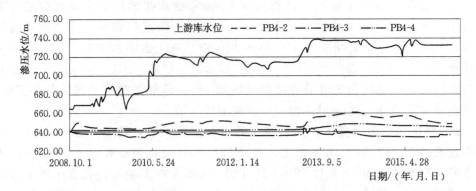

图 8.37　35#坝段高程 641.00m（越冬层）坝体渗压时间过程线

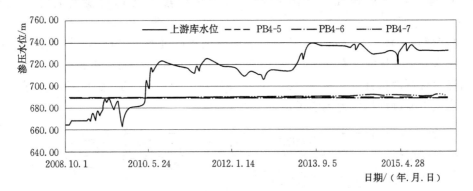

图 8.38　35#坝段高程 691.00m（越冬层）坝体渗压时间过程线

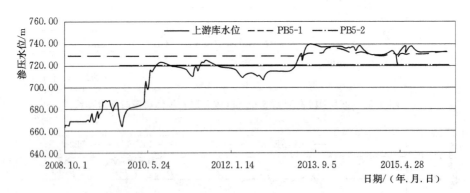

图 8.39　57#坝段高程 728.50m（越冬层）坝体渗压时间过程线

综上所述，监测坝段除 57#坝段外，坝体渗压总体较小，渗压变化主要受上游库水位影响。57#坝段高程 686.10m 坝体渗压、高程 728.50m 越冬层坝体渗压 2014年下半年后与上游库水位基本相同，可能存在层间结合薄软环节，需重点关注。35#坝段高程 691.00m 靠近下游侧坝体虽渗压不大但沿上下游分布渗压测值较为接近，需引起关注。

8.2.6　大坝和坝基渗漏量分析

为监测坝基和坝体渗漏情况，在大坝左岸台地坝段、主河床坝段和右岸台地坝段分别布置有量水堰。其中，主河床坝段基础设有两个集水井，渗水由各纵、横向基础廊道汇集到集水井内，在集水井左右排水沟内分段布置量水堰；左、右岸台地坝段渗水分别由左、右岸交通廊道排至坝外。

根据量水堰布置及现场改造情况，目前量水堰 WE20 所测流量单独排出坝体；量水堰 WE18、WE19、WE22 所测流量实行"高水高排"，通过管道直接排出坝体；量水堰 WE13，WE5、WE6、WE12、WE9、WE21 分别测量排水沟内汇入不同集水井流量。故目前（2016 年 6 月 29 日）大坝总渗流量由量水堰 WE20、WE18、WE19、WE22、WE13、WE5、WE6、WE12、WE9、WE21 所测流量组成。

大坝总渗漏量时间过程线见图 8.40，总渗漏量增减变化总体受库水位升降影响，2016 年 7 月后，总渗漏量呈减少变化趋势，当前大坝总渗漏量为 1238.2L/min（2016 年 8 月 23 日，约为 1783m³/d）。

图 8.40　大坝总渗漏量过程线

8.2.7　绕坝渗流

2011 年 5 月，在主坝左、右岸分别安装 3 套绕坝渗流监测点，2011 年 8 月坝体右岸下游整理，绕坝渗流测点拆除。图 8.41 为绕坝渗流测控布置示意图。绕坝渗流时间过程线见图 8.42、图 8.43。

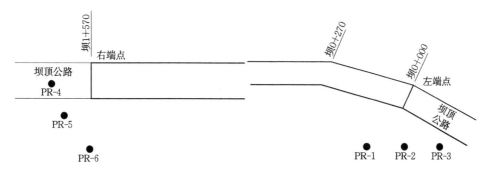

图 8.41　绕坝渗流测孔布置示意图

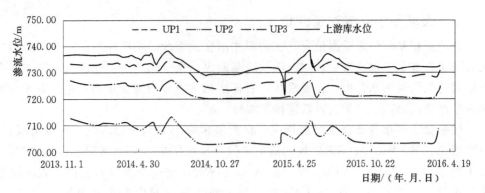

图 8.42 左岸坝后绕坝渗流水位过程线

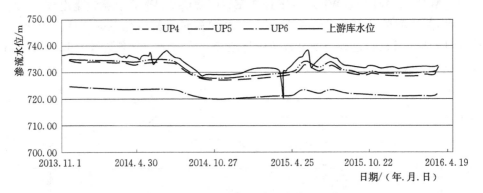

图 8.43 右岸坝后绕坝渗流水位过程线

从绕坝渗流过程线可见，左、右岸绕坝渗流水位变化主要受上游库水位波动影响。

8.3 渗流渗压监测统计模型及其成果分析

8.3.1 建模原理

坝基渗压和扬压力监测水位（H）主要受上游库水位变化的影响，其次是下游水位、温度、降雨、时效等影响。由于本工程所处地区降雨非常稀少，统计模型不考虑降雨的影响因素。因此，在分析时采用的模型为

$$H = H_h + H_T + H_\theta \qquad (8.3)$$

式中　H——坝基扬压力测点水位的拟合值；

H_h——坝基扬压力测点水位的水压分量；

H_T——坝基扬压力测点水位的温度分量；

H_θ——坝基扬压力测点水位的时效分量。

1. 水压分量 H_h

由时空分析可知，上游水位变化对坝基渗压和扬压力监测水位影响较大，且有一定的滞后效应，故考虑选择监测日前一个月内的上下游水位影响。下游水位对坝基渗压和扬压力监测水位影响较小，且下游水位变化较小，因此下游水位取前两日

测值作为因子，即

$$H_h = \sum_{i=1}^{5} \left[a_{1i} \left(H_{ui} - H_{u0i} \right) \right] + \sum_{i=1}^{2} \left[a_{2i} \left(H_{di} - H_{d0i} \right) \right] \tag{8.4}$$

式中　　H_{ui}——监测日当天、监测日前 1d、前 2~4d、前 5~15d、前 16~30d 的平均上游水位（$i =1$，…，5）；

H_{u0i}——初始监测日上述各时段对应的上游水位平均值（$i =1$，…，5）；

H_{di}——监测日当天、监测日前 1d 平均下游水位（$i =1$，2）；

H_{d0i}——初始监测日上述各时段对应的下游水位平均值（$i =1$，2）；

a_{1i}、a_{2i}——水位因子回归系数（$i =1$，…，5）。

2. 温度分量 H_T

基岩裂隙和坝基混凝土孔隙、结合缝的开度等受环境温度影响呈不规则周期性变化，进而影响到坝基渗压随温度呈不规则周期性变化，并存在一定的滞后性，因此选取如下形式的周期项温度因子取代实测的环境温度，统计模型即

$$H_T = \sum_{i=1}^{2} \left[b_{1i} \left(\sin \frac{2\pi it}{365} - \sin \frac{2\pi it_0}{365} \right) + b_{2i} \left(\cos \frac{2\pi it}{365} - \cos \frac{2\pi it_0}{365} \right) \right] \tag{8.5}$$

式中　　t——从监测日至始测日的累计天数；

t_0——建模所取资料序列的第一个测值日至始测日的累计天数；

b_{1i}、b_{2i}——温度因子回归系数（$i =1$，2）。

3. 时效分量 H_θ

时效分量 H_θ 的组成比较复杂，它与库前泥沙淤积、扬压力测点周围的岩性、裂缝分布及产状有密切的联系，时效分量为

$$H_\theta = c_1 (\theta - \theta_0) + c_2 (\ln\theta - \ln\theta_0) \tag{8.6}$$

式中　　c_1、c_2——时效分量回归系数；

θ——监测日至始测日的累计天数 t 除以 100；

θ_0——建模资料序列第一个测值日至始测日的累计天数 t_0 除以 100。

4. 统计模型表达式

综上所述，坝基扬压水位的统计模型为

$$H = H_h + H_T + H_\theta$$
$$= a_0 + \sum_{i=1}^{5} \left[a_{1i} \left(H_{ui} - H_{u0i} \right) \right] + \sum_{i=1}^{2} \left[a_{2i} \left(H_{di} - H_{d0i} \right) \right] +$$
$$\sum_{i=1}^{2} \left[b_{1i} \left(\sin \frac{2\pi it}{365} - \sin \frac{2\pi it_0}{365} \right) + b_{2i} \left(\cos \frac{2\pi it}{365} - \cos \frac{2\pi it_0}{365} \right) \right] +$$
$$c_1 (\theta - \theta_0) + c_2 (\ln\theta - \ln\theta_0) \tag{8.7}$$

式中　　a_0——常数项，其余符号意义同式（8.3）~式（8.6）。

5. 含突变的统计模型

针对部分渗压折算水位的突变（如 P26-13 测值在 2014 年底突然下降，P28-15 测值 2013 年和 2015 年数据缺失，恢复观测后测值发生突变），在时效分量公式中引进单位阶跃函数，即

$$H_\theta = d_1(\theta - \theta_0) + d_2(\ln\theta - \ln\theta_0) + e_1 f(\theta - \theta_1) + e_2 f(\theta - \theta_2) \tag{8.8}$$

式中 $f(x)$ ——单位阶跃函数，$f(x) = \begin{cases} 0 & x < 0 \\ 1 & x \geqslant 0 \end{cases}$；

  θ_1 ——第一次突变发生的时间至起测日的累计天数乘以 0.01；

  θ_2 ——第二次突变发生的时间至起测日的累计天数乘以 0.01。

含阶跃函数的统计模型为

$$H = H_h + H_T + H_\theta$$

$$= a_0 + \sum_{i=1}^{5}\left[a_{1i}(H_{ui} - H_{u0i})\right] + \sum_{i=1}^{2}\left[a_{2i}(H_{di} - H_{d0i})\right] +$$

$$\sum_{i=1}^{2}\left[b_{1i}\left(\sin\frac{2\pi it}{365} - \sin\frac{2\pi it_0}{365}\right) + b_{2i}\left(\cos\frac{2\pi it}{365} - \cos\frac{2\pi it_0}{365}\right)\right] +$$

$$c_1(\theta - \theta_0) + c_2(\ln\theta - \ln\theta_0) + d_1 f(\theta - \theta_1) + d_2 f(\theta - \theta_2) \tag{8.9}$$

8.3.2 坝基渗压回归模型及其成果分析

1. 资料系列

根据坝基渗压监测的具体情况，给出建模资料系列，由于工程完工基本在 2008 年年底，建模资料系列为 2009 年 1 月 1 日—2016 年 5 月 31 日，个别测值前期数据规律性较差或有尖刺型突变，为不影响统计模型精度，已将该类噪值删除，如表 8.5 所示。

表 8.5   坝基渗压建模系列统计表

测点编号	建模时段/（年.月.日）	测点编号	建模时段/（年.月.日）	测点编号	建模时段/（年.月.日）
P0-01	2009.3.3—2016.5.31	P0-02	2009.5.13—2016.5.31	P0-03	2009.4.13—2016.5.31
P0-04	2009.4.13—2016.5.31	P0-05	2009.4.13—2016.5.31	P0-06	2009.4.13—2016.5.31
P3-1	2009.7.11—2016.3.27	P3-2	2010.9.22—2016.3.27	P3-3	2010.5.10—2016.3.27
P3-4	2009.3.2—2016.3.27	P3-5	2009.3.2—2016.3.27	P3-6	2010.9.22—2016.3.27
P3-7	2009.3.2—2016.3.27	P3-8	2009.3.2—2016.3.27	P3-9	2009.3.2—2016.3.27
P37-1	2009.3.12—2016.5.31	P37-2	2009.3.2—2016.3.27	P37-3	2009.6.20—2016.5.31
P37-4	2009.6.20—2016.5.31	PJ1	2009.3.3—2016.5.31	PJ2	2010.10.18—2016.5.31
PJ3	2010.12.11—2016.5.31	PJ4	2009.3.3—2016.5.31	PJ5	2009.3.3—2016.5.31
PJ6	2010.10.17—2016.5.31	PJ7	2009.3.3—2016.5.31	PJ9	2010.1.1—2016.5.31
PJ10	2010.10.23—2016.5.31				

2. 统计模型

采用逐步加权回归分析法，由式（8.9）对上述各测点的对应资料系列建立统计模型。表 8.6 为部分测点的回归系数及相应的模型复相关系数 R、标准差 S，典型测点的实测值、拟合值及残差过程线如图 8.44～图 8.45。

表 8.6 坝基渗压监测统计模型系数、复相关系数以及标准差统计表

系数	P0-01	P0-02	P0-03	P0-04	P0-05	P0-06	P3-1	P3-2	P3-3	P3-4
										测点编号
a_0	6.98E+02	7.00E+02	7.10E+02	7.13E+02	7.13E+02	7.13E+02	6.42E+02	6.32E+02	6.33E+02	6.31E+02
a_{11}	4.24E-01	3.67E-01	1.79E-01	1.62E-01	1.66E-01	1.48E-01	1.87E-01	6.94E-04	9.33E-03	1.54E-02
a_{12}	0.00E+00	0.00E+00	0.00E+00	-4.53E-03	-4.71E-03	-7.26E-01	0.00E+00	0.00E+00	0.00E+00	9.68E-02
a_{13}	0.00E+00	0.00E+00	0.00E+00	0.00E+00	0.00E+00	7.21E-01	0.00E+00	3.25E-05	0.00E+00	-9.81E-02
a_{14}	2.25E-03	2.45E-03	1.17E-03	0.00E+00	0.00E+00	7.02E-04	0.00E+00	-1.00E-05	-1.20E-04	0.00E+00
a_{15}	0.00E+00	0.00E+00	0.00E+00	0.00E+00	0.00E+00	0.00E+00	0.00E+00	-1.99E-05	0.00E+00	0.00E+00
a_{21}	0.00E+00	0.00E+00	0.00E+00	8.25E-04	9.21E-04	1.29E-03	2.10E-03	2.35E-05	-1.33E-04	2.94E-04
a_{22}	-5.66E-17	-8.77E-17	-9.79E-17	7.27E-18	0.00E+00	5.91E-18	4.83E-17	8.09E-19	5.32E-18	-1.76E-17
b_1	3.22E-01	1.33E+00	1.26E+00	-1.21E-01	-6.63E-02	-1.56E-01	-7.77E-01	5.05E-02	2.62E-02	2.77E-02
b_2	-1.39E+00	0.00E+00	-6.76E-01	-2.71E-01	-3.13E-01	-2.88E-01	1.68E-01	-5.09E-02	3.95E-02	0.00E+00
b_3	-2.15E-01	0.00E+00	6.40E-02	-1.58E-01	-1.59E-01	-1.78E-01	0.00E+00	6.30E-03	2.33E-02	-3.11E-02
b_4	3.46E-01	-3.45E-01	-2.15E-01	0.00E+00	0.00E+00	9.86E-02	0.00E+00	9.48E-04	-3.63E-02	0.00E+00
c_1	3.01E-01	-9.35E-01	3.32E-01	1.58E-01	1.48E+00	1.69E+00	-1.31E+01	6.57E-02	3.62E-02	-1.09E+00
c_2	0.00E+00	1.04E+02	0.00E+00	-1.11E+02	-1.03E+02	-1.20E+02	1.02E+03	-5.36E+00	-9.43E+00	9.69E+01
d	0	0	0	0	0	0	9.81E+00	0	0	0
R	0.936	0.948	0.942	0.929	0.929	0.943	0.968	0.980	0.967	0.983
S	2.231	1.873	1.304	1.011	1.025	0.859	2.156	0.010	0.125	0.252

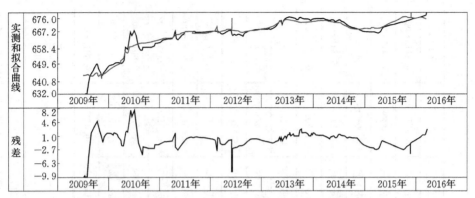

图 8.44 　P3-1 拟合实测和残差过程线（单位：m）

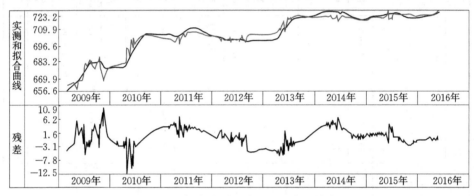

图 8.45 　PJ1 拟合实测和残差过程线（单位：m）

3. 精度分析

在 28 个渗压计中，复相关系数在 0.9 以上的测点数为 21 个，在 0.8～0.9 之间的有 5 个，在 0.7～0.8 之间的有 1 个，0.7 以下的测点有 1 个，其中 P3-7 的复相关系数为 0.536，出现这种现象的原因是该测点的测值规律性不强，测值有突变现象。

从标准差来看，$S<1m$ 的测点为 18 个，最大标准差为 PJ9 测点 5.254m，其他测点标准差在 1m 左右。部分测点测值存在其他不确定影响因素，在一定程度上降低了统计模型的精度。

4. 影响因素分析

为了定量分析和评价水位、温度、时效等各分量对坝基扬压力的影响，选取坝基典型渗压测点作为研究对象，并以 2016 年的变幅为例，用模型分离各分量的年变幅，见表 8.7。

表 8.7 　　　　　坝基渗压典型测点 2016 年实测变幅、拟合值及各分量变幅　　　　单位：m

测孔号	实测值	拟合值	水压分量	温度分量	时效分量	水压分量比例	温度分量比例	时效分量比例
P0-01	6.84	6.5083	5.0681	1.0012	0.439	77.87%	15.38%	6.75%
P0-02	7.2	5.6387	4.1183	1.1642	0.3563	73.04%	20.65%	6.32%

续表

测孔号	实测值	拟合值	水压分量	温度分量	时效分量	水压分量比例	温度分量比例	时效分量比例
P0-03	4.3	4.2244	1.8448	1.9108	0.4687	43.67%	45.23%	11.10%
P3-2	0.05	0.0221	0.007	0.0122	0.0029	31.67%	55.20%	13.12%
P3-3	0.03	0.1779	0.1104	0.02	0.0475	62.06%	11.24%	26.70%
P3-4	0.14	0.3021	0.2691	0.0241	0.0089	89.08%	7.98%	2.95%
P3-5	0.19	1.4814	0.807	0.122	0.5524	54.48%	8.24%	37.29%
P3-6	0.06	0.0234	0.0043	0.0165	0.0026	18.38%	70.51%	11.11%
P3-7	1.01	0.9973	0.5846	0.3272	0.0855	58.62%	32.81%	8.57%
P3-8	0.31	1.2014	0.92	0.2195	0.0619	76.58%	18.27%	5.15%
P3-9	0.33	0.4032	0.3364	0.0642	0.0027	83.43%	15.92%	0.67%
P37-1	0.13	0.2892	0.1545	0.1307	0.004	53.42%	45.19%	1.38%
P37-2	0.4	0.1373	0.0501	0.0472	0.0401	36.49%	34.38%	29.21%
P37-3	0.41	0.221	0.1113	0.0693	0.0404	50.36%	31.36%	18.28%
P37-4	0.42	0.1459	0.0686	0.0634	0.0139	47.02%	43.45%	9.53%
PJ2	1.74	2.993	2.715	0.1138	0.1642	90.71%	3.80%	5.49%
PJ3	4.06	5.3318	4.2095	0.4095	0.7128	78.95%	7.68%	13.37%
PJ4	0.44	5.9431	2.5975	0.3294	3.0162	43.71%	5.54%	50.75%
PJ6	1.47	1.4355	1.0296	0.0643	0.3417	71.72%	4.48%	23.80%
PJ7	7.09	6.9217	6.137	0.5278	0.257	88.66%	7.63%	3.71%
PJ9	8.03	2.81	1.3384	1.0576	0.414	47.63%	37.64%	14.73%
PJ10	2.08	1.3016	1.0302	0.1298	0.1416	79.15%	9.97%	10.88%

（1）水位分量。所有坝基渗压监测模型均选择了上游水位因子，除 PJ10 测点外均选择了下游水位因子，但下游水位因子的系数远小于上游水位因子，说明上游水位的变化对坝基渗压影响明显，下游水位影响微小。

在 28 个测点模型中，有 27 个测点都选中了监测日当天的水位因子，有 16 个测点选中了监测日前 1～4d 的水位平均值因子，有 16 个测点选中了监测日前 5～10d 的水位平均值因子，有 17 个测点选中了监测日前 11～20d 的水位平均值因子，有 9 个测点选中了监测日前 21～30d 的水位平均值因子。大部分测点的统计模型选择了下游水位因子的监测日数据，监测日前 1～4 天的水位平均值因子系数远小于监测日系数十几个数量级，说明基础渗压受下游水位影响较小且主要受监测日水位影响。

由上分析可知，监测日当天上游库水位对坝基渗压影响最大，监测日前 21～30d 的水位影响最小。一般上游库水位升高，坝基渗压升高；上游库水位下降，则坝基渗压降低，而且渗压值变化滞后于上游库水位的变化。统计模型在水位因子的选取上，一般越靠近上游，受监测日水位影响越明显；测点越靠近下游，坝基渗流路径越长，渗压值滞后时间越长，监测日水位的特征削弱得越多，前期水位影响加大；水位因子选择在一定程度上反映了该测点渗流路径上基岩的完整性，监测日系数越大，监测日水位影响越明显，渗流通道越畅通，渗流路径上的基岩完整性相对越差，反之亦然。各测点在水位因子的选取上并未完全遵循以上规律，存在较大的差异，主要与基岩结构复杂有关。

由表 8.7 对 2016 年变幅分离结果看，水位分量为主要影响因素，大部分水位分量占 60％以上；个别测点如 P3-2 和 P3-6 基岩较好，基本处于无水压状态，水压分量分别占 31.67％和 18.38％；整体来看，水位分量对坝基渗压影响较大。

（2）温度分量。所有测点都选上了温度因子，说明温度对坝基渗压也有一定的影响，但其影响较上游库水位要小。由表 8.7 对 2016 年变幅分离结果看，温度变化对坝基渗压年变幅有一定的影响，大部分测点温度分量占年变幅的 10％～30％，最大测点温度分量占 70.51％，各测点存在较大的差异。

（3）时效分量。

1）所有测点均选中了时效因子，说明时效对坝基渗压有一定的影响。

2）绝大部分坝基渗压处在水位抬升阶段，时效分量有逐渐增大的趋势。

3）时效对坝基扬压力年变幅的影响比较小，一般在 10％左右。

8.3.3 小结

在建模分析的 28 个测点中，复相关系数在 0.9 以上的测点数为 21 个，在 0.8～0.9 之间的有 5 个，在 0.7～0.8 之间的有 1 个，0.7 以下有 1 个，个别测点复相关系数偏低主要是因为该测点的测值规律性不强或测值有突变现象。

从标准差来看，$S<1m$ 的测点为 18 个，最大标准差为 PJ9 测点 5.254m，其他测点标准差在 1m 左右。部分测点测值存在其他不确定影响因素，在一定程度上降低了统计模型的精度。坝基渗压监测统计模型精度基本满足预报要求。

坝基渗压值主要受监测日上游水位影响，下游水位的影响可忽略不计，水位分量约占 60％，温度分量占年变幅的 10％～30％，时效对坝基扬压力年变幅的影响比较小，一般在 10％左右。基岩结构差异性较大，也造成了各测点影响因子的分量差别较大。

8.4 大坝渗流渗压监测资料分析综合评价

1. 坝基扬压力

大坝纵向分布坝基扬压力折减系数总体满足设计警戒值要求，大坝横向分布坝基扬压力总体满足控制值要求。坝基扬压力折减系数略超设计警戒值的 11#、51#、53#、55# 坝段后续运行过程中需继续关注，坝基扬压力超控制值的 28# 坝段在进行钻孔降压处理后扬压力未见明显降低，目前扬压力仍较大且超控制值，需重点关注。

2. 坝基渗压

大坝坝基渗压总体正常，但 13#/14# 拐点坝段坝基渗压偏高（P0-1、P0-2 测点），需重点关注。

3. 帷幕阻渗

帷幕对延长渗径、减小坝基渗流发挥了积极作用,帷幕前、后坝基渗压符合一般工程规律。

4. 坝体渗压

监测坝段除 57# 坝段外,坝体渗压总体较小,渗压变化主要受上游库水位影响。57# 坝段高程 686.10m 坝体渗压、高程 728.50m 越冬层坝体渗压 2014 年下半年后与上游库水位基本相同,可能存在层间结合薄软环节,需重点关注。35# 坝段高程 691.00m 靠近下游侧坝体虽渗压不大但沿上下游分布渗压测值较为接近,需引起关注。

5. 大坝和坝基渗漏量

2016 年 3 月 27 日大坝总渗漏量为 1238.2L/min(最大值发生在 2016 年 8 月 23 日,约为 1783m³/d)。

6. 绕坝渗流

左、右岸绕坝渗流水位变化主要受上游库水位波动影响,建议适当关注。

综上所述,大坝渗流监测设施总体可真实反映大坝渗流状态,当前大坝渗流总体正常,符合一般工程规律。但在大坝运行过程中,需继续关注坝基扬压力折减系数超设计警戒值的 11#、51#、53#、55# 坝段扬压力变化情况,重点关注 28# 坝段坝基扬压力、13#/14# 拐点坝段坝基渗压,57#、35# 坝段坝体渗压变化情况。

第9章 坝体混凝土应力应变监测资料分析

9.1 监测仪器布置情况及仪器埋设方式

为了监测大坝的应力应变变化规律，分别在 29# 溢流坝段和 35# 挡水坝段各布置了 6 套五向应变计组及相应的无应力计，仪器埋设位置见表 9.1，无应力计位于应变计周围 1m 位置。五向应变计的方向定义及无应力计埋设方式如图 9.1 所示：S3-3-1 为顺水流方向、S3-3-3 为竖直方向、S3-3-5 为左右岸方向。

表 9.1 应变计组埋设位置列表

测点编号	坝段	坝下桩号/m	高程/m	日期
S2-1	29# 坝段	1.15	634.00	2007 年 9 月—2015 年 10 月
S2-2		27		
S2-3		49		
S2-4		78.64		
S2-5		3.2	660.00	2008 年 6 月—2015 年 10 月
S2-6		61.3		
S3-1	35# 坝段	2.6	631.50	2007 年 9 月—2015 年 10 月
S3-2		23.5		
S3-3		46		
S3-4		78		
S3-5		2.6	657.00	2008 年 5 月—2015 年 10 月
S3-6		62.1		

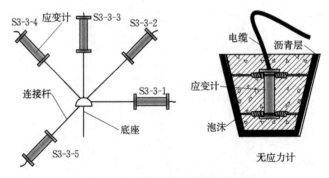

图 9.1 29# 坝段监测仪器布置

主坝混凝土采取分区浇筑的方式，各分区混凝土设计指标见表 9.2，浇筑方式如下：①碾压混凝土：本工程主坝Ⅰ-1 区、Ⅰ-2 区、Ⅱ-1 区、Ⅱ-2 区、Ⅱ-3 区和Ⅲ区采用碾压混凝土浇筑；②变态混凝土：为保证本工程主坝上下游防渗，设置了一定厚度的变态混凝土区，在Ⅰ-1区和Ⅰ-2区二级配碾压混凝土外部，两区混凝土形成防渗屏障；③主坝常态混凝土：本工程主坝在溢流坝段、中孔坝段和底孔坝段设置常态混凝土区。根据仪器实际埋设位置判断，各应变计组埋设部位的混凝土类型见表9.3，其中，应变计组 S2-1、S2-5、S3-1 和 S3-5 埋设于二级配混凝土中，应变计组 S2-2、S2-3、S2-4、S2-6 和 S3-2、S3-3、S3-4、S3-6 埋设于三级配混凝土中。

表 9.2 碾压混凝土坝混凝土设计指标

分区编号	Ⅰ-1	Ⅰ-2	Ⅱ-1	Ⅱ-2	Ⅱ-3	Ⅲ
部位	上游死水位以上及下游水位变化区外部混凝土	上游死水位以下外部混凝土	下游水位变化区以上外部混凝土	内部 650m 高程以上碾压混凝土	内部 629m 高程以下碾压混凝土	基础垫层混凝土和岸坡垫层变态混凝土
混凝土级配	二	二	三	三	三	三
设计标号及龄期	$R_{180}200$ W10F300	$R_{180}200$ W10F100	$R_{180}200$ W6F200	$R_{180}150$ W4F50	$R_{180}200$ W4F50	$R_{28}200$ W8F100
密度/(kg·m³)	≥2380	≥2380	≥2380	≥2380	≥2380	≥2380
极限拉伸	>0.78×10^{-4}	>0.78×10^{-4}	>0.70×10^{-4}	>0.70×10^{-4}	>0.70×10^{-4}	>0.80×10^{-4}
VC 值	5~8	5~8	5~8	5~8	5~8	5~8
初凝时间/h	12~17	12~17	12~17	12~17	12~17	12~17

表 9.3 应变计组埋设部位及对应混凝土编号

应变计组	坝段	坝下桩号	埋设高程/m		混凝土编号
S2-1	29#	1.15	634.00	Ⅰ-2	R18020W10F100
S2-2		27	634.00	Ⅱ-3	R18020W4F50
S2-3		49	634.00	Ⅱ-3	R18020W4F50
S2-4		78.64	634.00	Ⅱ-3	R18020W4F50
S2-5		3.2	660.00	Ⅰ-2	R18020W10F100
S2-6		61.3	660.00	Ⅱ-2	R18015W4F50
S3-1	35#	2.6	631.50	Ⅰ-2	R18020W10F100
S3-2		23.5	631.50	Ⅱ-3	R18020W4F50
S3-3		46	631.50	Ⅱ-3	R18020W4F50
S3-4		78	631.50	Ⅱ-3	R18020W4F50
S3-5		2.6	657.00	Ⅰ-2	R18020W10F100
S3-6		62.1	657.00	Ⅱ-2	R18015W4F50

9.2 混凝土自生体积变形资料分析

混凝土自生体积变形对混凝土的应力及结构物的工作状态有重要影响，它可能是膨胀型混凝土，也可能是收缩型混凝土，当结构物受到约束时，收缩型自生体积变化将引起混凝土相当的拉应力，甚至造成裂缝，反之，微膨胀型自生体积变形将产生压应力，可以提高混凝土的容许拉应力，甚至可以简化施工措施。从现有资料来看，坝体内埋设的 12 支无应力计从 2007 年或 2008 年埋设至 2015 年 10 月底，数据完整，连续性较好。

9.2.1 混凝土温度线膨胀系数变化规律分析

应用最小二乘法，从无应力计测值中提取温度应变后，利用式（9.1）计算混凝土温度线膨胀系数，其计算式为

$$\alpha = \frac{n \sum\limits_{i=1}^{n} T_i \varepsilon_i - \sum\limits_{i=1}^{n} T_i \sum\limits_{i=1}^{n} \varepsilon_i}{n \sum\limits_{i=1}^{n} T_i^2 - \left(\sum\limits_{i=1}^{n} T_i\right)^2} \tag{9.1}$$

式中 ε_i、T_i——第 i 次测值的温度变化产生的应变和变温值；

n——监测次数。

利用式（9.1）计算得到的结果见表 9.4，从表中可以看出，大部分部位三级配混凝土温度线膨胀系数均大于二级配混凝土，三级配混凝土温度线膨胀系数在 $7.298 \sim 12.475 \mu\varepsilon/℃$ 之间，均值为 $10.044 \mu\varepsilon/℃$，二级配混凝土温度线膨胀系数在 $7.303 \sim 9.407 \mu\varepsilon/℃$ 之间，均值为 $8.605 \mu\varepsilon/℃$，各测点复相关系数较高，拟合效果较好，且从计算成果来看，无应力计埋设质量较高，温度线膨胀系数反映了大坝实际情况。

表 9.4　　　　　　　　　　　各测点温度线膨胀系数

坝段编号	坝下桩号 /m	高程/m	混凝土级配	测点编号	线膨胀系数 /（$\mu\varepsilon \cdot ℃^{-1}$）	复相关系数
29# 坝段	1.15	634.00	二级配	S2-1	8.654	0.997
	3.2	660.00		S2-5	9.057	0.995
35# 坝段	2.6	631.50		S3-1	7.303	0.994
	2.6	657.00		S3-5	9.407	0.988
平均值					8.605	0.994
29# 坝段	27	634.00	三级配	S2-2	10.470	0.938
	49	634.00		S2-3	9.317	0.975
	78.64	634.00		S2-4	12.114	0.987
	61.3	660.00		S2-6	7.298	0.976

续表

坝段编号	坝下桩号 /m	高程/m	混凝土级配	测点编号	线膨胀系数 / ($\mu\varepsilon \cdot ℃^{-1}$)	复相关系数
35#坝段	23.5	631.50	三级配	S3-2	10.976	0.933
	46	631.50		S3-3	12.475	0.978
	78	631.50		S3-4	10.339	0.973
	62.1	657.00		S3-6	7.360	0.996
平均值					10.044	0.970
总平均值					9.564	0.978

9.2.2 自生体积变形一般规律

9.2.2.1 时空分析

29#坝段和35#坝段的无应力计主要监测坝体自生体积变形，因此，重点分析监测资料的变化规律，由图9.2～图9.12和表9.5可以看出：

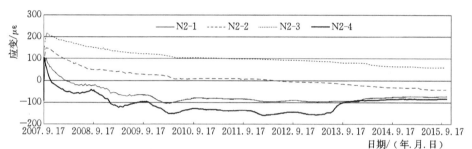

图 9.2　29#坝段高程 634.00m 无应力计时间序列过程线

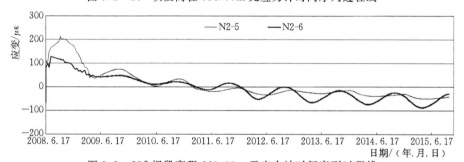

图 9.3　29#坝段高程 660.00m 无应力计时间序列过程线

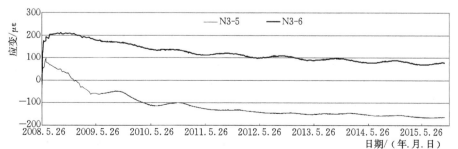

图 9.4　35#坝段高程 657.00m 无应力计时间序列过程线

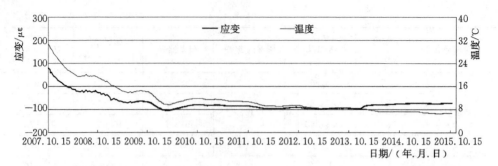

图 9.5　29#坝段高程 634.00m 靠近上游面 N2-1 测点应变—温度时间序列过程线

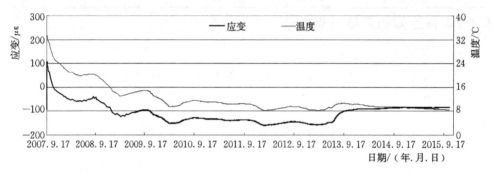

图 9.6　29#坝段高程 634.00m 靠近下游面 N2-4 测点应变—温度时间序列过程线

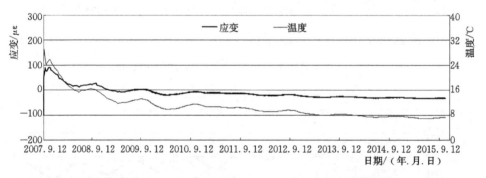

图 9.7　35#坝段高程 631.50m 靠近上游面 N3-1 测点应变—温度时间序列过程线

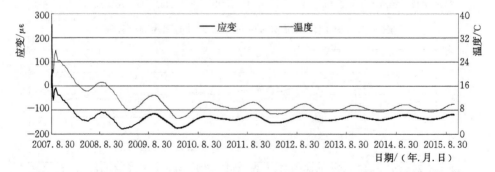

图 9.8　35#坝段高程 631.50m 靠近下游面 N3-4 测点应变—温度时间序列过程线

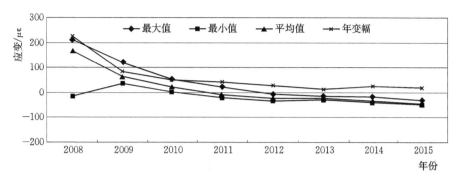

图 9.9　29# 坝段高程 660.00m 靠近上游面 N2-5 测点特征值分布图

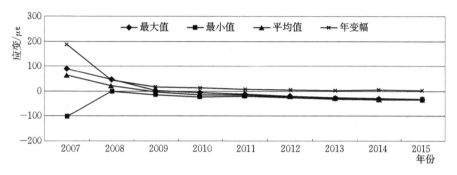

图 9.10　35# 坝段高程 631.50m 靠近上游面 N3-1 测点特征值分布图

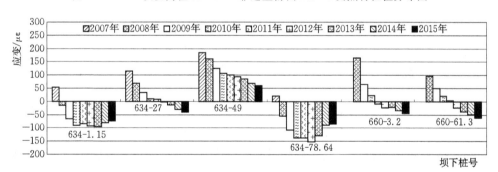

图 9.11　29# 坝段不同部位历年均值分布图

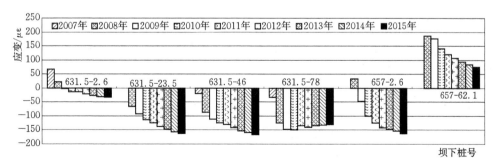

图 9.12　35# 坝段不同部位历年均值分布图

表 9.5　　　　　　与 N2-4 测点相近部位同时期自生体积变形相关数据表

测点编号	高程/m	日期范围/(年.月.日)	温度变化量/℃	自生体积变形变化量/με	温度线膨胀系数/(με·℃)
N2-4	634.00	2013.2.21—2013.9.6	2.4	52.97	12.114
N2-5	660.00	2013.2.21—2013.9.6	4.3	31.13	9.057
N3-4	631.50	2013.2.21—2013.9.6	1.4	12.39	10.339

（1）如图 9.2～图 9.4 所示，在埋设初期，所有测点自生体积变形均随混凝土水化热温升有上升的趋势，达到最大值后，开始逐渐收缩，这一过程持续大约 2 年时间，其中，29# 坝段 N2-1、N2-2、N2-3、N2-5 和 N2-6 埋设部位的混凝土自生体积变形均为膨胀型，N2-4 埋设部位的混凝土自生体积变形为收缩型，35# 坝段 N3-1 和 N3-6 埋设部位的混凝土为膨胀型，其他部位为收缩型；2009 年夏季以后，各测点收缩幅度大幅下降，但仍具有收缩趋势，自生体积变形基本受温度影响，尤其在 2011 年以后，自生体积变化已基本呈收敛状态，从最终测值来看，除 N2-3（58.67με）和 N3-6（78.34με）测点处于膨胀状态外，其他测点均处于收缩状态，当前收缩量在 -29.13～-165.35με 之间。

但 2013 年 2 月 21 日至 2013 年 9 月 6 日期间，N2-4 测点的自生体积变形上升了 52.97με，如图 9.6 所示，该测点测值变化与其他测点相比明显偏大，经分析比较，同期该坝段 660.00m 高程测点 N2-5 测值上升了 31.13με，35# 坝段 631.50m 高程的靠近下游面测点 N3-4 测值上升了 12.39με，以上 3 个测点的温度分别上升了 2.4℃、4.3℃ 和 1.4℃，再从 3 个测点的温度线膨胀系数来看，N2-4 测点明显大于其他两个测点，初步可以判断为温度上升导致测值比变化。

（2）从图 9.5～图 9.8 的部分测点应变—温度时间序列过程线来看，无应力计的测值受温度变化影响明显，呈正相关关系变化，温度升高，测值增大，即应变值有膨胀的趋势；反之，温度降低，则测值减小，即应变值有收缩的趋势。靠近坝体表面的测点应变值和温度的变化幅度明显比坝体内部测点测值和温度变化幅度要大，且相关性更好。

9.2.2.2　特征值分析

典型测点特征值分布如图 9.9、图 9.10 所示，各坝段不同部位自生体积变形历年均值分布如图 9.11 和图 9.12 所示，各坝段不同部位自生体积变形历年变幅分布如图 9.13 和图 9.14 所示。

（1）极值分析。2010 年进入稳定期以后，无应力计最大膨胀变形为 163.09με（发生在 N3-6 处，2010 年 1 月 4 日）；无应力计的最大收缩变形为 -175.11με（发生在 N3-4 处，2010 年 3 月 29 日）。

（2）年均值分析。从图 9.9 可以看出，29# 坝段在埋设初期均为膨胀变形，2015 年除 N2-3 测点外，其余测点均为压缩变形；从图 9.10 可以看出，35# 坝段在埋设初期 N3-1、N3-5 和 N3-6 为膨胀变形，其余为压缩变形，至 2015 年仅

N3-6为膨胀变形，其余为压缩变形。仪器埋设后，大部分测点呈逐年压缩状态变化，仅低高程上下游混凝土表面部位测点为先呈现压缩趋势后呈现膨胀趋势。2010年以后，膨胀变形年均值最大值为141.44$\mu\varepsilon$，发生在N3-6处（2010年）；收缩变形年均值最大值为$-165.44\mu\varepsilon$，发生在N3-3处（2015年）。

（3）年变幅分析：最大年变幅为67.16$\mu\varepsilon$（发生在N2-4处，2013年），除该测点之外，最大年变幅为59.17$\mu\varepsilon$（发生在N2-6处，2015年）；最小年变幅为2.7$\mu\varepsilon$（发生在N2-4处，2015年）。从图9.9、图9.10可以看出，各测点2007—2009年年变幅均较大，之后除个别测点外大部分测点的年变幅基本波动范围很小。从图9.13和图9.14可以看出，各测点在埋设后两年内年变幅较大，之后变幅基本低于50$\mu\varepsilon$，位于高程较高层面下游面部位的测点年变幅最大，该部位受外界气温影响最大；高程较高部位上游面和高程较低部位下游面附近的测点位于水位变化区，这两个部位测点的年变幅位居其次；坝体内部测点和较低高程坝体上游面死水位以下测点温度变化最小，因此年变幅也最小。

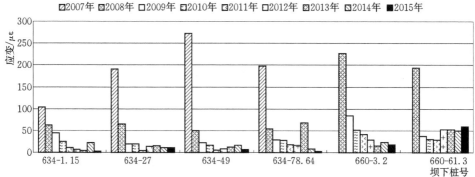

图9.13　29#坝段不同部位历年变幅分布图

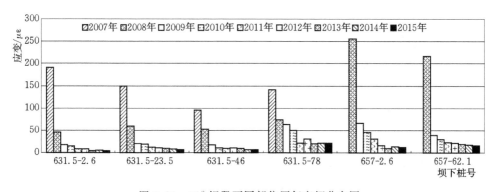

图9.14　35#坝段不同部位历年变幅分布图

9.3　混凝土应力计算成果分析

9.3.1　计算原理

应力计算流程如图9.15所示，可以分为以下步骤：

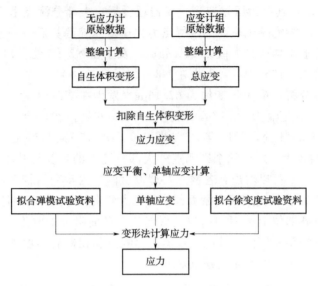

图 9.15　应力计算流程图

（1）根据无应力计和应变计组实测的原始数据进行整编计算，得到自生体积变形和总应变。

（2）由于混凝土自生体积变形不是由坝体应力引起的，因此需要从应变计组的应变中扣除应变计组对应的无应力计的应变，从而得到应力应变。

（3）对得到的各向应力应变进行应变平衡以尽量减小测量误差，再计算单轴应变。

（4）结合弹模和徐变度试验资料进行拟合，并应用变形法进行应力计算。

9.3.1.1　获得应力应变

根据整编计算得到的应变计组和无应力计测值进行应力应变计算，即

$$\varepsilon = \varepsilon_m - \varepsilon_0 \tag{9.2}$$

式中　ε——外力和内力引起的应变；

　　　ε_0——由非应力因素引起的应变；

　　　ε_m——应变计实测的总应变。

9.3.1.2　应变平衡及单轴应变计算

由于应变计的测量误差比较大，因此在计算应力之前需要进行应变平衡来尽量减小应力值的失真。应变计组的各向应变计测值应服从第一应变不变量的原理，即

$$\varepsilon_x + \varepsilon_y + \varepsilon_z = \varepsilon_{xy} + \varepsilon_{yz} + \varepsilon_{zx} \tag{9.3}$$

式中　ε_x、ε_y、ε_z——x、y、z 坐标方向的正应变；

　　　ε_{xy}——与 x、y 坐标轴成 45°角方向的正应变；

　　　ε_{yz}——与 y、z 坐标轴成 45°角方向的正应变；

　　　ε_{zx}——与 z、x 坐标轴成 45°角方向的正应变。

对于五向应变计组，结合图 9.1，有式 (9.4)

$$\varepsilon_{S1} + \varepsilon_{S3} + \varepsilon_{S5} = \varepsilon_{S5} + \varepsilon_{S2} + \varepsilon_{S4} \tag{9.4}$$

式中 ε_{S1}、$\cdots$、ε_{S5}——分别为五向应变计组扣除非应力因素变形后的应变。

下面进行平衡计算，首先化成两个平面组考虑，计算不平衡值 Δ_{11} 和 Δ_{12}

$$(\varepsilon_{S1} + \varepsilon_{S3}) - (\varepsilon_{S2} + \varepsilon_{S4}) = \Delta \tag{9.5}$$

各支仪器的配值为

$$\left.\begin{array}{ll} \varepsilon_{10} = \varepsilon_1 - \dfrac{\Delta}{4} & \varepsilon_{30} = \varepsilon_3 - \dfrac{\Delta}{4} \\[2mm] \varepsilon_{30} = \varepsilon_3 + \dfrac{\Delta}{4} & \varepsilon_{40} = \varepsilon_4 + \dfrac{\Delta}{4} \end{array}\right\} \tag{9.6}$$

以五向应变计组为例，各方向单轴应变和剪应变表达式为

$$\left.\begin{array}{l} \varepsilon_x' = \dfrac{1-\mu}{(1+\mu)(1-2\mu)}\left[\varepsilon_{10} + \dfrac{\mu}{1-\mu}(\varepsilon_5 + \varepsilon_{30})\right] \\[3mm] \varepsilon_y' = \dfrac{1-\mu}{(1+\mu)(1-2\mu)}\left[\varepsilon_5 + \dfrac{\mu}{1-\mu}(\varepsilon_{10} + \varepsilon_{30})\right] \\[3mm] \varepsilon_z' = \dfrac{1-\mu}{(1+\mu)(1-2\mu)}\left[\varepsilon_{30} + \dfrac{\mu}{1-\mu}(\varepsilon_5 + \varepsilon_{10})\right] \\[3mm] \gamma_{xz} = \varepsilon_{20} - \varepsilon_{40} \text{ 或 } \gamma_{xz} = 2\varepsilon_{30} - (\varepsilon_{20} + \varepsilon_{40}) \end{array}\right\} \tag{9.7}$$

9.3.1.3 弹模和徐变度拟合

根据各组仪器对应部位混凝土的等级，引用建设管理局质量检测中心提供的《北疆严寒区某水利枢纽蓄水安全鉴定主坝混凝土配合比试验汇总报告》中编号为 Ⅰ-2 的二级配 R18020W10F100 混凝土 (S2-1、S2-5、S3-1、S3-5) 和编号为 Ⅱ-3 的三级配 R18020W4F50 混凝土 (S2-2、S2-3、S2-4、S2-6 和 S3-2、S3-3、S3-4、S3-6) 试验资料进行拟合，得到弹性模量和徐变度参数如下。

1. 混凝土瞬时弹模计算

二级配和三级配混凝土的弹性模量均采用同一弹性模量表达式，由资料获得，采用双曲线型式，得到表达式为

$$E = \frac{34381\tau}{7.9216 + \tau} \tag{9.8}$$

式中 τ——混凝土龄期。

2. 混凝土徐变计算

由于试验资料中无二级配 R18020W10F100 混凝土的徐变度试验资料，而应变计组均埋设在 R18020 混凝土中，因此，二级配和三级配混凝土均采用 R18020W4F50 三级配碾压混凝土徐变度。混凝土徐变试验资料见表 9.6 和表 9.7。

表 9.6　　　　　R18015W4F50 三级配碾压凝土徐变度（×10⁻⁶/MPa）

持荷时间 (t−τ) /d ＼ 加荷龄期 τ/d	7	28	90
1	17.8	6.9	3.4
3	23.4	13.6	7.2
7	30.9	17.5	9.8
14	36.5	20.8	10.9
28	42.5	24.1	13.2
45	44.9	26.8	14.1
60	46.9	27.5	14.7
90	48.2	28.4	15.4
120	49.3	29.6	16.1
150	50.9	30.6	16.9
180	52.0	31.1	17.6
210	53.2	31.9	
240	53.8		

表 9.7　　　　　R18020W4F50 三级配碾压凝土徐变度（×10⁻⁶/MPa）

持荷时间 (t−τ) /d ＼ 加荷龄期 τ/d	7	28	90
1	15.6	4.6	2.6
3	20.8	11.5	5.1
7	27.5	15.2	7.8
14	33.1	18.3	9.7
28	39.1	21.6	11.5
45	42.2	24.2	12.3
60	44.1	24.9	12.9
90	45.9	25.6	13.4
120	46.3	26.3	13.9
150	46.9	26.9	14.5
180	47.7	27.5	14.9
210	48.6	28.2	

　　采用相应徐变度表达式进行非线性拟合徐变度 $C(t,\tau)$，可以得出 R18015W4F50 三级配碾压凝土徐变度拟合式为

$$C(t,\tau)=(0.000002+67.32498\tau^{-0.46602})[1-e^{-0.72495(t-\tau)}]+$$
$$(0.32059+50.40283\tau^{-0.36697})[1-e^{-0.02856(t-\tau)}] \tag{9.9}$$

R18020W4F50 三级配碾压凝土徐变度拟合式为

$$C(t,\tau) = (0.00079 + 55.94148\tau^{-0.51678})[1 - e^{-0.93595(t-\tau)}] +$$
$$(0.00069 + 56.93180\tau^{-0.38715})[1 - e^{-0.04240(t-\tau)}] \qquad (9.10)$$

徐变度表达式拟合值与试验值对比如图 9.16～图 9.18 所示，从图中可以看出，拟合效果较好，能够反映真实情况。

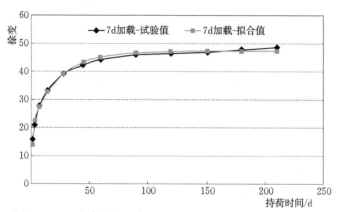

图 9.16 7d 加荷龄期混凝土徐变度拟合值与试验值对比曲线

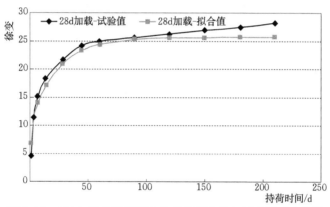

图 9.17 28d 加荷龄期混凝土徐变度拟合值与试验值对比曲线

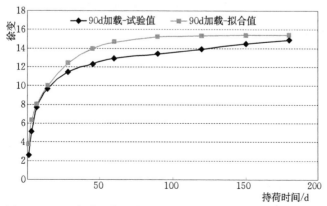

图 9.18 90d 加荷龄期混凝土徐变度拟合值与试验值对比曲线

9.3.1.4 应力计算

荷载变形中包括弹性变形、徐变变形和泊松变形三部分，其中泊松变形可以通过求解单轴应变的公式扣除；弹性变形可按虎克定律计算应力也甚为简单；而对于考虑混凝土徐变变形的应力计算则较为复杂。这主要是由于作用在混凝土结构上的各种荷载往往是随着时间的推移在逐渐变化的。例如施工期混凝土自重的不断增加，运行期上游库水位的不断升降及泄水孔内水压力的不断改变等，都大大增加了考虑徐变后实测应力计算的复杂性。因此实测应力与荷载的变化过程有关，前面任何一段应力的变化都会给后面带来不同的影响，需要用分段叠加的办法进行计算。具体运算可分变形法和松弛法两种，本次计算采用较为常用的变形法，计算方法简单介绍如下。

首先将实测应变资料经过计算，绘制成单轴应变过程线，将全部应变过程划分为几个时段，时段是不等间距的。早期应力增量较大，时段细些，后期应力变化不大，可以将时段划分得粗些，将徐变增量进行计算，按每一时段的开始龄期 τ_0，τ_1，$\cdots$，τ_{N-1} 绘制成总变形过程线。

由于徐变变形为随加荷时间持续而增长的变形，因此某一时刻的实测应变，不仅有该时刻弹性应力增量引起的弹性应变，而且包含在此以前所有应力引起的总变形，如图 9.19 所示。$\tau_{i-1} \sim \tau_i$ 时段应力增量 $\Delta\sigma_i$ 引起的总变形，将包含在 $\tau_{N-1} \sim \tau_N$ 时段的应变 $\varepsilon_{N'}$ 中。因此，计算这一时段的应变增量时应扣除该分量。

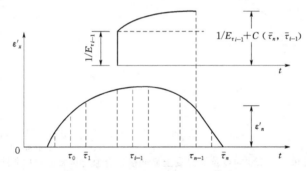

图 9.19　变形法计算应力原理

在计算时段之前的总变形影响值，称之为"承前应变"，用 ε 表示，其值为

$$\varepsilon = \int_{t_0}^{t} \frac{d\sigma(\tau)}{d\tau} \left[\frac{1}{E(\tau)} + \delta(t,\tau) \right] d\tau \tag{9.11}$$

上述是计算承前应变的数学表达式，实际上是用下面的近似式计算，即

$$\varepsilon = \sum_{i=0}^{N-1} \Delta\sigma_i \left[\frac{1}{E(\tau)} + C(\tau_n,\tau_i) \right] \tag{9.12}$$

图中　$\bar{\tau}_n = \dfrac{\tau_{n-1} + \tau_n}{2}$ 为时段中点的龄期。

在 $\bar{\tau}_n$ 的应力增量应为

$$\Delta\sigma_n = E_s(\overline{\tau}_n, \tau_{n-1})\varepsilon_i' \qquad (\text{当 } N = 1 \text{ 时})$$

$$\Delta\sigma_n = E_s(\overline{\tau}_n, \tau_{n-1})\left[\varepsilon_n'(\overline{\tau}_n) - \sum_{i=1}^{n-1}\Delta\sigma_i\left(\frac{1}{E(\tau_i)} + C(\overline{\tau}_n, \tau_i)\right)\right] \qquad (\text{当 } N > 1 \text{ 时})$$

$$(9.13)$$

式中　　　　　　　　$E_s(\overline{\tau}_n, \tau_{n-1})$——以 τ_{n-1} 龄期加载单位应力持续到 $\overline{\tau}_n$ 时的总应变；

$\left[\varepsilon_n'(\overline{\tau}_n) - \sum_{i=1}^{n-1}\Delta\sigma_i\left(\dfrac{1}{E(\tau_i)} + C(\tau_n, \tau_i)\right)\right]$——其倒数称为时刻 $\overline{\tau}_n$ 的持续弹性模量；

$E(\tau_i)$——τ_{i-1} 时刻混凝土的瞬时弹性模数；

$C(\overline{\tau}_n, \tau_{n-1})$——以 τ_{n-1} 加载龄期持续到 $\overline{\tau}_n$ 时的徐变度；

$\varepsilon_n'(\overline{\tau}_n)$——单轴应变过程线上，$t = \overline{\tau}_n$ 时刻的单轴应变值。

在 $\overline{\tau}_n$ 时刻的混凝土实际应力为

$$\sigma_n = \sum_{i=0}^{n-1}\Delta\sigma_i + \Delta\sigma_n = \sum_{i=0}^{n}\Delta\sigma_i \qquad (9.14)$$

剪应力的计算公式为

$$\tau_{yz}(\tau_{zy}) = \frac{E}{2(1+\mu)}[2\varepsilon_{yz} - (\varepsilon_y + \varepsilon_z)] \qquad (9.15)$$

9.3.2　混凝土应力成果分析

9.3.2.1　时空分析

从现有资料来看，坝体内埋设的 12 组五向应变计组大部分数据连续性较好，但部分测点存在数据缺失和个别传感器损坏的情况。如 S2-1-2 和 S2-5-5 两支应变计缺失数据较多，对其按插值方式补充了数据，进行了应力转换；S2-5-3 和 S2-6-3 测点损坏，通过空间第一应力不变量原理对其进行了处理。图 9.20～图 9.22 为典型测点应力—温度时间序列过程线，图 9.23～图 9.38 为典型测点各方向应力—水位时间序列过程线和分布图。

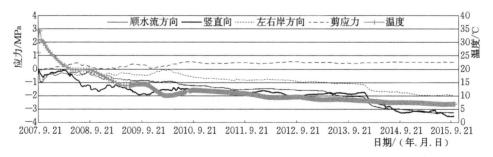

图 9.20　29# 坝段高程 634.00m 混凝土应力—时间序列过程线

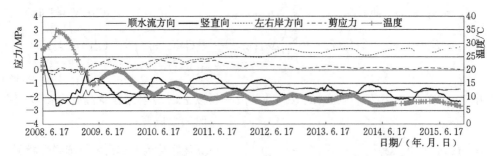

图 9.21　29# 坝段高程 660.00m 混凝土应力—时间序列过程线

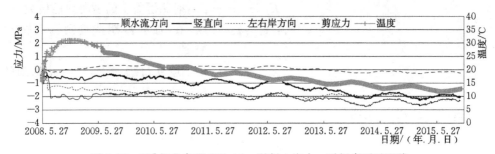

图 9.22　35# 坝段高程 657.00m 混凝土应力—时间序列过程线

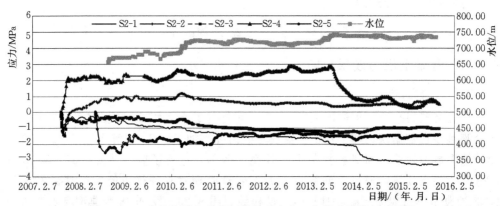

图 9.23　29# 坝段顺水流方向混凝土应力—水位时间序列过程线

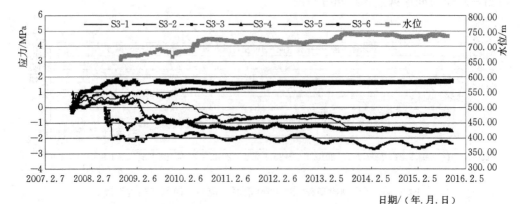

图 9.24　35# 坝段顺水流方向混凝土应力—水位时间序列过程线

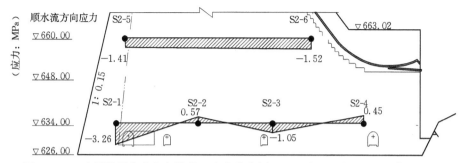

图 9.25　29#坝段顺水流方向混凝土应力分布图（2015 年 10 月 26 日）（高程：m）

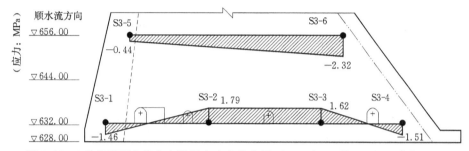

图 9.26　35#坝段顺水流方向混凝土应力分布图（2015 年 10 月 26 日）（高程：m）

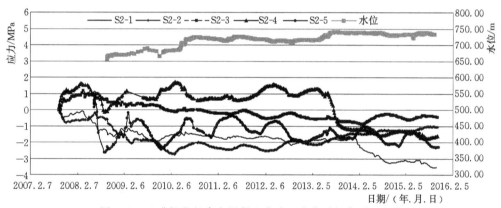

图 9.27　29#坝段竖直向混凝土应力—水位时间序列过程线

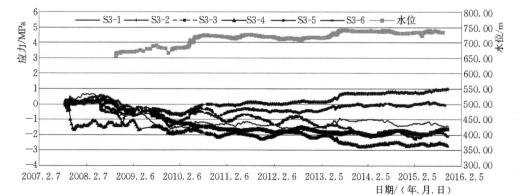

图 9.28　35#坝段竖直向混凝土应力—水位时间序列过程线

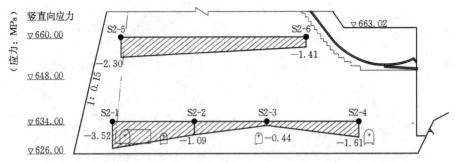

图 9.29　29# 坝段竖直向混凝土应力分布图（2015 年 10 月 26 日）（高程：m）

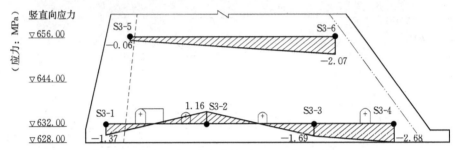

图 9.30　35# 坝段竖直向混凝土应力分布图（2015 年 10 月 26 日）（高程：m）

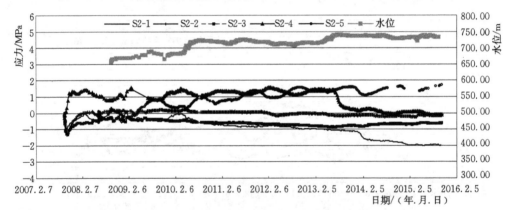

图 9.31　29# 坝段左右岸方向混凝土应力—水位时间序列过程线

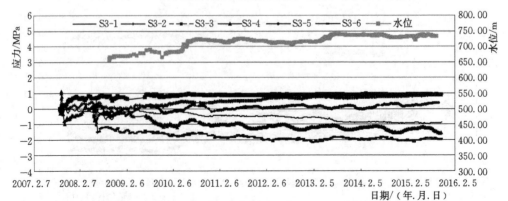

图 9.32　35# 坝段左右岸方向混凝土应力—水位时间序列过程线

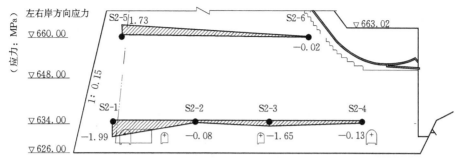

图 9.33　29# 坝段左右岸方向混凝土应力分布图（2015 年 10 月 26 日）（高程：m）

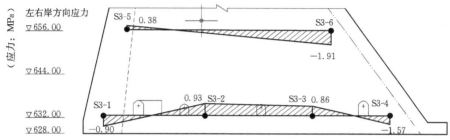

图 9.34　35# 坝段左右岸方向混凝土应力分布图（2015 年 10 月 26 日）（高程：m）

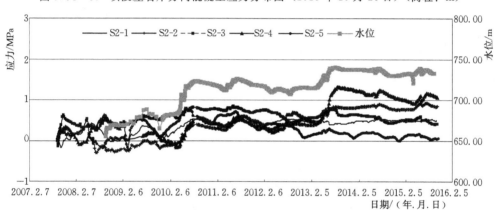

图 9.35　29# 坝段混凝土应力—水位时间序列过程线

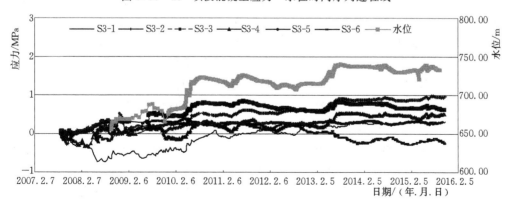

图 9.36　35# 坝段混凝土应力—水位时间序列过程线

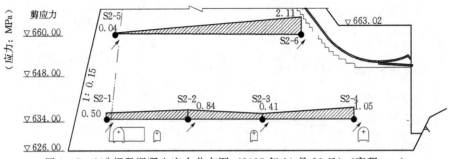

图 9.37　29#坝段混凝土应力分布图（2015 年 10 月 26 日）（高程：m）

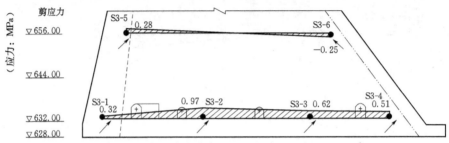

图 9.38　35#坝段混凝土应力分布图（2015 年 10 月 26 日）（高程：m）

（1）29#坝段顺水流方向当前应力在−3.26～0.57MPa 之间，竖直向应力在−3.52～−0.04MPa 之间，左右岸方向应力在−1.99～1.73MPa 之间，剪应力在0.04～1.05MPa 之间。各向最大压应力均出现在坝踵处，最大拉应力出现在上游坝面处的左右岸方向（1.73MPa）。

35#坝段顺水流方向当前应力在−2.32～1.79MPa 之间，竖直向应力在−2.68～1.16MPa 之间，左右岸方向应力在−1.79～0.93MPa 之间，剪应力在−0.25～0.97MPa 之间。最大拉应力均出现在基础部位坝体内部。

（2）各测点在埋设初期受混凝土水化热温升影响应力变化较大，施工期主要受混凝土浇筑和外界气温影响，开始蓄水后，上游库水位变化对其有一定影响，但仍旧受温度变化的影响较明显。

（3）温度变化对坝体应力的影响显著，高程越高，越靠近下游面，应力受温度变化影响越大。应变计位置和方向不同，温度对其的影响也不同。如 29#坝段高程660.00m 的应变计组 S2−5、35#坝段高程 657.00m 的应变计组 S3−4 和 S3−6，分别位于大坝靠上游面和下游面位置，当坝体温度升高时压应力增加或拉应力减小；坝体温度降低时则相反，压应力减小或拉应力增加。而埋设于水面下靠近上游面的测点和位于坝体内部的测点则受外界气温影响较小，测值变化较小，如 29#坝段高程 634.00m 的 S2−1、S2−2、S2−3 测点和 35#坝段高程 631.50m 的 S3−1、S3−2、S3−3 测点。此外，由于坝体温度变化滞后于气温，一般在每年 6—10 月产生坝体应力极值，在每年 12 月至次年 3 月出现坝体应力的另一极值（该地区夏季为 5 月中旬—9 月中旬，冬季为 11 上旬至次年 3 月下旬）。靠近坝体内部和上游的应力变化滞后于气温变化的时间较长。

（4）上游库水位变化对坝体应力变化有一定影响，但比温度影响略小，尤其在靠近坝踵附近的应力受上游库水位变化影响明显。上游库水位变化对坝体不同部位不同方向的应力有不同影响。

（5）顺水流方向：29#坝段目前有高程634.00m的坝下27.00m（坝体中部）和78.64m（坝趾）部位处于受拉状态（小于1MPa），其余全部处于受压状态，坝踵部位受压（−3.26MPa），坝趾部位受拉（0.45MPa）；35#坝段目前有高程631.50m的坝下23.50m和46.00m部位处于受拉状态（小于2MPa），其余全部处于受压状态，坝踵和坝趾部位均受压，分别为−1.46MPa和−1.51MPa。从图9.22～图9.25可以看出，蓄水前各部位应力变化不大，主要受温度变化和混凝土浇筑影响，蓄水后上游库水位对各测点顺水流方向的应力有一定影响，在2010年和2013年两次蓄水期间，对坝踵部位的S2−1和S3−1测点的影响比较明显，随着水位升高产生拉应力减小或压应力增加的趋势，符合正常规律。

（6）竖直向：29#坝段各测点竖直向混凝土应力均处于受压状态，坝踵部位和坝趾部位压应力分别为−3.52MPa和−1.61MPa，坝体中部应力略小；35#坝段除高程631.50m的坝下23.50m处的S3−2测点处于受拉状态外（1.16MPa），其余部位均处于受压状态，坝踵部位和坝趾部位的压应力分别为−1.37MPa和−2.68MPa。从图9.26～图9.29可以看出，蓄水前各部位应力主要受温度变化和混凝土浇筑影响，随着混凝土浇筑高程逐渐抬升压应力逐渐增加，蓄水后上游库水位对各测点竖直向应力有一定影响，在2010年和2013年两次蓄水期间，对坝踵部位的S2−1和S3−1测点、靠近上游面的S2−5和S3−5、坝体内部的S2−2和S3−2测点以及坝趾部位的S2−4和S3−4测点影响显著，坝踵部位、靠近上游面以及坝体内部略靠上游的竖直向应力随着水位升高产生拉应力增加或压应力减小的趋势，坝趾部位的竖直向应力随着水位升高产生拉应力减小或压应力增加的趋势，符合正常规律。

（7）左右岸方向：29#坝段各测点左右岸方向混凝土应力除高程660.00m的S2−5测点位置处于受拉状态外（1.73MPa），其他部位均处于受压状态，坝踵部位和坝趾部位压应力分别为−1.99MPa和−0.13MPa，除靠近上游坝面的两个部位应力量级接近2MPa外，其他部位应力均较小；35#坝段的高程631.50m中部的S3−2、S3−3和高程656.00m上游面处S3−5测点处于受拉状态，其余部位均处于受压状态，坝踵部位和坝趾部位的压应力分别为−0.90MPa和−1.57MPa。从图9.29～图9.33可以看出，蓄水前各部位应力主要受温度变化和混凝土施工影响，但变化量不大，蓄水后上游库水位对各测点左右岸方向的应力影响较小，在2010年和2013年两次蓄水期间，仅靠近上游面的S2−5和S3−5测点略有相关性，随着水位升高产生拉应力增加或压应力减小的趋势，符合正常规律。

（8）剪应力：29#坝段各部位剪应力均为正值，即受力方向为顺时针旋转指向XZ方向，坝踵部位和坝趾部位剪应力分别为0.50MPa和1.50MPa；35#坝段的高程656.00m靠近下游面处剪应力为负值，即受力方向为逆时针旋转指向ZX方向，其余部位剪应力均为正值，即受力方向为顺时针旋转指向XZ方向，坝踵部位和坝趾部位的剪应力分别为 0.32MPa 和 0.51MPa。从图 9.34～图 9.37 可以看出，蓄水前各部位应力主要受温度变化和混凝土施工影响，但变化量很小，蓄水后上游库水位变化对各测点剪应力影响非常显著，随着水位升高产生受力方向为顺时针旋转指向 XZ 方向，但 2013 年以后，上游库水位变化几乎对 S3-6 测点的剪应力没有影响，应力方向也发生了改变，原因是该测点位于下游面处且处于下游水位淹没区以上，主要受外界气温影响。

（9）29# 坝段坝踵部位的 S2-1 测点在 2014 年 1—4 月期间有一个各向压应力突然增大的过程，通过对无应力计测值进行检查，发现该时段 N2-1 的测值也突然增加（图 9.6），而该时段水位和温度都无明显变化，初步判断为无应力计传感器自身原因，并非结构应力变化。该坝段坝趾部位的 S2-4 测点在 2013 年 6—8 月期间也有一个各向拉应力减小、压应力增大的过程，且竖直向应力由受拉转为受压，该时段 N2-4 的测值也有较大增加，主要受温度升高影响较大，同时该时段上游库水位由 716.00m 上升至 740.00m 左右，以上两个因素导致坝趾部位应力产生受压的趋势。

（10）当前混凝土各向拉应力最大值为 1.79MPa（35# 坝段坝体内部顺水流方向），压应力最大值为 $-$3.52MPa（29# 坝段坝踵处竖直向），剪应力最大值为 1.05MPa（29# 坝段坝趾处），量值均较小，未达到混凝土承受极限。

9.3.2.2 特征值分析

典型测点混凝土应力特征值统计见表 9.8，典型混凝土应力特征值分布如图 9.39～图 9.44 所示。

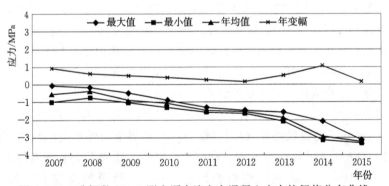

图 9.39 29# 坝段 S2-1 测点顺水流方向混凝土应力特征值分布曲线

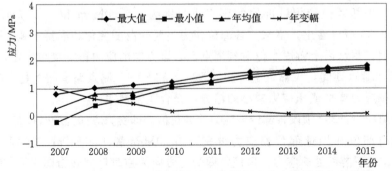

图 9.40 35# 坝段 S3-2 测点顺水流方向混凝土应力特征值分布曲线

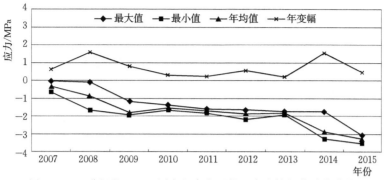

图 9.41　29# 坝段 S2-1 测点竖直向混凝土应力特征值分布曲线

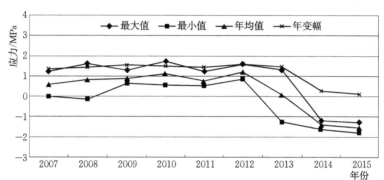

图 9.42　29# 坝段 S2-4 测点竖直向混凝土应力特征值分布曲线

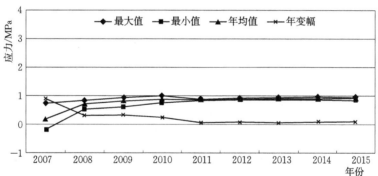

图 9.43　35# 坝段 S3-3 测点左右岸方向混凝土应力特征值分布曲线

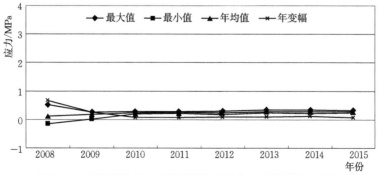

图 9.44　35# 坝段 S3-5 测点混凝土剪应力特征值分布曲线

表9.8 混凝土应力特征值统计表

单位：MPa

测点编号	年份	顺水流方向						竖直向					
		极大值		极小值		均值	变幅	极大值		极小值		均值	变幅
S2-1	2007	-0.08	20070922	-1.00	20071015	-0.56	0.92	-0.02	20070922	-0.64	20071025	-0.34	0.62
	2008	-0.16	20080709	-0.77	20081230	-0.38	0.61	-0.09	20080323	-1.66	20081130	-0.89	1.56
	2009	-0.49	20090120	-1.02	20091228	-0.89	0.52	-1.17	20090321	-1.95	20091027	-1.80	0.78
	2010	-0.88	20100302	-1.29	20101227	-1.07	0.40	-1.36	20100502	-1.66	20100102	-1.55	0.30
	2011	-1.29	20110103	-1.57	20110809	-1.47	0.28	-1.60	20110611	-1.82	20110401	-1.72	0.23
	2012	-1.46	20120301	-1.63	20121001	-1.54	0.17	-1.62	20120205	-2.18	20120830	-1.87	0.56
	2013	-1.58	20130117	-2.10	20131231	-1.88	0.52	-1.74	20131225	-1.93	20130531	-1.83	0.19
	2014	-2.10	20140103	-3.15	20141230	-2.92	1.05	-1.75	20140106	-3.29	20141002	-2.88	1.54
	2015	-3.13	20150103	-3.31	20150602	-3.23	0.17	-3.09	20150530	-3.56	20150921	-3.27	0.47
S2-4	2007	2.14	20071105	-0.36	20070919	0.63	2.50	1.23	20071113	0.00	20070917	0.58	1.23
	2008	2.25	20080621	1.84	20081020	2.06	0.41	1.61	20080303	-0.14	20080902	0.81	1.75
	2009	2.42	20090421	1.92	20091008	2.07	0.51	1.30	20091230	0.64	20091008	0.88	0.66
	2010	2.65	20100324	2.10	20101125	2.38	0.54	1.72	20100314	0.56	20100911	1.11	1.15
	2011	2.42	20110909	2.07	20110209	2.24	0.35	1.22	20111231	0.54	20110707	0.76	0.68
	2012	2.87	20120811	2.40	20120101	2.60	0.47	1.57	20120405	0.85	20120920	1.21	0.72
	2013	2.86	20130615	0.81	20131231	2.10	2.05	1.30	20130302	-1.24	20131231	0.10	2.55
	2014	0.97	20140828	0.42	20141226	0.76	0.55	-1.19	20140118	-1.63	20140713	-1.41	0.45
	2015	0.80	20150814	0.26	20150417	0.48	0.54	-1.29	20150108	-1.80	20150722	-1.54	0.51

续表

测点编号	年份	左右岸方向						剪应力					
		极大值		极小值		均值	变幅	极大值		极小值		均值	变幅
S2-1	2007	-0.11	20070922	-1.00	20071004	-0.57	0.89	0.06	20071203	-0.17	2007/10/25	-0.02	0.24
	2008	-0.05	20080313	-0.57	20081220	-0.33	0.52	0.42	20080621	-0.02	20081130	0.18	0.45
	2009	-0.22	20091231	-0.50	20091027	-0.42	0.29	0.38	20090711	-0.01	20090112	0.23	0.39
	2010	-0.04	20100224	-0.73	20101211	-0.33	0.70	0.54	20100831	0.08	20100124	0.35	0.45
	2011	-0.68	20110112	-0.87	20110702	-0.79	0.19	0.49	20110822	0.36	20110409	0.43	0.13
	2012	-0.75	20120317	-1.01	20121105	-0.86	0.26	0.55	20120801	0.39	20120104	0.48	0.16
	2013	-0.96	20130110	-1.18	20131231	-1.06	0.22	0.50	20130403	0.39	20130704	0.45	0.11
	2014	-1.17	20140103	-1.90	20141230	-1.72	0.73	0.54	20140711	0.46	20140425	0.50	0.08
	2015	-1.89	20150101	-2.02	20150517	-1.96	0.13	0.53	20150906	0.46	20150201	0.49	0.07
S2-4	2007	1.33	20071113	-0.56	20070920	0.29	1.89	0.34	20071113	0.00	20070917	0.18	0.34
	2008	1.42	20080313	0.76	20080925	1.08	0.66	0.63	20080910	-0.10	20080313	0.27	0.73
	2009	1.55	20090222	0.78	20090906	0.97	0.77	0.36	20090211	-0.01	20091129	0.13	0.37
	2010	1.50	20100320	1.04	20100911	1.24	0.47	0.57	20100909	-0.18	20100321	0.20	0.75
	2011	1.43	20111231	1.15	20110907	1.27	0.29	0.60	20110827	0.34	20110329	0.48	0.26
	2012	1.58	20120214	1.10	20120825	1.32	0.48	0.69	20120914	0.19	20120408	0.44	0.50
	2013	1.47	20130309	0.14	20131231	0.93	1.34	1.32	20130826	0.43	20130317	0.93	0.89
	2014	0.25	20140227	-0.06	20140913	0.08	0.32	1.24	20140715	1.01	20141227	1.13	0.23
	2015	0.13	20150411	-0.20	20150902	-0.03	0.33	1.16	20150801	0.91	20150408	1.04	0.25

注 顺水流方向、竖直向、左右岸方向的正值表示受拉，负值表示受压；剪应力的正值表示顺时针旋转，负值表示逆时针旋转。

1. 极值分析

从混凝土应力特征值统计表 9.8 可以看出，不考虑施工期（2007—2009 年）和水位变化较大年份（2010 年和 2013 年），一般情况下坝体应力与温度呈负相关关系，即温度升高导致坝体应力有受压的趋势，温度降低导致坝体应力有受拉的趋势，该表中显示在每年 6—10 月产生坝体拉应力极值，在每年 12 月至次年 3 月出现坝体压应力极值。而坝址所在地夏季为 5 月中旬—9 月中旬，冬季为 11 月上旬至次年 3 月下旬，拉应力极值出现在夏季，压应力极值出现在冬季，主要原因是混凝土温度变化滞后于气温变化，不同部位滞后时间有所区别，坝体内部及基础部位滞后时间较长且受影响较小，坝体上部和与大气相近部位滞后时间较短，且温度变幅较大，滞后时间基本在 3～6 个月左右。

由于目前仅有 2013 年 10 月—2015 年 10 月的气温资料，因此以 2014 年和 2015 年的气温资料和典型测点伴测温度进行滞后性分析，同时，由于坝体内部测点温度尚未收敛，呈逐年下降的趋势，每年最高温度发生在年初，最低温度发生在年末，因此仅选取温度变化幅度较大的与外界大气接近的靠近坝面部位测点伴测温度进行对比分析。由表 9.9 可以看出：①位于 29# 坝段高程 660.00m 和 35# 坝段高程 656.00m 同一部位靠近上游面的 2015 年最低气温同 2014 年相比分别早出现了 1.5 个月和 0.5 个月，其他测点伴测温度的 2014 年和 2015 年极值相差基本在 3d 以内；②除 S3-4 测点伴测温度与气温相比滞后天数较短外（64d 和 96d），其他测点伴测温度滞后天数均较长，最高温度滞后天数为 170d 左右（将近 6 个月），最低温度滞后天数在 74～139d 之间（约 2.5～5 个月）。

表 9.9   典型测点温度极值与气温极值滞后对比表

测点名称	年份	最高温度/℃	发生日期/（年．月．日）	最低温度/℃	发生日期/（年．月．日）	最高温度滞后天数/d	最低温度滞后天数/d
气温监测	2014	37.6	2014.7.13	−33.0	2014.2.25		
S2-5	2014	10.2	2014.1.1	6.9	2014.5.10	—	74.54
	2015	8.2	2015.1.1	5.8	2015.3.27	171.67	—
S3-4	2014	11.0	2014.10.17	8.7	2014.4.30	96.17	64.04
	2015	11.1	2015.10.16	8.8	2015.4.28	—	—
S3-5	2014	9.8	2014.1.4	8.5	2014.7.14	—	139.04
	2015	8.8	2015.1.1	7.5	2015.6.30	171.67	—
S3-6	2014	15.3	2014.1.1	13.1	2014.6.4	—	99.54
	2015	13.9	2015.1.1	11.8	2015.6.5	172.17	—

2. 年均值分析

大部分部位混凝土各向应力年均值在施工期（2007—2009 年）呈现较明显的变

化趋势，蓄水后基本呈缓慢变化趋势，仅个别测点（S2-1和S2-4）受水位变化和温度变化影响在特殊年份呈现较大变化。

3. 年变幅分析

大部分部位混凝土各向应力年变幅在施工期（2007—2009年）呈现较大变化，蓄水后基本呈逐年减小趋势。S2-1测点2014年受无应力计测值变化影响年变幅较大，S2-4受温度变化影响在2013年呈现较大变化，S2-5测点年变幅仍旧呈小幅逐年增加趋势（压应力逐年增大），除以上几个测点外，坝踵部位顺水流方向和左右岸方向受2010年和2013年两次较大的水位抬升影响年变幅略有反应（增大），其他部位年变幅均呈逐年减小趋势或有微弱变化。

9.4 混凝土应力监测统计模型及其成果分析

9.4.1 混凝土应力建模原理

混凝土应力监测 S 主要受上游库水位变化的影响，其次是温度、降雨、时效等影响。由于本工程所处地区降雨非常稀少，统计模型不考虑降雨的影响因素。因此，在分析时采用

$$S = S_h + S_T + S_\theta \tag{9.16}$$

式中　S——混凝土应力监测拟合值；

　　S_h——混凝土应力监测的水位分量；

　　S_T——混凝土应力监测的温度分量；

　　S_θ——混凝土应力监测的时效分量。

1. 水压分量 S_h

由时空分析可知，坝体任一点在水压作用下产生的应力分量与上游水位的1~3次方有关，即

$$S_h = \sum_{i=1}^{3} \left[a_{1i} (H_{ui}^i - H_{u0i}^i) \right] \tag{9.17}$$

式中　H_{ui}——平均上游水位（$i=1, \cdots, 3$）；

　　H_{u0i}——初始监测日对应的上游水位平均值（$i=1, \cdots, 3$）；

　　a_{1i}——水位因子回归系数（$i=1, \cdots, 3$）。

2. 温度分量 S_T

温度分量是坝体和地基的变温引起的应力，对于正常运行的大坝，温度影响因素主要为环境温度，因此选取如下形式的的周期项温度因子取代实测的环境温度。

$$S_T = \sum_{i=1}^{2} \left[b_{1i} \left(\sin \frac{2\pi i t}{365} - \sin \frac{2\pi i t_0}{365} \right) + b_{2i} \left(\cos \frac{2\pi i t}{365} - \cos \frac{2\pi i t_0}{365} \right) \right] \tag{9.18}$$

式中　t——从监测日至始测日的累计天数；

　　t_0——建模所取资料序列的第一个测值日至始测日的累计天数；

b_{1i}、b_{2i}——温度因子回归系数（$i=1, 2$）。

3. 时效分量 S_θ

应力的时效分量是由于混凝土徐变和干缩等因素引起的应力。因此，时效分量初期变化剧烈，后期变化渐趋稳定。根据混凝土的徐变规律，可采用

$$S_\theta = c_1(\theta - \theta_0) + c_2(\ln\theta - \ln\theta_0) \tag{9.19}$$

式中　c_1、c_2——时效分量回归系数；

　　　　θ——监测日至始测日的累计天数 t 除以 100；

　　　　θ_0——建模资料序列第一个测值日至始测日的累计天数 t_0 除以 100。

4. 统计模型表达式

综上所述，混凝土应力监测的统计模型为

$$S = S_h + S_T + S_\theta$$

$$= a_0 + \sum_{i=1}^{3}[a_{1i}(H_{ui}^i - H_{u0i}^i)] +$$

$$\sum_{i=1}^{2}\left[b_{1i}\left(\sin\frac{2\pi it}{365} - \sin\frac{2\pi it_0}{365}\right) + b_{2i}\left(\cos\frac{2\pi it}{365} - \cos\frac{2\pi it_0}{365}\right)\right] +$$

$$c_1(\theta - \theta_0) + c_2(\ln\theta - \ln\theta_0) \tag{9.20}$$

式中　a_0——常数项，其余符号意义同式（9.16）～式（9.19）。

9.4.2　混凝土应力的回归模型及其成果分析

1. 资料系列

根据应力监测的具体情况，二级配混凝土选择了 S2-1、S3-1 和 S3-5 三个测点；三级配混凝土选择了 S2-2、S2-3、S2-4、S3-2、S3-3、S3-4 和 S3-6 七个测点。由于工程完工基本在 2008 年年底，建模资料系列为 2009 年 1 月 12 日—2016 年 5 月 31 日，见表 9.10。

表 9.10　　　　　　　　坝体混凝土应力建模系列统计表

测点编号	建模时段 /（年.月.日）	测点编号	建模时段 /（年.月.日）	测点编号	建模时段 /（年.月.日）
S2-1 竖直向	2009.1.12—2016.5.31	S2-1 顺水流	2009.1.12—2016.5.31	S2-1 左右岸	2009.1.12—2016.5.31
S2-2 竖直向	2009.1.12—2016.5.31	S2-2 顺水流	2009.1.12—2016.5.31	S2-2 左右岸	2009.7.1—2016.5.31
S2-3 竖直向	2009.1.12—2016.5.31	S2-3 顺水流	2009.1.12—2016.5.31	S2-3 左右岸	2009.1.12—2016.5.31
S2-4 竖直向	2009.1.12—2016.5.31	S2-4 顺水流	2009.1.12—2016.5.31	S2-4 左右岸	2009.1.12—2016.5.31
S3-1 竖直向	2009.1.12—2016.5.31	S3-1 顺水流	2009.1.12—2016.5.31	S3-1 左右岸	2009.1.12—2016.5.31
S3-2 竖直向	2009.1.12—2016.5.31	S3-2 顺水流	2009.1.12—2016.5.31	S3-2 左右岸	2009.1.12—2016.5.31
S3-3 竖直向	2009.1.12—2016.5.31	S3-3 顺水流	2009.1.12—2016.5.31	S3-3 左右岸	2009.1.12—2016.5.31
S3-4 竖直向	2009.1.12—2016.5.31	S3-4 顺水流	2009.1.12—2016.5.31	S3-4 左右岸	2009.1.12—2016.5.31
S3-5 竖直向	2009.1.12—2016.5.31	S3-5 顺水流	2009.1.12—2016.5.31	S3-5 左右岸	2009.1.12—2016.5.31
S3-6 竖直向	2009.1.12—2016.5.31	S3-6 顺水流	2009.1.12—2016.5.31	S3-6 左右岸	2009.1.12—2016.5.31

2. 统计模型

采用逐步加权回归分析法，由式（9.20）对上述各测点的对应资料系列建立统计模型。表9.11～表9.13为各测点的回归系数及相应的模型复相关系数 R、标准差 S，典型测点的实测值、拟合值及残差过程线如图9.45～图9.47所示。

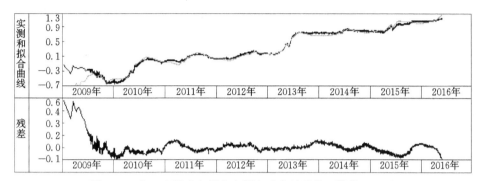

图 9.45　S3-2 竖直向拟合实测和残差过程线（单位：mm）

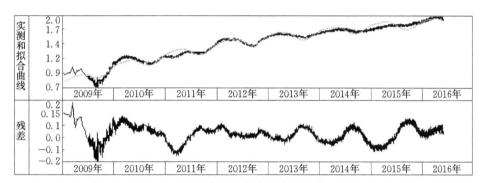

图 9.46　S3-2 顺水流拟合实测和残差过程线（单位：mm）

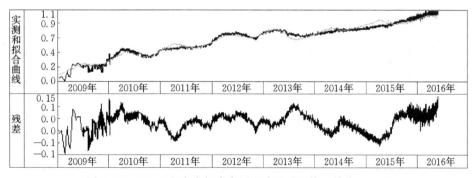

图 9.47　S3-2 左右岸拟合实测和残差过程线（单位：mm）

3. 精度分析

从表9.11～表9.13中发现，在30个测点中，复相关系数在0.9以上的测点数为27个，在0.8～0.9之间的有2个，在0.7～0.8之间的有1个。大部分测点标准差小于0.1MPa。混凝土应力统计模型精度较高。

表 9.11 坝体二级配混凝土应力统计模型系数、复相关系数以及标准差统计表

系数	测点								
	S2-1竖直向	S2-1顺水流	S2-1左右岸	S3-1竖直向	S3-1顺水流	S3-1左右岸	S3-5竖直向	S3-5顺水流	S3-5左右岸
a_0	-1.71E+00	-8.61E-01	-1.67E-01	-1.30E+00	4.96E-01	-1.75E-01	-1.32E+00	-1.06E+00	-2.04E-01
a_1	3.68E-02	-4.56E-02	-9.86E-03	7.08E-02	-5.15E-03	-3.80E-02	1.54E-01	-8.37E-01	-1.51E+00
a_2	-1.81E-04	2.19E-04	5.11E-05	-3.46E-04	4.27E-05	1.78E-04	-1.15E-04	1.55E-03	2.73E-03
a_3	1.74E-07	-2.05E-07	-5.07E-08	3.30E-07	-5.37E-08	-1.65E-07	0.00E+00	-9.40E-07	-1.63E-06
b_1	1.17E-01	-5.91E-03	6.96E-02	9.12E-02	5.81E-02	4.25E-02	7.16E-03	-7.35E-02	-8.03E-02
b_2	6.23E-02	9.51E-01	2.11E-01	6.23E-03	2.18E-02	-3.86E-03	-1.13E-01	-7.69E-02	-7.58E-02
b_3	-1.56E-02	-8.86E-03	4.26E-03	5.25E-03	-1.30E-02	-7.42E-03	3.65E-02	2.14E-02	2.30E-02
b_4	2.53E-02	-8.20E-01	1.01E-01	2.82E-02	9.44E-03	6.94E-03	0.00E+00	-2.85E-03	-1.07E-02
c_1	-8.00E-01	-5.05E-01	-3.25E-01	1.12E-01	5.70E-03	2.40E-02	1.90E-01	9.47E-02	2.93E-01
c_2	5.25E+01	3.08E+01	1.92E+01	-1.07E+01	-3.85E+00	-3.60E+00	-1.35E+01	-5.63E+00	-2.09E+01
R	9.77E-01	9.87E-01	9.80E-01	9.34E-01	9.98E-01	9.89E-01	9.63E-01	9.11E-01	9.33E-01
S	1.61E-01	1.57E-01	1.37E-01	6.49E-02	4.45E-02	4.14E-02	1.13E-01	7.27E-02	6.68E-02

表 9.12 坝体三级配混凝土应力统计模型系数、复相关系数以及标准差统计表

系数	测点											
	S2-2竖直向	S2-2顺水流	S2-2左右岸	S2-3竖直向	S2-3顺水流	S2-3左右岸	S2-4竖直向	S2-4顺水流	S2-4左右岸	S3-2竖直向	S3-2顺水流	S3-2左右岸
a_0	-2.28E+00	1.06E+00	2.04E-01	3.39E-01	-2.75E-01	-2.89E-01	9.08E-01	1.48E+00	9.85E-01	-7.34E-01		7.72E-01
a_1	3.33E+00	-2.85E+00	-1.05E+00	-4.85E+00	4.63E-01	0.00E+00	-1.49E+01	-4.18E+00	-8.98E+00	1.27E+00		4.20E-01
a_2	-5.64E-03	4.83E-03	1.78E-03	8.12E-03	-7.45E-04	2.22E-05	2.54E-02	7.44E-03	1.52E-02	-2.14E-03		-6.65E-04
a_3	3.18E-06	-2.72E-06	-1.01E-06	-4.54E-06	3.97E-07	-2.49E-08	-1.44E-05	-4.40E-06	-8.52E-06	1.21E-06		3.50E-07
b_1	-1.57E-01	5.06E-02	-4.62E-02	-7.91E-02	1.87E-02	-3.61E-03	2.33E-01	3.09E-02	1.52E-01	-5.20E-02		7.37E-02
b_2	-1.40E-01	-1.82E-02	-1.16E-02	-1.14E-01	-3.68E-02	-1.11E-02	2.84E-02	-1.88E-01	4.34E-02	-3.58E-01		2.99E-02

续表

系数	测点										
	S2-2竖直向	S2-2顺水流	S2-2左右岸	S2-3竖直向	S2-3顺水流	S2-3左右岸	S2-4竖直向	S2-4顺水流	S2-4左右岸	S3-2竖直向	S3-2顺水流
b_3	-1.19E-02	-3.13E-02	-1.30E-02	-7.30E-03	-2.48E-02	-6.34E-03	-3.50E-02	1.68E-02	-2.30E-02	1.61E-02	-1.33E-02
b_4	-1.14E-02	-1.44E-02	-1.05E-02	2.32E-03	-6.97E-03	-1.12E-02	1.69E-02	3.48E-02	1.36E-02	0.00E+00	7.62E-03
c_1	5.64E-01	3.07E-01	1.53E-01	3.90E-01	4.02E-01	2.55E-01	-1.10E+00	-1.17E+00	-7.21E-01	1.94E-01	-1.32E-01
c_2	-3.95E+01	-2.45E+01	-1.26E+01	-3.07E+01	-3.17E+01	-1.99E+01	7.89E+01	8.55E+01	5.15E+01	-1.14E+01	1.29E+01
R	9.70E-01	8.92E-01	9.52E-01	9.75E-01	9.46E-01	9.62E-01	9.69E-01	9.46E-01	9.60E-01	9.95E-01	9.88E-01
S	1.27E-01	8.77E-02	4.20E-02	6.41E-02	8.19E-02	3.49E-02	3.06E-01	2.83E-01	1.68E-01	5.75E-02	5.22E-02

表 9.13　坝体三级配混凝土应力统计模型系数、复相关系数以及标准差统计表

系数	测点									
	S3-2左右岸	S3-3竖直向	S3-3顺水流	S3-3左右岸	S3-4竖直向	S3-4顺水流	S3-4左右岸	S3-6竖直向	S3-6顺水流	S3-6左右岸
a_0	8.22E-02	-8.78E-01	1.60E+00	7.86E-01	-1.83E+00	-9.36E-01	7.79E-01	-4.77E-01	-1.89E+00	-1.41E+00
a_1	6.40E-02	2.43E+00	2.29E+00	3.80E-01	-1.54E+00	1.99E+00	-7.68E-01	-5.80E+00	-2.16E+00	-4.27E-01
a_2	0.00E+00	-3.91E-03	-3.76E-03	-6.05E-04	2.82E-03	-3.41E-03	1.26E-03	9.82E-03	3.73E-03	6.42E-04
a_3	-5.92E-08	2.08E-06	2.06E-06	3.21E-07	-1.71E-06	1.94E-06	-6.86E-07	-5.54E-06	-2.14E-06	-3.15E-07
b_1	4.28E-02	-9.42E-02	5.04E-03	1.74E-02	9.87E-03	-5.39E-03	9.00E-02	-4.75E-02	-1.52E-02	-3.58E-02
b_2	-2.61E-03	-6.44E-02	-1.43E-02	-1.56E-02	-1.52E-02	-3.28E-02	-1.12E-02	-2.05E-01	-1.49E-01	-4.52E-02
b_3	-3.34E-03	2.10E-02	1.80E-03	0.00E+00	1.93E-02	1.45E-02	3.64E-02	-1.49E-02	-1.05E-02	-5.59E-03
b_4	0.00E+00	3.98E-03	5.82E-03	1.44E-03	3.53E-03	5.45E-03	4.69E-02	0.00E+00	-7.02E-03	8.74E-03
c_1	-3.12E-02	4.83E-01	3.26E-01	4.40E-03	-1.01E-01	-2.36E-01	1.43E-01	7.18E-03	0.00E+00	2.59E-01
c_2	4.86E+00	-3.73E+01	-2.12E+01	-2.59E-01	5.80E+00	1.70E+01	-1.33E+01	-4.67E+00	-8.72E-01	-2.15E+01
R	9.87E-01	9.87E-01	7.92E-01	8.44E-01	9.91E-01	9.58E-01	9.64E-01	9.92E-01	9.35E-01	9.80E-01
S	4.12E-02	5.46E-02	2.41E-02	2.21E-02	6.24E-02	7.50E-02	6.68E-02	8.04E-02	1.03E-01	3.61E-02

4. 影响因素分析

为了定量分析和评价水位、温度、时效等各分量对坝体混凝土应力的影响，选取典型测点应力作为研究对象，并以 2016 年的变幅为例，用模型分离各分量的年变幅，见表 9.14、表 9.15。

表 9.14   二级配混凝土典型测点 2016 年实测变幅、拟合值及各分量变幅   单位：MPa

测点	实测值	拟合值	水压分量	温度分量	时效分量	水压分量比例	温度分量比例	时效分量比例
S2-1 竖直向	0.1127	0.2055	0.0612	0.0245	0.1198	29.80%	11.91%	58.29%
S2-1 顺水流	0.1537	0.3972	0.1999	0.0099	0.1874	50.34%	2.49%	47.18%
S2-1 左右岸	0.0411	0.2353	0.0692	0.0405	0.1255	29.41%	17.23%	53.36%
S3-1 竖直向	0.1651	0.3064	0.2435	0.051	0.0119	79.45%	16.65%	3.90%
S3-1 顺水流	0.0888	0.1912	0.1221	0.0205	0.0486	63.87%	10.71%	25.42%
S3-1 左右岸	0.0446	0.0951	0.0561	0.0248	0.0142	58.99%	26.03%	14.98%
S3-5 竖直向	0.0116	0.3084	0.0755	0.178	0.0549	24.49%	57.72%	17.79%
S3-5 顺水流	0.0279	0.0495	0.0232	0.0162	0.0102	46.83%	32.65%	20.52%
S3-5 左右岸	0.0359	0.0795	0.0374	0.0193	0.0228	47.04%	24.31%	28.66%

表 9.15   三级配混凝土典型测点 2016 年实测变幅、拟合值及各分量变幅   单位：MPa

测点	实测值	拟合值	水压分量	温度分量	时效分量	水压分量比例	温度分量比例	时效分量比例
S2-2 竖直向	0.3724	0.5358	0.1645	0.2112	0.1601	30.70%	39.42%	29.88%
S2-2 顺水流	0.0277	0.1234	0.0471	0.0559	0.0205	38.16%	45.26%	16.58%
S2-2 左右岸	0.0025	0.0722	0.0454	0.015	0.0118	62.91%	20.76%	16.33%
S2-3 竖直向	0.0326	0.0949	0.0394	0.0412	0.0143	41.51%	43.42%	15.07%
S2-3 顺水流	0.0117	0.1483	0.0169	0.0834	0.0481	11.37%	56.20%	32.42%
S2-3 左右岸	0.0084	0.062	0.0111	0.0233	0.0276	17.94%	37.59%	44.46%
S2-4 竖直向	0.0707	1.146	0.7517	0.1566	0.2377	65.59%	13.66%	20.74%
S2-4 顺水流	0.0653	0.5402	0.2513	0.1452	0.1438	46.51%	26.88%	26.61%
S2-4 左右岸	0.0241	0.5654	0.3213	0.0793	0.1648	56.83%	14.03%	29.14%
S3-2 竖直向	0.0852	0.2571	0.1394	0.027	0.0908	54.20%	10.50%	35.30%
S3-2 顺水流	0.1201	0.0494	0.0089	0.0259	0.0146	17.98%	52.44%	29.58%
S3-2 左右岸	0.1575	0.063	0.028	0.0208	0.0142	44.50%	32.95%	22.55%
S3-3 竖直向	0.1888	0.0319	0.0119	0.0084	0.0115	37.38%	26.45%	36.16%
S3-3 顺水流	0.0539	0.0477	0.0115	0.0232	0.013	24.12%	48.66%	27.22%

续表

测点	实测值	拟合值	水压分量	温度分量	时效分量	水压分量比例	温度分量比例	时效分量比例
S3-3 左右岸	0.077	0.0456	0.0029	0.0405	0.0022	6.46%	88.70%	4.85%
S3-4 竖直向	0.2066	0.1558	0.0736	0.0679	0.0143	47.24%	43.56%	9.20%
S3-4 顺水流	0.2414	0.0819	0.0135	0.0245	0.0439	16.53%	29.88%	53.59%
S3-4 左右岸	0.2078	0.2508	0.0295	0.2109	0.0103	11.77%	84.12%	4.11%
S3-6 竖直向	0.0936	0.1351	0.0554	0.0669	0.0129	40.98%	49.47%	9.55%
S3-6 顺水流	0.0971	0.1405	0.0562	0.08	0.0044	39.97%	56.90%	3.13%
S3-6 左右岸	0.0785	0.1601	0.0639	0.0749	0.0213	39.91%	46.76%	13.33%

（1）水位分量。所有测点均选中上游水位因子，说明上游水位的变化对混凝土应力的影响明显。监测日因子系数最大，说明当天上游库水位对混凝土应变影响最大，其次，是监测日当天上游水位二次方和三次方。混凝土测点各方向应力无明显差别。

由 2016 年变幅分离结果看，水位分量为主要影响因素，二级配混凝土应力水位分量约占年变幅的 40%～60%，三级配混凝土应力水位分量约占年变幅的 30%～50%，二级配混凝土应力受水位影响比三级配混凝土更明显。从混凝土各方向应力水位分量来看，二级配混凝土竖直方向应力水位分量约占年变幅的 30%，左右岸和上下游方向应力水位分量约占年变幅的 50%；三级配混凝土竖直方向应力水位分量约占年变幅的 30%～60%，左右岸和上下游方向应力水位分量约占年变幅的 10%～40%；二级配混凝土应力水位分量占年变幅平均值为 45%，三级配水位分量占年变幅平均值为 35%，两种级配的混凝土应力差异明显。

（2）温度分量。所有测点都选中了温度因子，说明温度对混凝土应力也有一定的影响。由 2016 年变幅分离结果看，二级配混凝土应力温度分量约占年变幅的 10%～30%，三级配混凝土应力温度分量约占年变幅的 20%～60%，各应力方向无明显差异。二级配混凝土应力温度分量占年变幅平均值为 25%，三级配温度分量占年变幅平均值为 40%。

（3）时效分量。所有测点均选中了时效因子，说明时效对混凝土应力有一定的影响。由 2016 年变幅分离结果看，二级配混凝土应力时效分量约占年变幅的 20%～50%，三级配混凝土应力时效分量约占年变幅的 10%～40%，各应力方向无明显差异。二级配混凝土应力时效分量占年变幅平均值为 30%，三级配时效分量占年变幅平均值为 25%。

9.4.3 小结

在 30 个测点中，复相关系数在 0.9 以上的测点数为 27 个，在 0.8～0.9 之间的有 2 个，在 0.7～0.8 之间的有 1 个。大部分测点标准差小于 0.1MPa。混凝土应力统计模型精度较高。

所有测点均选中上游水位因子，说明上游水位的变化对混凝土应力的影响明显。由于水压分量变化与应力监测效应量变化趋势保持高度一致，证明了二者存在良好的线性相关性。混凝土测点各方向应力无明显差别，证明变形主要以弹性协调变形为主，且竖直向应力变化很好地反映了由于上游库水位抬升而出现的"踵拉趾压"现象。

所有测点都选中温度因子，说明温度对混凝土应力也有一定影响。二级配混凝土应力温度分量约占年变幅的 10%～30%，三级配混凝土应力温度分量约占年变幅的 20%～60%，各应力方向无明显差异。二级配混凝土应力温度分量占年变幅平均值为 25%，三级配温度分量占年变幅平均值为 40%。

所有测点均选中了时效因子，说明时效仍未收敛。二级配混凝土应力时效分量约占年变幅的 20%～50%，三级配混凝土应力时效分量约占年变幅的 10%～40%，各应力方向无明显差异。二级配混凝土应力时效分量占年变幅平均值为 30%，三级配时效分量占年变幅平均值为 25%。

二级配混凝土应力受水位影响略大，三级配混凝土应力受温度影响略大。

9.5　大坝混凝土应力应变监测资料分析综合评价

9.5.1　混凝土自生体积变形

（1）在埋设初期，所有测点自生体积变形均随混凝土水化热温升有上升的趋势，达到最大值后，开始逐渐收缩，这一过程持续大约 2 年时间，2009 年夏季以后，各测点收缩幅度大幅下降，但仍具有收缩趋势，自生体积变形基本受温度影响，尤其在 2011 年以后，自生体积变化已基本呈收敛状态。除 N2-3（58.67$\mu\varepsilon$）和 N3-6（78.34$\mu\varepsilon$）测点处于膨胀状态外，其他测点均处于收缩状态，当前收缩量在 $-29.13\sim-165.35\mu\varepsilon$ 之间。

（2）混凝土自生体积变形受温度变化影响明显，呈正相关关系变化，温度升高，测值增大，即应变值有膨胀的趋势；反之，温度降低，则测值减小，即应变值有收缩的趋势。靠近坝体表面的测点应变值和温度的变化幅度明显比坝体内部测点测值和温度变化幅度要大，且相关性更好。

（3）混凝土自生体积变形年变幅在 2007—2009 年（施工期）均较大，之后除个别测点外大部分测点的年变幅基本波动范围很小。位于高程较高层面下游面部位的测点年变幅最大，该部位受外界气温影响最大；高程较高部位上游面和高程较低部位下游面附近的测点位于水位变化区，这两个部位测点的年变幅位居其次；坝体内部测点和较低高程坝体上游面死水位以下测点温度变化最小，因此年变幅也最小。

综上所述，混凝土自生体积变形均在合理范围内，变化趋势符合正常规律，目前已基本趋于稳定。

9.5.2　坝体混凝土应力

（1）29$^{\#}$坝段顺水流方向当前应力在 $-3.26\sim0.57\mathrm{MPa}$ 之间，竖直向应力在

−3.52～−0.04MPa 之间，左右岸方向应力在−1.99～1.73MPa 之间，剪应力在0.04～1.05MPa 之间。各向最大压应力均出现在坝踵处，最大拉应力出现在上游坝面处的左右岸方向（1.73MPa）。

35[#]坝段顺水流方向当前应力在 −2.32～1.79MPa 之间，竖直向应力在−2.68～1.16MPa 之间，左右岸方向应力在−1.79～0.93MPa 之间，剪应力在−0.25～0.97MPa 之间。最大拉应力均出现在基础部位坝体内部。

当前混凝土各向拉应力最大值为 1.79MPa（35[#]坝段坝体内部顺水流方向），压应力最大值为−3.52MPa（29[#]坝段坝踵处竖直向），剪应力最大值为 1.05MPa（29[#]坝段坝趾处），量值均较小，未达到混凝土承受能力，但部分部位拉应力超过1.50MPa，量值略大，应加强关注。

（2）各测点在埋设初期受混凝土水化热温升影响应力变化较大，施工期主要受混凝土浇筑和外界气温影响，开始蓄水后，水位变化对其有一定影响，但仍旧受外界气温变化的影响较明显，且有一定滞后（3～6 个月）。

（3）混凝土应力与温度变化呈负相关关系，当坝体温度升高时压应力增加或拉应力减小；坝体温度降低时则相反，压应力减小或拉应力增加。高程越高，越靠近下游面，应力受温度变化影响越大。而埋设于水面下靠近上游面的测点和位于坝体内部的测点则受外界气温影响较小，测值变化较小。

（4）上游库水位变化对坝体应力变化的影响也有一定影响，但不如气温影响显著，尤其在靠近坝踵附近的应力受上游库水位变化影响明显。上游库水位变化对坝体不同部位不同方向的应力有不同影响：

1）在顺水流方向主要表现为对坝踵部位应力影响显著：水位升高，产生拉应力减小或压应力增加的趋势；水位降低，产生拉应力增加或压应力减小的趋势。

2）在竖直向主要表现为：水位升高，坝踵部位、靠近上游面以及坝体内部略靠上游的竖直向应力有拉应力增加或压应力减小的趋势，坝趾部位的竖直向应力有拉应力减小或压应力增加的趋势；水位降低，坝踵部位、靠近上游面以及坝体内部略靠上游的竖直向应力有拉应力减小或压应力增加的趋势，坝趾部位的竖直向应力有拉应力增加或压应力减小的趋势。

3）左右岸方向：靠近上游面的测点略有相关性，随着水位升高产生拉应力增加或压应力减小的趋势；随着水位降低产生拉应力减小或压应力增加的趋势。

4）剪应力：上游库水位变化对各测点剪应力影响非常显著，随着水位升高产生受力方向为顺时针旋转指向 XZ 方向；随着水位降低产生受力方向为逆时针旋转指向 ZX 方向。

（5）29[#]坝段坝踵部位的 S2−1 测点在 2014 年 1—4 月期间有一个各向压应力突然增大的过程，主要受无应力计 N2−1 的测值突变影响，但并非结构应力变化。该坝段坝趾部位的 S2−4 测点在 2013 年 6—8 月期间也有一个各向拉应力减小、压应力增大的过程，且竖直向应力由受拉转为受压，主要受温度升高影响较大，同时该时段上游库水位由 716.00m 上升至 740.00m 左右，以上两个因素导致坝趾部位应力产生受压的趋势。不考虑以上两个测点的特殊性外，混凝土应力特征值规律总结如下：

1）每年 6—10 月产生坝体拉应力极值，在每年 12 月至次年 3 月出现坝体压应力极值，极值规律与温度有较好相关性。因混凝土温度变化滞后于气温变化 3~6 个月，导致夏季温度高的季节产生拉应力极值，而冬季温度低的季节产生压应力极值。不同部位滞后时间有所区别，坝体内部及基础部位滞后时间较长且受影响较小，坝体上部和与大气相近部位滞后时间较短且影响较大。

2）大部分部位混凝土各向应力年变幅在施工期（2007—2009 年）变化较大，蓄水后基本呈逐年减小趋势。坝踵部位顺水流方向和左右岸方向受 2010 年和 2013 年两次较大的水位抬升影响年变幅略有反应（增大），其他部位年变幅均呈逐年减小趋势或有微弱变化。

综上所述，除个别部位拉应力略大需加强关注外，混凝土应力量值大体在合理范围内，变化趋势符合正常规律，能够真实反映外界环境及运行工况对混凝土应力的影响。

第10章 大坝温度监测资料分析

10.1 温度计布置概况

温度是影响大坝工作性态的重要作用因素之一，其监测资料在施工期是施工质量控制和指导施工进度的重要依据，在蓄水及运行期是掌握和分析坝体位移、应力变化的重要参数。坝体混凝土温度变化对大坝的变形及应力有很大的影响，为了解混凝土水化热、水温、气温及太阳辐射等因素对坝体温度的影响，在大坝的 25# 坝段、29# 坝段、31# 坝段、35# 坝段、57# 坝段及泄水底孔、中孔等部位共埋设 314 支铜电阻温度计，监测内容包含库水温度、坝体内部碾压混凝土温度和坝体表面温度及坝基基础温度等。

10.2 温度计监测资料分析

10.2.1 基岩温度

在 29# 坝段（建基面高程 626.00m，埋设日期 2007 年 5 月 11 日）和 35# 坝段（建基面高程 628.00m，埋设日期 2007 年 6 月 8 日）坝轴线下游 11.00m、41.00m、62.00m 处各埋设一组基岩温度计，每组基岩温度计测点分别位于基岩面以下 0.00m、1.00m、3.00m、6.00m、10.00m。

在 25# 坝段（建基面高程 641.00m，埋设日期 2007 年 10 月 15 日）坝轴线下游 22.00m、68.00m 处各埋设一组基岩温度计，57# 坝段（建基面高程 681.00m，埋设日期 2008 年 4 月 8 日）坝轴线下游 12.00m、33.00m 处各埋设一组基岩温度计，每组基岩温度计测点分别位于基岩面以下 0.00m，1.00m，3.00m，6.00m、10.00m。

10.2.1.1 时空分析

25#、29#、35#、57# 坝段基岩温度计测值典型过程线如图 10.1 和图 10.2 所示。

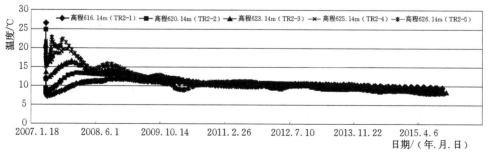

图 10.1 29# 坝段坝轴线下游 11m 基岩温度计典型过程线

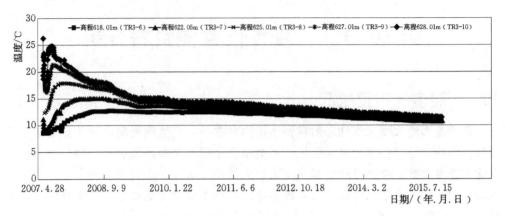

图 10.2　35# 坝段坝轴线下游 41m 基岩温度计典型过程线

（1）整体来看，基岩温度计的变化主要受环境气温、坝体混凝土浇筑热量倒灌和渗水温度的影响。

（2）在仪器埋设初期，不同深度基岩温度主要受环境气温的影响，高程越高越靠近基岩表面，温度越高。

（3）在 2007—2008 年，随着坝体混凝土浇筑，受混凝土浇筑水化热产生的热量倒灌影响，基岩温度上升，基岩温度升至最高温度后逐渐下降。

（4）水库蓄水以来，基岩温度受到上游库水的影响，水的温度呈周期变化，基岩温度在 2008—2010 年呈现出周期性变化。两图对比来看，靠近上游的测点周期性变化更明显，且不同坝段不同部位的测点都是基岩以下 10.00m 范围内（TR2 - 4、TR2 - 5、TR3 - 9、TR3 - 10）有温度周期变化的规律，埋设深度 10.00m 以上的测点并没有明显的周期变化。

（5）基岩温度在受以上因素影响的同时，基岩一直处于持续热量消散的过程。在温度达到最高值后，特别是 2011 年至今，基岩温度整体有一个缓慢下降的趋势，受水温和环境影响引起的周期波动越来越小，不同坝段不同高程的温度逐渐趋于一个相同的温度（10℃左右）水平。

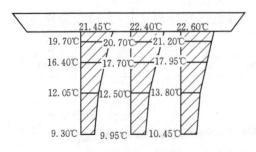

图 10.3　35# 坝段基岩温度分布图
（2007 年 10 月 15 日）

（6）对比图 10.1～图 10.5，埋设初期基岩温度随埋设深度增加而逐渐减小，而后基岩冷却，温度整体缓慢下降。由于不同部位不同深度受环境和水温度影响程度不同，29# 坝段是溢流坝段，坝轴线下 41.00m 处温度最高，坝轴线以下 62.00m 和 11.00m 处的温度较低。35# 是全混凝土挡水坝段，坝轴线以下 62.00m 处温度最高，其次依次是坝轴线以下 44.00m 和坝轴线以下 11.00m。

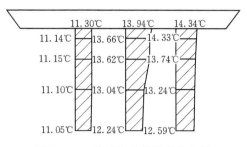

图 10.4 35# 坝段基岩温度分布图
（2011 年 10 月 15 日）

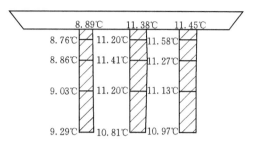

图 10.5 35# 坝段基岩温度分布图
（2015 年 10 月 15 日）

10.2.1.2 特征值分析

图 10.6～图 10.8 是典型测点特征值分布图。

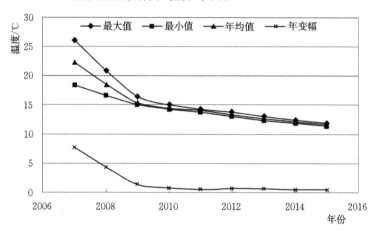

图 10.6 35# 坝段坝下 0+41.00 高程 628.01m
测点特征值分布曲线（TR3-10）

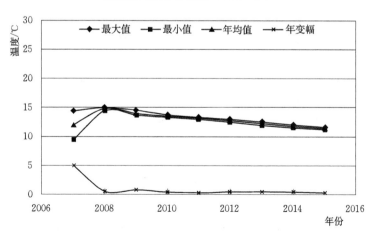

图 10.7 35# 坝段坝下 0+41.00 高程 622.01m
测点特征值分布曲线（TR3-7）

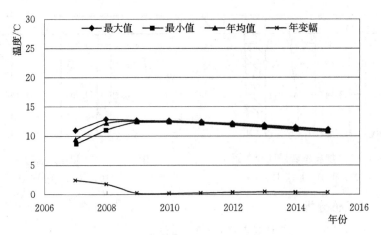

图 10.8　35#坝段坝下 0+41.00 高程 618.01m
测点特征值分布曲线 （TR3-6）

1. 极值分析

（1）在施工期受坝体混凝土浇筑水化热倒灌的影响，基岩温度升至最高值。如 35#坝段坝轴线以下 11.00m、41.00m、62.00m 三个不同部位不同深度温度计的测值：基岩面以下 10.00m 处监测出的最高温度分别为 12.4℃（2008 年 9 月 25 日）、12.75℃（2008 年 10 月 10 日）、13.59℃（2009 年 6 月 30 日）；基岩面以下 6.00m 处监测出的最高温度分别为 13.85℃（2008 年 3 月 23 日）、15℃（2008 年 5 月 10 日）和 15.65℃（2008 年 6 月 6 日）；基岩面以下 3.00m 处监测出的最高温度分别为 16.65℃（2007 年 12 月 3 日）、17.9℃（2007 年 11 月 23 日）和 18.05℃（2007 年 12 月 3 日）；基岩面以下 1m 处监测出的最高温度分别为 21.55℃（2007 年 8 月 24 日）、21.45℃（2007 年 8 月 24 日）和 23.05℃（2007 年 8 月 11 日）；基岩面监测出的最高温度分别为 27.45℃（2007 年 6 月 13 日）、26.05℃（2007 年 6 月 9 日）和 27℃（2007 年 7 月 29 日）。其他坝段也表现出相同的规律。

（2）在施工期温度达到最高值以后，基岩温度极值逐年减小，在 2011 年以后逐年达到一个稳定水平。

（3）通过对比表中极值出现的时间，基岩温度表现出滞后性。特别是蓄水后至 2011 年以来，所有测点最高温度基本出现在 1 月，25#坝段（靠近上下游）、29#坝段（靠近上游）埋设位置浅的部位（基岩下 5.00m 范围内）最低温度基本出现在 7—10 月（见表 10.1），35#坝段和 57#坝段基岩最低温度基本出现在 12 月。说明外界气温和上游渗水温度对靠近建基面且临近上下游部位有一定影响，滞后时间约 5～7 个月。埋设越深，影响越小，基岩温度基本呈逐年降低的趋势（年初最高，年末最低）。

2. 年均值分析

（1）大部分测点年均值在施工期（2007—2009 年）有温度上升后下降的波动过程，年均值最大值是 23.33℃（2007 年 35#坝段坝轴线下游 62.00m 处基岩表面）。

（2）蓄水后，基岩整体呈现温度缓慢下降的趋势。

表 10.1　29# 坝段上游侧测点极值与天气极值滞后对比表

高程/m	测点名称	年份	最高温度/℃	发生日期/(年.月.日)	最低温度/℃	发生日期/(年.月.日)	最高温度滞后天数/d	最低温度滞后天数/d
	气温监测	2014	37.60	2014.7.13	−33.00	2014.2.25		
626.136	TR2-5	2014	9.23	2014.1.1	8.66	2014.7.17	—	142
		2015	8.83	2015.1.2	8.24	2015.7.15	173	—
625.136	TR2-4	2014	9.45	2014.1.1	8.94	2014.9.10	—	197
		2015	8.96	2015.1.5	8.49	2015.9.6	176	—
623.136	TR2-3	2014	9.28	2014.1.1	8.72	2014.7.29	—	154
		2015	8.83	2015.1.2	8.28	2015.8.1	173	—
620.136	TR2-2	2014	9.61	2014.1.1	9.11	2014.12.25		
		2015	9.11	2015.1.2	8.72	2015.10.25		

坝轴线下游 11.00m

3. 年变幅分析

（1）施工期（2007—2009 年）年变幅较大，埋设初期受混凝土浇筑影响年变幅最大，年变幅最大值是 20.70℃（2008 年 57# 坝段坝轴线下游 68.00m）。

（2）蓄水后，年变幅逐年减小。2011 年后，不同部位不同高程的年变幅均较小，基本保持在 1.00℃ 左右的水平。

10.2.2　库水温度

库水温度受运行水位变化和日照、季节的影响较大，为监测库水温度变化，在重点监测坝段 25# 坝段、29# 坝段、35# 坝段和 57# 坝段坝踵处以上间隔 8～12m 布置水温度计，位置控制在距上游表面 5～10cm 混凝土内，共布置 27 支温度计。

10.2.2.1　时空分析

图 10.9 和图 10.10 是 29# 坝段和 35# 坝段库水温度计典型过程线，整体来看数据连续性较好。两个坝段库水温度反映出了基本相似的变化规律。

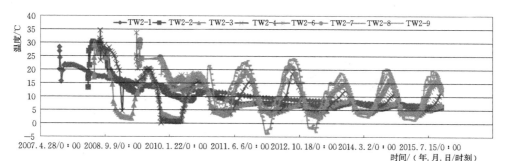

图 10.9　29# 坝段水温度计典型过程线

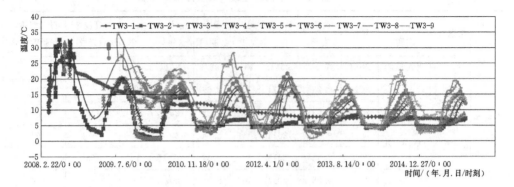

图 10.10   35#坝段水温度计典型过程线

（1）各测点在埋设初期（2008—2009 年）受混凝土水化热温升影响温度上升很快，而后温度逐渐降低。

（2）长期处于库底部淤泥中的高程 634.00m 测点（TW3-1、TW2-1 和 TW2-2），温度一直处于缓慢下降过程。施工期该部位下降速率快，蓄水后降低速率减小。

（3）在春夏非结冰期，库水温随环境气温的上升而上升，随环境温度的下降而下降，底部的水温最低，沿高程方向水温逐渐升高。

（4）在每年的库区结冰期，库区的冰层起到了一个隔温层的作用，库水温不再随气温的变化而变化，不同高程测点温度以相同的斜率的近似直线下降。

10.2.2.2   特征值分析

为分析水温随水深的变化规律，绘制了水温特征值分布图，如图 10.11～图 10.13 所示。

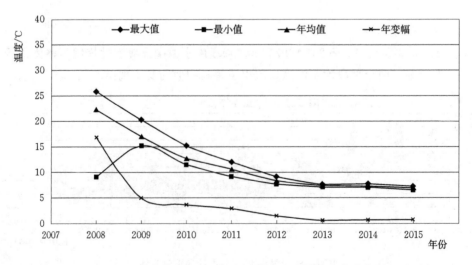

图 10.11   35#坝段高程 644.00m 库水温度计特征值分布图

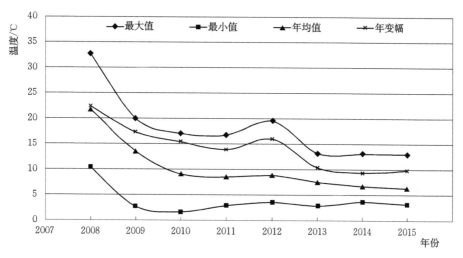

图 10.12　35#坝段高程 680.00m 库水温度计特征值分布图

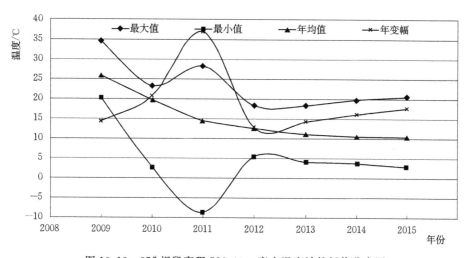

图 10.13　35#坝段高程 726.00m 库水温度计特征值分布图

1. 极值分析

仪器埋设初期，受混凝土浇筑水化热影响，温度快速升至最高，温度最大值是 37.45℃（TW2-4 测点，2008 年 8 月 1 日）。在上游库水位以上高程，个别测点（2011 年的 TW3-8 和 TW3-9）最小值能达到 0℃以下。

2011 年蓄水以后，滞后性比较明显（表 10.2）。埋设高程低的部位（高程 644.00m）最高温度基本出现在 1—3 月，最低温度出现在 10—12 月，滞后气温 7～10 个月左右；埋设高程 660.00m 部位最高温度基本出现在 10—11 月，最低温度出现在 4—5 月，滞后气温 3～5 个月；埋设高程 670.00～690.00m 部位最高温度基本出现在 8—10 月，最低温度出现在 4 月，滞后气温 2～3 个月；埋设高程 700.00m 以上部位库水受外界环境气温变化影响较大，最高温度基本出现在 8—9 月，最低温度出现在 12 月至次年 3 月，与气温变化基本同步。

表 10.2 典型坝段上游侧测点极值与天气极值滞后对比表

坝段	高程/m	测点名称	年份	最高温度/℃	发生日期/(年.月.日)	最低温度/℃	发生日期/(年.月.日)	最高温度滞后天数/d	最低温度滞后天数/d
29# 坝段		气温	2014	37.60	2014.7.13	-33.00	2014.2.25		
	634.00	TW2-1	2014	7.60	2014.2.16	6.63	2014.11.11		259
			2015	6.78	2015.3.11	6.15	2015.10.24	241	
	648.00	TW2-2	2014	7.93	2014.1.1	5.57	2014.6.24		119
			2015	7.01	2015.1.1	5.08	2015.7.8	172	
	660.50	TW2-3	2014	8.63	2014.11.17	3.91	2014.4.25	127	59
			2015	7.12	2015.10.25	3.36	2015.5.7		
	671.40	TW2-4	2014	11.41	2014.10.30	3.77	2014.4.23	109	57
			2015	11.70	2015.10.18	3.4	2015.4.28		
	698.50	TW2-6	2014	16.23	2014.9.26	3.44	2014.12.23	75	301
			2015	15.42	2015.9.24	3.5	2015.4.27		
	702.50	TW2-7	2014	16.56	2014.9.19	3.66	2014.12.29	68	307
			2015	16.03	2015.9.22	3.89	2015.4.27		
	716.40	TW2-8	2014	19.07	2014.9.2	2.69	2014.12.30	51	308
			2015	18.46	2015.9.3	2.77	2015.1.1		
	728.00	TW2-9	2014	20.44	2014.8.15	2.02	2014.12.31	33	309
			2015	20.02	2015.8.6	1.18	2015.3.26		
35# 坝段	644.00	TW3-1	2014	7.74	2014.3.7	7.03	2014.10.4		221
			2015	7.28	2015.2.17	6.55	2015.10.24	219	
	658.00	TW3-2	2014	8.92	2014.11.17	3.83	2014.4.24	127	58
			2015	7.33	2015.10.21	3.48	2015.4.27		
	667.50	TW3-3	2014	10.92	2014.11.2	3.84	2014.4.23	112	57
			2015	10.74	2015.10.22	3.4	2015.4.28		
	680.00	TW3-4	2014	13.07	2014.10.16	3.67	2014.4.23	95	57
			2015	13.03	2015.10.4	3.17	2015.4.27		
	692.00	TW3-5	2014	14.28	2014.10.8	4.47	2014.4.19	87	53
			2015	14.17	2015.9.28	4.17	2015.4.27		
	703.00	TW3-6	2014	16.88	2014.9.19	3.29	2014.12.29	68	
			2015	16.30	2015.9.21	3.73	2015.4.27		

续表

坝段	高程/m	测点名称	年份	最高温度/℃	发生日期/（年.月.日）	最低温度/℃	发生日期/（年.月.日）	最高温度滞后天数/d	最低温度滞后天数/d
35#坝段	716.40	TW3-7	2014	19.71	2014.9.2	2.14	2014.12.30	51	
			2015	19.46	2015.8.26	2.27	2015.1.1		
	726.00	TW3-8	2014	19.84	2014.8.26	3.74	2014.12.31	44	
			2015	20.51	2015.8.8	2.84	2015.3.25		
	735.60	TW3-9	2014	30.23	2014.9.2	2.95	2014.3.24	51	27
			2015	15.93	2015.8.22	7.17	2015.3.27		

2. 年均值分析

自埋设安装后，年均值达到最高值，最大值是27.45℃，出现在57#坝段高程731.00m TW4-4埋设初期（2009年）。随后，各测点年均值基本呈逐年减小趋势（2012年有所升高）。

随着水库蓄水，测点所在高程较低的测点，年均值逐渐趋于一个稳定值。高程最低的处于淤泥中的测点至2012年，温度变化趋缓，年均值在8℃左右，年变幅不超过1℃，逐渐达到较稳定状态。

3. 年变幅分析

埋设初期，受混凝土水化热温升影响温度迅速升高，而后温度逐渐降低，该年度年变幅很大。

施工期末至蓄水初期，年变幅逐年减小。

2011年以后，上游库水位蓄至某一高程时，该高程的测点年变幅会受水温和环境温度等多因素影响，年变幅增大。当测点长期处于上游库水位以下时，年变幅基本很小，随着高程的增加，年变幅逐渐增大，与气温的相关性越明显。

10.2.3　坝体温度监测资料分析

坝体温度监测主要分为坝体下游表面温度监测、坝体温度监测和泄水孔三部分，对坝体下游表面温度和坝体温度进行重点分析。

10.2.3.1　坝体下游表面温度

坝体下游表面温度计的埋设方法与上游水温度计基本一致，将温度计埋设在距坝体下游表面5～10cm的坝体混凝土内，沿高程布置测点，分别在25#坝段布置5支、29#坝段布置7支、35#坝段布置9支和57#坝段布置4支。

1. 时空分析

图10.14和图10.15是重点监测坝段29#坝段和35#坝段下游表面温度计典型过程线。

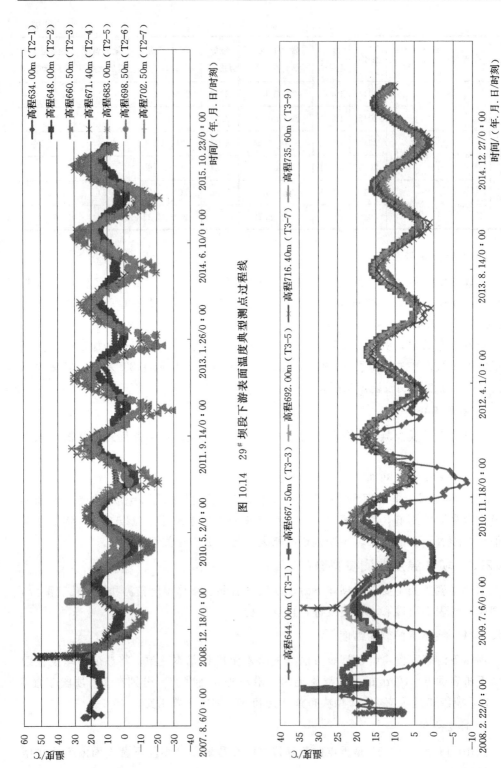

图 10.14　29# 坝段下游表面温度典型测点过程线

图 10.15　35# 坝段下游表面温度典型测点过程线

在 2007—2009 年仪器埋设初期，各测点温度有一个快速升温而后温度降低的变化过程，这主要与混凝土水化热有关。

埋设高程在尾水位以下的测点（如 29# 坝段高程 634.00m T2-1 测点）表现出与上游库水位以下的埋设于大坝上游面的水温度计相似的变化规律。在春夏秋非结冰期，下游表面温度随气温升高而升高，随气温降低而降低。在结冰期，水面冰层起到隔温作用，受环境气温影响小，温度呈近似直线下降趋势。

埋设在高程 644.00m 的测点（如 29# 坝段 T2-2、35# 坝段 T3-1）与尾水位高程一致，该高程的测点受气温和水温等多因素的综合影响，年际变化很大。

埋设在尾水位高程以上的测点受外界气温影响变化较大，呈现明显的年周期变化，测点测值与安装高程并没有相关性，不同高程的测点表现出一致的变化规律。

2. 特征值分析

图 10.16～图 10.18 为 35# 坝段典型温度测点特征值分布图。

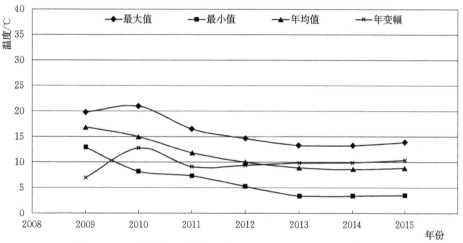

图 10.16　35# 坝段下游表面高程 735.60m 温度特征值分布图

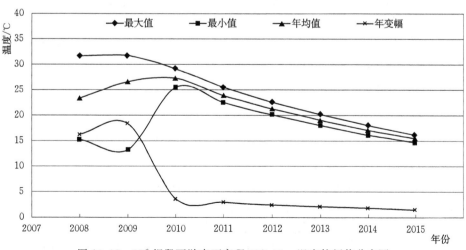

图 10.17　35# 坝段下游表面高程 658.00m 温度特征值分布图

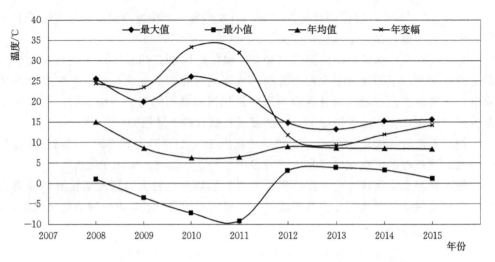

图 10.18 35#坝段下游表面高程 644.00m 温度特征值分布图

（1）极值分析。最大值是 52.90℃，发生在 2008 年 29#坝段高程 671.40m T02-4 测点，埋设初期受水化热温升影响。最低温度是－29.22℃，发生在 2012 年 1 月 29#坝段高程 660.50m T2-3 测点。

下游表面大部分测点在尾水位以上，温度变化主要受环境气温影响，最高温度一般发生在夏季（7—9 月），最低温度一般发生在 12 月底—次年 3 月（除 57#坝段 T4-4 测点，该测点滞后 6 个月）。

29#坝段是溢流坝段，下游表面最低温度一般在－20.00～－5.00℃之间，其他坝段测点最低一般在 0℃以上。

（2）年均值分析。年均值最大值是 27.30℃，发生在 2010 年 35#坝段高程 658.00m T3-2 测点。最小值是 4.22℃，发生在 29#坝段高程 660.50m T2-3 测点。

（3）年变幅分析。下游表面年变幅整体较大，35#坝段年变幅一般保持在 10.00～15.00℃。

29#溢流坝段年变幅很大，一般在 30.00～50.00℃之间（除高程 648.00m T2-2 测点和尾水位以下高程 634.00m T2-1 测点外）。

10.2.3.2 坝体温度

1. 时空分析

图 10.19～图 10.22 为 25#坝段和 57#坝段各高程典型坝体温度计测点温度过程线，其他坝段坝体温度与之相似。

（1）温度计埋设初期，受混凝土水化热温升影响各部位都迅速升温。

（2）坝体内部温度达到最高温度后在受外界环境温度影响有一定周期性波动的同时，呈逐年降低的趋势，埋设高程越低，周期性变幅越小。

（3）靠近坝体上、下游部位的温度低于坝体内部，且呈现出明显的周期性变化。

靠近下游部位主要受环境气温影响，波动幅度大于坝体和靠近上游部位。

（4）57#坝段位于右岸台地，建基面高程较高，坝体断面尺寸较小，受外界气温影响明显，坝体温度明显低于其他坝段，且温度下降也较快。

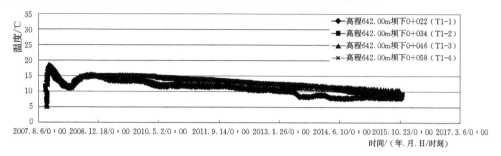

图 10.19　25#坝段高程 642.00m 坝体温度典型过程线

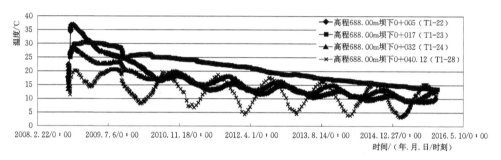

图 10.20　25#坝段高程 688.00m 坝体温度典型过程线

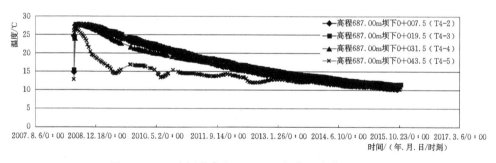

图 10.21　57#坝段高程 687.00m 坝体温度典型过程线

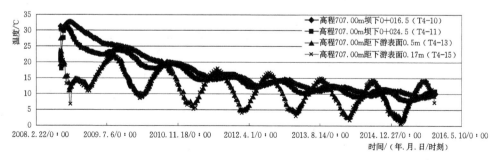

图 10.22　57#坝段高程 707.00m 坝体温度典型过程线

2. 特征值分析

29#和35#坝段典型测点坝体温度特征值分布图如图10.23～图10.26所示。

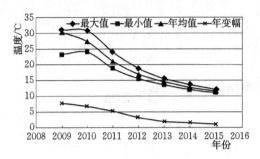

图 10.23　35#坝段 T3-35 测点特征值分布图　　图 10.24　35#坝段 T3-36 测点特征值分布图

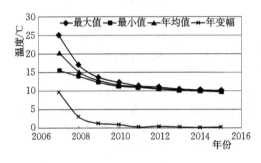
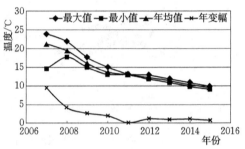

图 10.25　29#坝段 T2-1 测点特征值分布图　　图 10.26　29#坝段 T2-2 测点特征值分布图

（1）极值分析。各坝段温度最高值达到 40.00℃ 左右，均出现在埋设初期。最高温度为 44.65℃（2008 年 9 月 8 日），发生在 25# 坝段高程 673.00m 坝体中部的 T1-17 测点。坝体最低温度为 -6.31℃（2015 年 2 月 9 日），发生在溢流坝段 29# 坝段高程 698.50m 靠近下游侧的 T2-31 测点。

通过对比特征值表和特征值分布图，2011 年后坝体温度与环境气温有一定的滞后性（表 10.3），可以大致分为四部分：坝体靠近上游部位、坝体内部、坝体靠近下游部位和溢流坝坝脚部位。

表 10.3　　　　　　　　　　　　坝体温度滞后时间统计表

坝体部位	最高温时间	最低温时间	滞后性	备注
靠近上游部位	1 月	6—9 月	6 月	
内部	1 月	12 月	滞后时间长	未收敛，逐年下降
下游部位	8—10 月	2—4 月	0—1 月	
溢流坝坝脚	10 月	4—5 月	1—2 月	

1) 坝体靠近上游部位（29#坝段测点 T2-35、T2-32、T2-29、T2-25、T2-20、T2-8 和 35#坝段测点 T3-37、T3-34、T3-27、T3-22、T3-4）最高温度都出现在 1 月，最低温度出现在 6—9 月，一般滞后半年。

2) 坝体内部（除 T3-12 测点外）最高温度都出现在 1 月，最低温度基本出现在 12—次年 3 月，滞后时间较长。同时，鉴于整个坝体内部测点温度并没有收敛，呈逐年下降趋势，这也是导致坝体内部每年最高温度出现在年初，最低温度出现在年末的原因。

3) 坝体靠近下游部位（29#坝段测点 T2-36、T2-34、T2-31、T2-28、T2-24 和 35#坝段测点 T3-36、T3-33、T3-26、T3-17～T3-21、TS3-1）最高温度基本出现在 8—10 月，最低温度基本出现在 2—4 月，与环境气温基本同步或滞后 1 个月。

4) 溢流坝坝脚部位（29#坝段测点 T2-36、T2-34）最高温度基本出现在 10 月，最低温度基本出现在 4—5 月，与环境气温滞后 1～2 个月。

（2）年均值分析。35#坝段不同部位年均值和年变幅分布图如图 10.27～图 10.32 所示。由图可知，坝体温度整体年均值呈逐年下降趋势，但是不同部位不同测点表现出了特异规律。

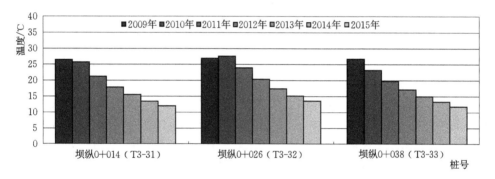

图 10.27　35#坝段高程 692.00m 不同部位历年均值分布图

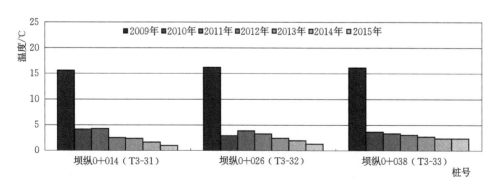

图 10.28　35#坝段高程 692.00m 不同部位历年变幅分布图

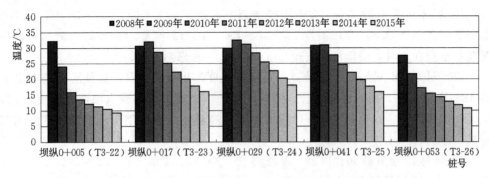

图 10.29　35#坝段高程 667.50m 不同部位历年均值分布图

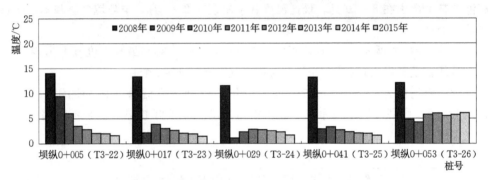

图 10.30　35#坝段高程 667.50m 不同部位历年变幅分布图

年均值最大值是 33.58℃，发生在 2009 年 29# 坝段 T2-22 测点。年均值最小值是 5.13℃，发生在 2015 年 25# 坝段 T1-5 测点。

如图 10.29 所示，靠近坝体上下游测点 T3-22 和 T3-26 年均值逐渐减小；坝体内部测点 T3-23、T3-24 和 T3-25 年均值均为 2009 年最高，而后逐年降低。如图 10.31 所示，坝体内部测点 T3-14～T3-16 年均值为 2009 年最高，而后逐年降低；靠近坝体下游测点 T3-17～T3-21 年均值逐年降低。其他部位测点也有类似规律。

（3）年变幅分析。年变幅最大值是 27.55℃，发生在 2008 年 25# 坝段 T1-17 测点。年变幅最小值是 0.13℃，发生在 2014 年 29# 坝段基础部位 T2-1 测点。

如图 10.30 所示，靠近坝体上游测点 T3-22 年变幅逐渐减小；坝体内部测点 T3-23 和 T3-25 年变幅为 2010 年最大，随后逐年减小；坝体中心测点 T3-24 年变幅 2009 年最小，2010 年、2011 年逐年增加，随后逐年较小；靠近坝体下游测点 T3-26 无规律可循。其他部位年变幅也有类似规律。

综合比较各坝段不同高程年均值和年变幅规律：①高程 626.00～648.00m 各测点年均值基本一致，年变幅近年都很小，差别不大；②高程 658.00mm 靠近上游的测点年均值较高，变幅较小，从坝轴线以下 52.00m 开始，年均值较低，年变幅较大（图 10.31、图 10.32）；③高程 667.00～683.00m 靠近上游和靠近下游部位温度较坝体内部低，年变幅相当，且有逐年减小的趋势，坝体内部仍呈逐年降低的趋

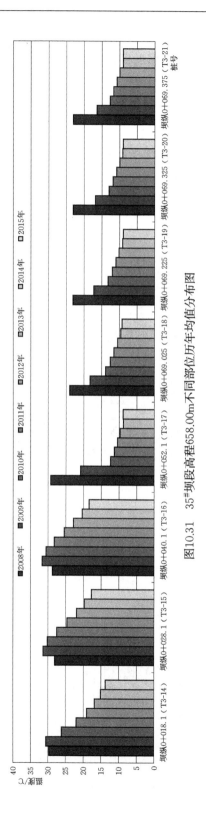

图10.31 35#坝段高程658.00m不同部位历年均值分布图

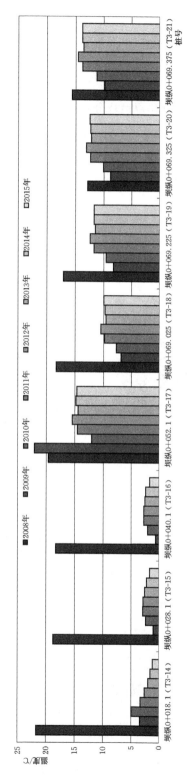

图10.32 35#坝段高程658.00m不同部位历年变幅分布图

势，中部变形小，两侧变幅大（图 10.29、图 10.30）；④高程 692.00～716.00m，坝体整体温度相当，但靠近下游部位温度变幅最大，靠近坝体上游部位次之，坝体内部变幅最小。整体温度仍有逐年降低的趋势，但变幅逐年减小。靠近下游部位由于受日照影响，年变幅规律不明显（图 10.27、图 10.28）。

10.2.3.3　坝体温度场分析

图 10.33～图 10.44 为重点监测坝段 29# 坝段和 57# 坝段温度场分布图，图中横纵坐标为坝下桩号和高程，单位为 m，等值线单位为℃。对比 2010 年、2012 年、2015 年三年气温最低的 1 月、气温最高的 8 月分析不同时期变化规律。

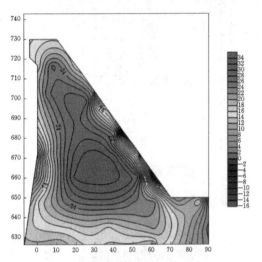

图 10.33　29# 坝段 2010 年 1 月温度场分布图

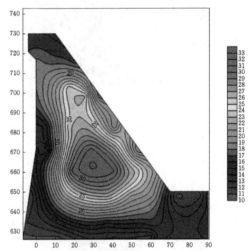

图 10.34　29# 坝段 2010 年 8 月温度场分布图

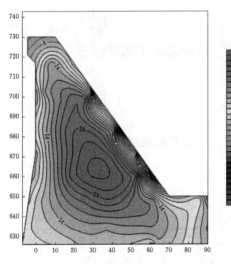

图 10.35　29# 坝段 2012 年 1 月温度场分布图

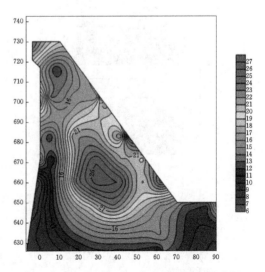

图 10.36　29# 坝段 2012 年 8 月温度场分布图

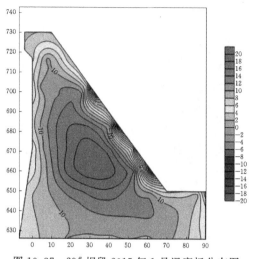

图 10.37 29# 坝段 2015 年 1 月温度场分布图

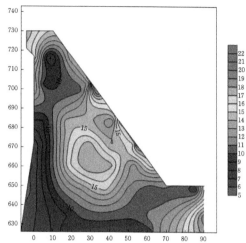

图 10.38 29# 坝段 2015 年 8 月温度场分布图

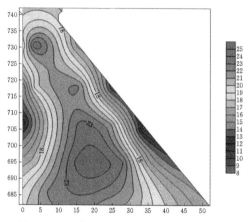

图 10.39 57# 坝段 2010 年 1 月温度场分布图

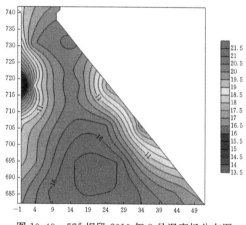

图 10.40 57# 坝段 2010 年 8 月温度场分布图

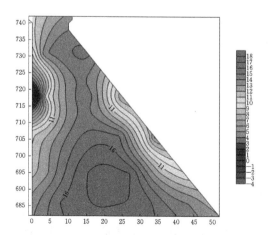

图 10.41 57# 坝段 2012 年 1 月温度场分布图

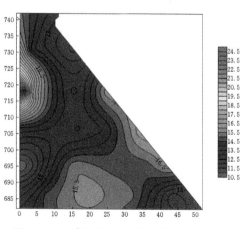

图 10.42 57# 坝段 2012 年 8 月温度场分布图

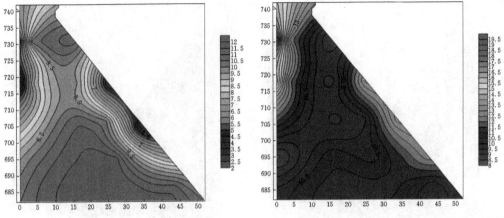

图 10.43 57# 坝段 2015 年 1 月温度场分布图　　图 10.44 57# 坝段 2015 年 8 月温度场分布图

（1）整体来看，坝体内部温度最高，温度低的部位一般是坝趾、坝踵和坝顶。

（2）同一坝段相同年份的夏季和冬季比较：坝体内部温度变化不大，上下游坝体表面受环境气温影响较大（且下游表面受日照影响，变化较上游表面大），夏季表面温度高，冬季表面温度低。坝趾、坝踵和基础部位夏季温度低于冬季，该部位存在滞后性，这与上述的分析吻合。

（3）29# 坝段是溢流坝段，下游表面变化与其他坝段有所不同。冬季下游表面温度最低达 −20℃。夏季坝顶过水时，下游表面温度显著低于坝体内部。不过水时，与其他坝段下游表面规律保持一致。

（4）57# 坝段位于右岸台地，建基面高程较高，坝体断面尺寸较小，受外界气温影响明显，坝体温度明显低于其他坝段，且温度下降也较快，从等值线图可以看出，该坝段 2012 年 8 月基本在 12.00℃ 左右，2015 年 8 月基本在 10.00℃ 左右。

（5）对比历年坝体温度可以看出，坝体内部仍在发生热量交换，尚未达到稳定平衡体系，坝体处于向稳定温度场调整的过程中。

10.3 大坝温度监测资料分析综合评价

10.3.1 基岩温度

仪埋初期，不同深度基岩温度主要受环境气温和混凝土浇筑后温度倒灌的影响，高程越高越靠近基岩表面，温度越高，在 2007—2008 年，基岩温度升至最高温度，最高温度曾达到 25.00℃ 左右。水库蓄水以来，受上游库水温度的影响，埋设在基岩以下 10.00m 范围内测点有周期变化的规律，埋设深度 10.00m 以上的测点并没有明显的周期变化。基岩当前温度基本在 10.00℃ 左右。

总体而言，基岩一直处于持续热量消散过程，温度整体呈缓慢下降趋势。基岩温度分布总体随设深度增加而逐渐减小，不同部位不同深度受环境和水温影响程度有所不同。

10.3.2　库水温度

仪埋初期（2008—2009 年）受混凝土水化热温升影响温度上升很快（最高达到 30～35℃），而后温度逐渐降低。长期处于库底部淤泥中的高程 634.00m 测点温度一直处于缓慢下降过程。在春夏非结冰期，库水温变化与环境气温有较强的相关性，在库区结冰期，冰层起到了一个隔温层的作用，库水温不再随气温的变化而变化，不同高程测点温度以相同的斜率近似直线下降。

10.3.3　坝体温度

1. 坝体下游表面

仪器埋设初期，各测点温度有一个快速升温而后温度降低的变化过程，主要与混凝土水化热有关。埋设高程在尾水位以下的测点表现出与上游库水位以下的埋设于大坝上游的水温度计相似的变化规律。在春夏秋非结冰期，下游表面温度随气温升高而升高，随气温降低而降低。在结冰期，水面冰层起到隔温作用，受环境气温影响较小，温度呈近似直线下降趋势。埋设在高程 644.00m 的测点正好与尾水位高程一致，该高程的测点受气温和水温等多因素的综合影响，年际变化很大。埋设在尾水位高程以上的测点受外界气温影响变化较大，呈现明显的年周期变化，测点测值与安装高程并没有相关性，不同高程的测点表现出一致的变化规律。

2. 坝体温度

仪埋初期，各部位都迅速升温，这主要是混凝土浇筑水化热引起的。坝体内部温度在达到最大水化热温度后即进入温降阶段，呈现出近似直线温度下降的趋势，埋设高程越低，下降速率越小。靠近坝体上、下游的部位温度低于坝体内部，且呈现出明显的周期性变化。靠近下游部位主要受环境气温影响，波动范围大于坝体上游部位。

综上所述，目前大坝仍未达到稳定温度场，坝体内部温度仍旧呈逐年下降趋势，基岩温度、库水温度和坝体温度均在合理范围内，变化趋势符合正常规律，能够反映大坝整体温度分布情况。

第11章 越冬层面部位监测资料综合分析

由于新旧混凝土的温差比较大，根据温控计算表明，施工越冬面会由于温度应力较大而引起水平裂缝，施工越冬面作为一个重点监测部位来监测，在该部位布置有温度计、测缝计和渗压计，在运行期，测缝计和渗压计两种仪器的监测成果将直接反映该层面的结合情况，因此，本章内容以测缝计和渗压计监测资料为重点进行综合分析。

11.1 越冬层面接缝监测资料分析

11.1.1 仪器布置

在河床坝段的 26# 坝段、29# 坝段、32# 坝段、35# 坝段的施工越冬层面（高程 645.00m 和高程 699.00m）上游侧、下游侧新旧混凝土界面上，沿竖直方向埋设 32 支裂缝计，监测不同越冬层面上混凝土的结合情况。越冬层接缝测缝计布置见表 11.1，2007—2008 年越冬层、2008—2009 年越冬层及 2009—2010 年越冬层的测点埋设分布情况分别见图 11.1～图 11.3，图 11.4 为测缝计埋设示意图。

表 11.1　　　　　　　越冬层面接缝测点布置统计表

监测项目	部位	数量/支	高程/m	埋设方向
越冬层面缝 2007—2008 年	26# 主河床坝段	3	645.00	
	29# 溢流坝段	3	645.00	
	31# 溢流坝段	3	645.00	
	35# 主河床坝段	3	641.00	
越冬层面缝 2008—2009 年	25# 左岸岸坡坝段	3	699.00	竖直
	28# 溢流坝段	3	698.00	
	31# 溢流坝段	3	688.00	
	35# 主河床坝段	3	690.00	
	57# 右岸阶地坝段	2	726.00	
	58# 右岸阶地坝段	2	726.00	
越冬层面缝 2009—2010 年	47# 右岸阶地坝段	2	734.00	
	49# 右岸阶地坝段	2	727.00	

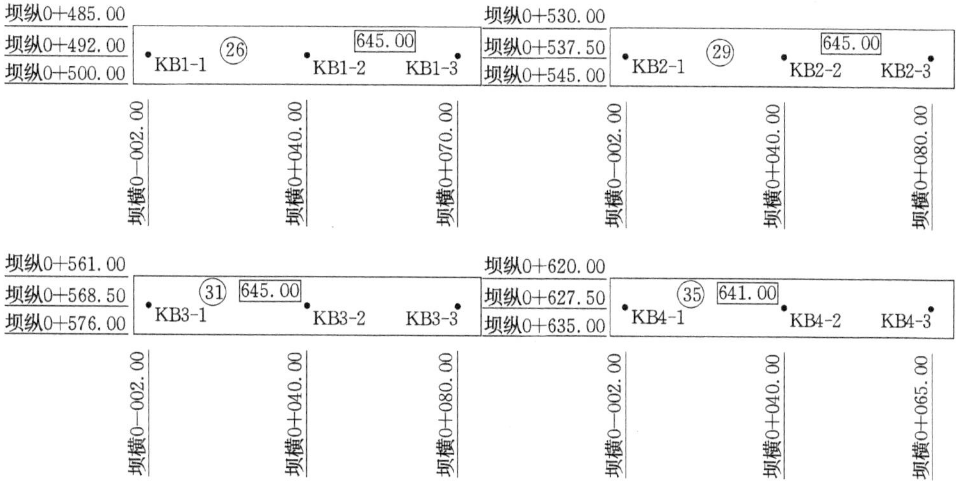
坝纵0+485.00
坝纵0+492.00
坝纵0+500.00
㉖
645.00
KB1-1
KB1-2
KB1-3
坝纵0+530.00
坝纵0+537.50
坝纵0+545.00
㉙
645.00
KB2-1
KB2-2
KB2-3
坝横0—002.00
坝横0+040.00
坝横0+070.00
坝横0—002.00
坝横0+040.00
坝横0+080.00
坝纵0+561.00
坝纵0+568.50
坝纵0+576.00
㉛
645.00
KB3-1
KB3-2
KB3-3
坝纵0+620.00
坝纵0+627.50
坝纵0+635.00
㉟
641.00
KB4-1
KB4-2
KB4-3
坝横0—002.00
坝横0+040.00
坝横0+080.00
坝横0—002.00
坝横0+040.00
坝横0+065.00

图 11.1　2007—2008 年越冬层界面测缝计布置示意图

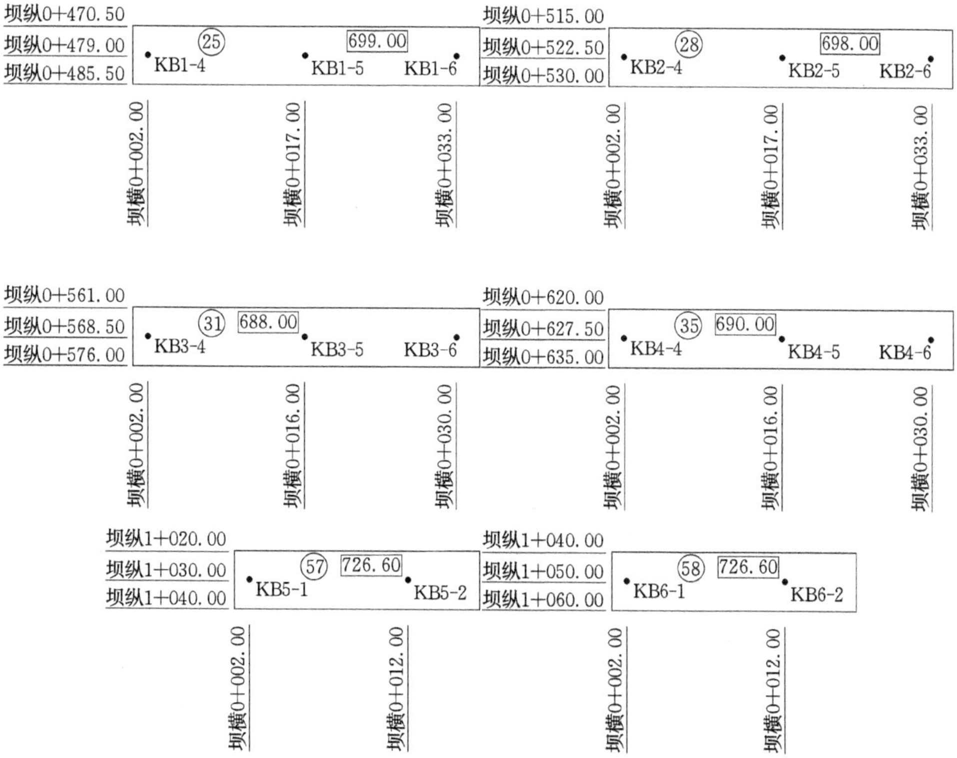
坝纵0+470.50
坝纵0+479.00
坝纵0+485.50
㉕
699.00
KB1-4
KB1-5
KB1-6
坝纵0+515.00
坝纵0+522.50
坝纵0+530.00
㉘
698.00
KB2-4
KB2-5
KB2-6
坝横0+002.00
坝横0+017.00
坝横0+033.00
坝横0+002.00
坝横0+017.00
坝横0+033.00
坝纵0+561.00
坝纵0+568.50
坝纵0+576.00
㉛
688.00
KB3-4
KB3-5
KB3-6
坝纵0+620.00
坝纵0+627.50
坝纵0+635.00
㉟
690.00
KB4-4
KB4-5
KB4-6
坝横0+002.00
坝横0+016.00
坝横0+030.00
坝横0+002.00
坝横0+016.00
坝横0+030.00
坝纵1+020.00
坝纵1+030.00
坝纵1+040.00
(57)
726.60
KB5-1
KB5-2
坝纵1+040.00
坝纵1+050.00
坝纵1+060.00
(58)
726.60
KB6-1
KB6-2
坝横0+002.00
坝横0+012.00
坝横0+002.00
坝横0+012.00

图 11.2　2008—2009 年越冬层界面测缝计布置示意图

图 11.3　2009—2010 年越冬层界面测缝计布置示意图

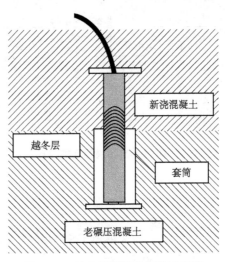

图 11.4　越冬层测缝计埋设示意图

11.1.2　接缝监测资料分析

11.1.2.1　时空分析

1. 空间分析

除 2008—2009 年越冬层接缝测点 KB1-6、KB4-6、KB6-2 开合度较大，其余部位 2015 年 10 月 26 日接缝开合度均小于 0.29mm。各部位测缝计开合度统计见表 11.2，当前测缝计开合度分布如图 11.5 所示。

表 11.2　　　　　越冬层面接缝测点当前开合度统计表

2007—2008 年越冬层		2008—2009 年越冬层		2009—2010 年越冬层	
测点编号	开合度/mm	测点编号	开合度/mm	测点编号	开合度/mm
KB1-1	0.06	KB1-4	−0.06	KB7-1	0.11
KB1-2	−0.07	KB1-5	−0.18		
KB1-3	0.11	KB1-6	0.67		
KB2-1	0.06	KB2-4	0.06	KB8-2	−0.24
KB2-3	−0.09	KB2-5	−0.15		
KB3-1	−0.21	KB2-6	0.13		

2007—2008 年越冬层		2008—2009 年越冬层		2009—2010 年越冬层	
测点编号	开合度/mm	测点编号	开合度/mm	测点编号	开合度/mm
KB3 - 2	0.19	KB3 - 4	0.05		
KB3 - 3	−0.06	KB3 - 5	−0.09		
KB4 - 1	0.06	KB3 - 6	0.18		
KB4 - 2	−0.17	KB4 - 4	0.05		
KB4 - 3	0.02	KB4 - 5	0.03		
		KB4 - 6	0.68		
		KB5 - 1	−0.52		
		KB5 - 2	0.09		
		KB6 - 1	0.29		
		KB6 - 2	0.89		

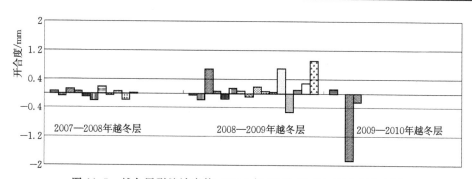

图 11.5　越冬层裂缝计当前（2015 年 10 月 26 日）开合度分布图

从表 11.2 可见，当前接缝开合度较大的 3 个测点开合度在 0.67～0.89mm 之间，3 个测点均位于 2008—2009 年越冬层，可见 2008—2009 年越冬层开合度相对较大。2007—2008 年和 2009—2010 年越冬层接缝开合度较小，且有近 50% 的测点接缝处于闭合状态。

2. 时序分析

各越冬层开合度较大的测点接缝的时序过程线如图 11.6～图 11.10 所示。

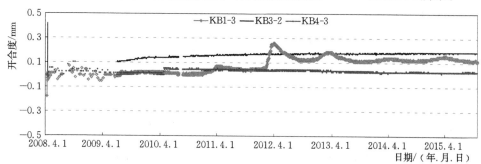

图 11.6　2007—2008 年越冬层接缝开合度时序过程线

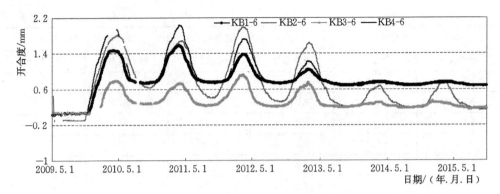

图 11.7　2008—2009 年越冬层接缝开合度时序过程线

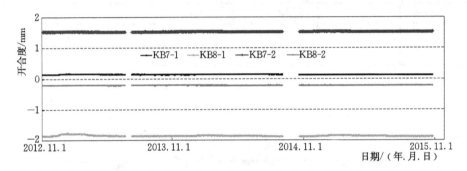

图 11.8　2009—2010 年越冬层接缝开合度时序过程线

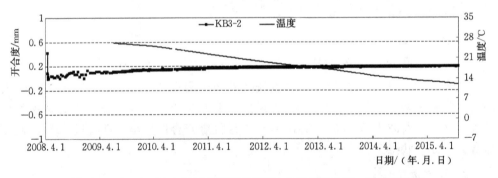

图 11.9　2007—2008 年越冬层测点 KB3-2 接缝开合度—温度相关线

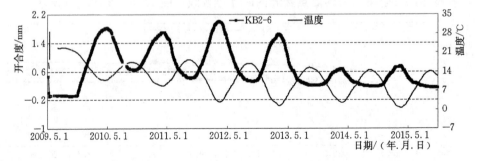

图 11.10　2008—2009 年越冬层测点 KB2-6 接缝开合度—温度相关线

（1）由 2007—2008 年越冬层接缝开合度过程线图 11.6 可知，2007 年越冬层接缝蓄水期以来较埋设时开合度变化不明显，仅测点 KB1-3（坝左 0+492，坝下 70.00m，高程 645.00m）在 2012 年 2—3 月期间开合度略增长 0.23mm；2007 年越冬层开度变化与温度有一定相关性。

（2）由 2008—2009 年越冬层接缝开合度过程线图 11.7 可知，2008 年越冬层运行至 2009 年初冬（2009 年 11 月）接缝开合度增长明显，随着温度的下降，接缝开合度逐渐增大至最高 2.00mm 左右。根据巡视发现，出现裂缝的部位位于下游坝面，分析认为可能是下游坝面保温措施不及时或措施不到位，气温的下降引起坝面混凝土收缩过大而致。蓄水期接缝开合度呈周期变化，2013 年 5 月以来，除个别测点外，2008 年越冬层接缝开合度变化较小，测值稳定在 0.13～0.68mm 之间，并有减小趋势。

（3）由 2009—2010 年越冬层接缝开合度过程线图 11.8 可知，2009 年越冬层在埋设以来变化不明显，新旧混凝土结合较好。

（4）由越冬层接缝开合度—温度相关线图 11.9～图 11.10 可知，2007 年越冬层开合度变化很小，测值稳定，与温度表现为负相关。2008 年越冬层与 2007 年越冬层不同的是，裂缝的产生使越冬层面暴露在大气中，引起接缝开合度周期变化。

11.1.2.2 特征值分析

对施工期各年度越冬层接缝测点中开合度及变化相对明显的测点测值成果进行整理，分析各年度越冬层的开合度特征值极值规律。测缝计开合度历年极值、年均值和年变幅分布如图 11.11～图 11.13 所示。

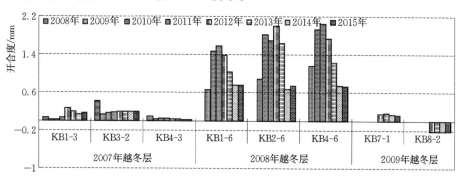

图 11.11　越冬层接缝开合度极大值分布图

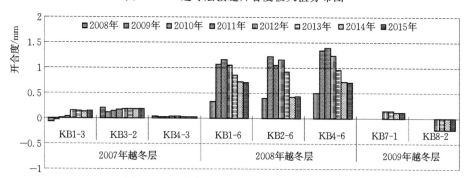

图 11.12　越冬层接缝开合度年均值分布图

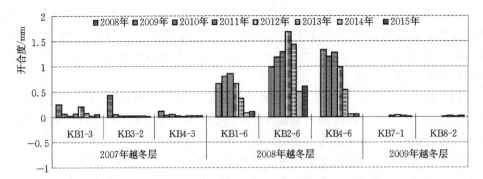

图 11.13 越冬层接缝开合度年变幅分布图

1. 极值分析

(1) 2007 年越冬层接缝在 2012 年 3 月 30 日取得最大开合度 1.08mm，位于 29# 溢流坝段测点 KB2-1 处（坝左 0+537.00，坝上 2.00m，高程 645.00m）；2008 年越冬层接缝在 2011 年 3 月 30 日取得最大开合度 2.04mm，位于 35# 主河床坝段测点 KB4-6 处（坝左 0+627.00，坝下 30.00m，高程 690.00m）；2009 年越冬层接缝在 2012 年 12 月 22 日取得最大开合度 1.53mm，位于测点 47# 右岸岸坡坝段 KB7-2 处（坝左 0+822.00，坝下 8.90m，高程 733.00m）。

(2) 从越冬层接缝开合度极大值分布图 11.11 可以看出，2008 年越冬层开合度极大值量值相对较大，2009—2010 年接缝开合度极大值有较大幅度增长，增幅在 0.81~0.94mm 之间，见表 11.3；接缝开合度在 2011—2012 年期间取得最大，蓄水运行期开合度极大值逐渐减小，2013 年之后在 0.60mm 左右趋稳。

(3) 2007 年越冬层接缝开合度极大值量值较小，且极大值在埋设初期取得最大，在蓄水运行期极大值趋于稳定。

表 11.3　　　　2008 年越冬层面接缝 2009—2010 年极大值增幅统计表

测点编号	2009 年		2010 年		开合度变幅 /mm	温度变幅 /℃
	开合度/mm	温度/℃	开合度/mm	温度/℃		
KB1-6	0.66	16.8	1.47	13.53	0.81	-3.27
KB2-6	0.88	16.04	1.82	11.09	0.94	-4.95
KB4-6	1.16	16.82	1.94	14.00	0.78	-2.82

2. 年均值分析

(1) 2007 年越冬层接缝开合度年均值在 2008 年取得最大值 0.52mm，位于 29# 溢流坝段测点 KB2-1 处（坝左 0+537.00，坝上 2.00m，高程 645.00m）；2008 年越冬层接缝开合度年均值在 2011 年取得最大值 1.40mm，位于 35# 主河床坝段测点 KB4-6 处（坝左 0+627.00，坝下 30.00m，高程 690.00m）；2009 年越冬层接缝开合度年均值在 2012 年取得最大值 1.53mm，位于测点 47# 右岸岸坡坝段 KB7-2 处

（坝左 0+822，坝下 8.90m，高程 733.00m）。

（2）从越冬层接缝开合度年均值分布图 11.12 可以看出，2008 年越冬层开合度年均值量值相对较大，2009—2010 年接缝开合度年均值有较大幅度增长，增幅在 0.74～0.84mm 之间，见表 11.4；接缝开合度年均值在 2011—2012 年期间取得最大，蓄水运行期开合度年均值逐渐减小，2013 年之后在 0.60mm 左右趋稳。

（3）2007 年越冬层接缝开合度年均值量值较小，各年越冬层年均值在埋设初期取得最大，在蓄水后运行期年均值趋于稳定。

表 11.4　　　　　2008 年越冬层面接缝 2009—2010 年年均值增幅统计表

测点编号	2009 年		2010 年		开合度变幅 /mm	温度变幅 /℃
	开合度/mm	温度/℃	开合度/mm	温度/℃		
KB1-6	0.33	16.8	1.07	13.53	0.74	−3.27
KB2-6	0.39	16.04	1.23	11.09	0.84	−4.95
KB4-6	0.50	16.82	1.34	14.00	0.84	−2.82

3. 年变幅分析

（1）2007 年越冬层接缝开合度年变幅在 2008 年取得最大值 1.12mm，位于 29# 溢流坝段测点 KB2-1 处（坝左 0+537.00，坝上 2.00m，高程 645.00m）；2008 年越冬层接缝开合度年变幅在 2011 年取得最大值 1.40mm，位于 28# 主河床坝段测点 KB2-4 处（坝左 0+522.00，坝下 2.00m，高程 698.00m）；2009 年越冬层接缝开合度年变幅在 2012 年取得最大值 0.10mm，位于测点 49# 右岸阶地坝段 KB8-1 处（坝左 0+867.00，坝下 10.90m，高程 729.00m）。

（2）从越冬层接缝开合度年变幅分布图 11.13 可以看出，2008 年越冬层开合度年变幅量值相对较大，接缝开合度年变幅在 2011—2012 年期间取得最大值，蓄水运行期开合度年变幅逐渐减小，2013 年之后在 0.44～0.71mm 之间趋稳。开合度变幅相对较大表明对坝体裂缝在 2010 年进行化灌处理的效果不明显。

（3）2007 年和 2009 年越冬层接缝开合度历年年变幅量值较小，2008 年越冬层接缝开合度历年年变幅量值略大。各部位测点在埋设初期取得最大值，在蓄水期年变幅也较大，运行期年变幅略有降低并趋于稳定。

11.1.2.3　小结

（1）越冬层测缝计各测点当前测值在 −1.88～0.89mm 之间，其中 2008 年越冬层接缝开合度最大，2007 年和 2009 年越冬层接缝较小。2007 年越冬层接缝变化很小，蓄水期开合度变化微弱。仅有 26# 坝段 645.00m 高程下游侧的测点 KB1-3，于 2011 年冬季略有变化（开合度增幅为 0.19mm）。表明 2007 年越冬层顶面与上部混凝土结合紧密。

（2）2008 年越冬层接缝开合度变幅在埋设初期达到最大（0.71mm），开合度呈周期性变化，蓄水期以来接缝开度变幅逐渐降至 0.50mm 以内。

（3）2009年越冬层开合度测值稳定，表明越冬层与上部混凝土结合良好。

综上所述，越冬层接缝开合度测值连续合理，接缝开合度趋势稳定，需要注意的是2008年越冬层接缝开合度变幅相对较高，且仍与温度变化存在明显联系。

11.1.3　越冬层接缝回归模型及其成果分析

接缝监测资料统计模型的建模原理与水平位移一致，此处不再赘述。

1. 资料系列

选取当前开合度较大的三个测点KB1-6、KB4-6、KB6-2（2008—2009年越冬层接缝），建模时间序列见表11.5。

表 11.5　　　　　　　越冬层接缝开度统计模型建模时间序列表

测点编号	测点高程/m	桩号/m	建模时段/（年.月.日）	坝段
KB1-6	699.00	纵0+479.00，坝下0+033.00	2009.5.5—2016.6.21	25#
KB4-6	690.00	纵0+670.00，坝下0+030.00	2009.5.3—2016.6.21	35#

2. 统计模型

采用逐步加权回归分析法，由式（7.21）对上述各测点对应的资料系列建立统计模型。表11.6为各测点的回归系数及相应的模型复相关系数R、标准差S，各测点的实测值、拟合值及残差过程线如图11.14、图11.15所示。

表 11.6　　越冬层接缝开合度统计模型系数、复相关系数以及标准差统计表

系数	测点	
	KB1-6	KB4-6
a_0	−0.19	−0.62
a_1	0.36	0.20
a_2	−2.50E−04	−1.42E−04
a_3	0	0
c_1	0	−3.99E−02
c_2	0.55	0.57
b_1	−0.49	−0.36
b_2	0.60	0.44
b_3	0	−8.07E−02
b_4	0	0
b_T	1.52E−01	7.35E−02
R	0.8082	0.8083
S	0.1664	0.2236

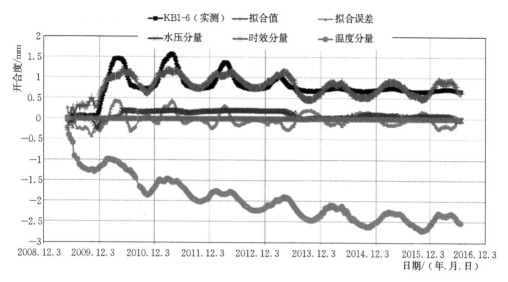

图 11.14　KB1-6 统计模型时序过程线

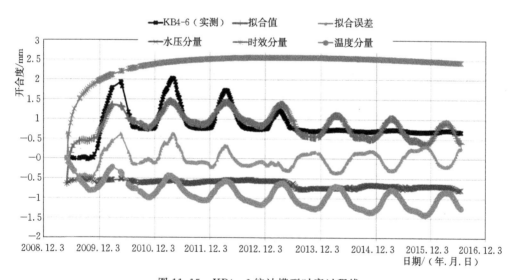

图 11.15　KB4-6 统计模型时序过程线

3. 精度分析

KB1-6、KB4-6 统计模型校正复相关系数分别为 0.8055 和 0.8045，模型复相关系数较低的原因是由于这两个测点在 2014 年前开合度随温度波动的规律性良好，2014 年后测值趋于平稳，使得已选入温度因子的模型拟合效果降低，剩余标准差稍大，分别为 0.1664mm、0.2236mm。

统计模型拟合精度稍差，但仍可据此而对越冬层接缝开合度的影响因素进行合理的分析，模型解析力基本符合要求。

4. 影响因素分析

从统计模型过程线可以看出，KB1-6 及 KB4-6 开合度发展过程主要分为三个阶段：①初蓄期（2009 年 11 月—2010 年 9 月）上游库水位上升，且测点伴测温度降低，接缝开合度有较为明显的增加；②2011—2014 年间，接缝开合度，主要随气温的变化而上下波动，且波幅有逐渐降低的趋势；③2014 年后，由于水库已蓄水至高程 730.00m 以上，库水层的保温作用明显，开合度也因此而趋于稳定。

按变幅判断，2014 年前，温度分量占 50％～70％。2014 年后由于开合度趋于稳定，基本不受外界因子影响。

11.2 越冬层面坝体渗流渗压监测资料分析

11.2.1 仪器布置

为监测施工越冬层面的渗流分布，在 29#、35#、57# 施工越冬层面新旧混凝土结合面处布置 18 支渗压计。其中：2007 年越冬时在 29#、35# 大坝高程 645.00m、高程 641.00m 分别布置 4 支渗压计；2008 年越冬时在 29#、35#、57# 大坝高程 696.00m、高程 690.00m、高程 728.50m 分别布置 4 支、4 支和 2 支渗压计。

11.2.2 渗流渗压监测资料分析

11.2.2.1 时空分析

坝体扬压力分布示意图、渗压时间过程线如图 11.16～图 11.22 所示。

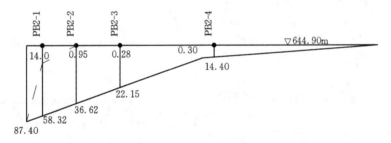

图 11.16　29# 坝段高程 645.00m（越冬层）扬压力分布示意图

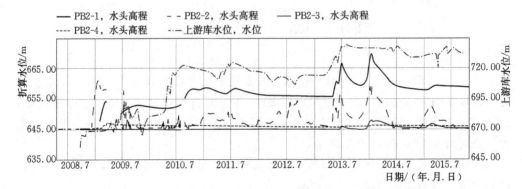

图 11.17　29# 坝段高程 645.00m（越冬层）坝体渗压时间过程线

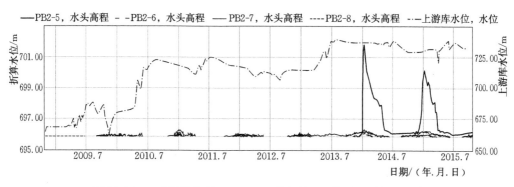

图 11.18　29# 坝段高程 696.00m（越冬层）坝体渗压时间过程线

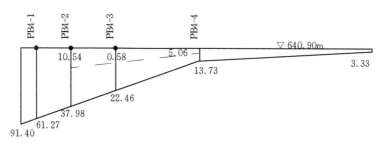

图 11.19　35# 坝段高程 641.00m（越冬层）扬压力分布示意图

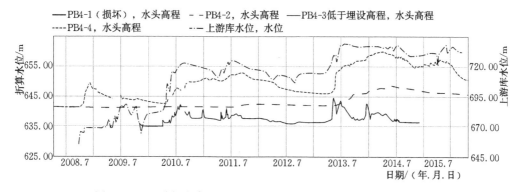

图 11.20　35# 坝段高程 641.00m（越冬层）坝体渗压时间过程线

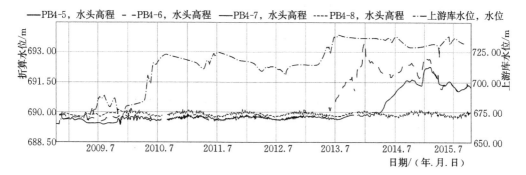

图 11.21　35# 坝段高程 691.00m（越冬层）坝体渗压时间过程线

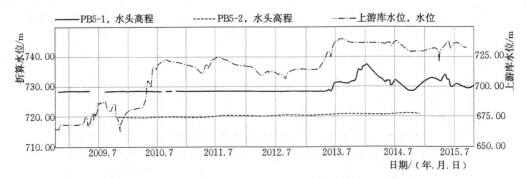

图 11.22　57#坝段高程 728.50m（越冬层）坝体渗压时间过程线

29#坝段监测数据显示，大坝高程 645.00m 靠近上游坝面、上游侧坝体渗压在 2008 年蓄水初期随上游库水位抬升有所增加，后随上游库水位抬升仅 PB2-1、PB2-4 测点有增加、波动，其余测点总体无渗压（图 11.17），目前该高程坝体扬压力分布满足设计控制值要求。大坝高程 696.00m 坝体渗压在上游库水位抬升至 696.00m 后总体无变化，靠近上游坝面 PB2-5 测点渗压 2014 年初、2015 年初出现两次突增又分别降至无水状态过程（图 11.18），目前测值较为平稳。

35#坝段监测数据显示，水库蓄水过程中布置在大坝高程 641.00m 的 PB4-2、PB4-4 测点渗压随上游库水位变化有微小波动，目前该高程坝体扬压力分布满足设计控制值要求；布置在大坝高程 691.00m 靠近下游侧 PB4-7、PB4-8 测点渗压随 2013 年上游库水位再次抬升而先后增加，后渗压逐步回落至 691.00m，上述部位可能存在层间结合薄弱环节。

57#坝段监测数据显示，坝体渗压在 2013 年上游库水位抬升前基本呈无水状态，2013 年 3 月上游库水位再次抬升后，靠近上游侧坝体渗压随上游库水位变化而增加且存在关联性，靠近下游侧坝体仍为无渗压状态。

综上所述，坝体渗压总体较小，渗压变化与上游库水位抬升表现出一定的关联性，但渗压值随时间推移逐步回落至蓄水初期水平，57#坝段高程 686.10m 坝体渗压 2014 年下半年与上游库水位基本相同，该处可能存在层间结合薄弱环节，且当前坝体渗压分布超出设计控制值要求，需重点关注。越冬层坝体渗压总体变化较小，35#坝段高程 691.00m 靠近下游侧坝体可能存在层间结合薄弱环节，需引起关注。

11.2.2.2　特征值分析

1. 极值分析

29#坝段越冬层坝体渗压最大值为 701.90m（发生在 PB2-5 测点，2014 年 1 月 8 日）；35#坝段越冬层坝体渗压最大值为 693.60m（发生在 PB4-8 测点，2013 年 12 月 31 日）；57#坝段越冬层坝体渗压最大值为 737.50m（发生在 PB5-1 测点，2014 年 1 月 7 日）。

2. 年均值分析

29#坝段越冬层坝体渗压最大年均值为 697.20m（发生在 PB2-5 测点，2014

年）；35#坝段越冬层坝体渗压最大年均值为 692.20m（发生在 PB4-8 测点，2014 年）；57#坝段越冬层坝体渗压最大年均值为 731.90m（发生在 PB5-1 测点，2014 年）。

3. 年变幅分析

29#坝段越冬层坝体渗压最大年变幅为 16.20m（发生在 PB2-4 测点，2009 年）；35#坝段越冬层坝体渗压最大年变幅为 12.70m（发生在 PB4-2，2013 年）；57#坝段越冬层坝体渗压最大年变幅为 8.90m（发生在 PB5-1 测点，2014 年）。

11.3 小结

初蓄期（2009 年 11 月—2010 年 9 月）上游库水位上升，且测点伴测温度降低，越冬层接缝开合度有较为明显的增加；2011—2014 年间，接缝开合度主要随气温的变化而上下波动，且波幅有逐渐降低的趋势；2014 年后，由于水库已蓄水至高程 730.00m 以上，库水的保温作用明显，开合度也因此而趋于稳定。截至 2015 年 10 月 26 日，越冬层测缝计各测点测值在−1.88～0.89mm 之间。越冬层接缝开合度测值连续合理，接缝开合度变化稳定。

越冬层坝体渗压总体变化较小，35#坝段高程 691.00m 靠近下游侧坝体可能存在层间结合薄弱环节。

第12章 发电引水系统监测资料分析

发电引水系统监测包括进水口、引水洞、发电厂房、尾水洞等多个部位。本章将对引水洞和发电厂房等大型洞室结构进行综合分析。

12.1 引水洞监测资料分析

12.1.1 监测仪器布置概况

为监测引水洞渐段钢筋应力及洞身顶部施工缝开合度，如图12.1所示，共布设钢筋计3支、测缝计2支。

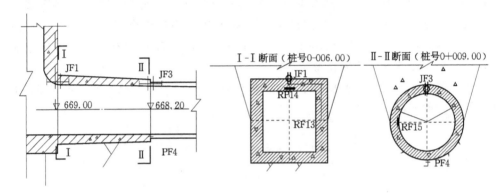

图12.1 发电引水洞钢筋计与施工缝测缝计布置示意图（高程：m）

钢筋计仪器编号为 RF13（渐变段断面 0−006.00 钢管右侧腰线，高程 669.00m）、RF14（渐变段断面 0−006.00 钢管顶部，高程 673.00m）、RF15（渐变段断面 0+009.00 钢管右侧腰线，高程 668.00m）。

测缝计仪器编号为 JF1（渐变段断面 0−006.00 顶部，高程 673.50m）、JF3（渐变段 0+009 断面顶部，高程 672.80m）。

此外，发电引水洞渐变段断面 0+009.00 面底部布置了一支渗压计，仪器编号为 PF4，如图12.2所示。

12.1.2 时空分析

钢筋计：如图12.2所示，发电引水洞渐变段断面 0−006.00 钢管右侧腰线钢筋应力自埋设至今，钢筋应力变化主要随温度的变化呈周期性波动。两者呈良好的负相关关系，即温度上升，拉应力降低，反之，拉应力增大。每年3月下旬或4月上旬拉应力达到极大值，2016年3月29日，拉应力值为141.41MPa。每年9月拉应力降到极小值，2015年9月19日，拉应力值为50.22MPa。截至2016年8月16日，钢筋计RF11拉应力为98.14MPa，应力值处于下降趋势中，符合一般规律，处于正常状态。

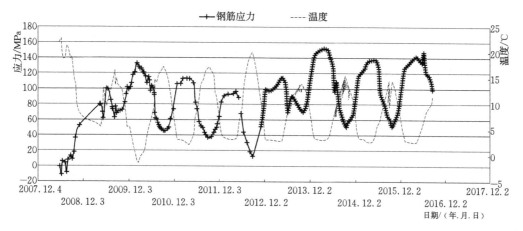

图 12.2　发电引水洞 RF13（渐变段断面 0－006.00 钢管右侧腰线）钢筋应力时序过程线

施工缝测缝计：如图 12.3、图 12.4 所示，渐变段断面 0－006.00 顶部及渐变段断面 0＋009.00 顶部测缝计开合度变化与温度变化呈明显的负相关关系。初期由于接缝温度下降较快，开合度增加明显。2009 年后 JF1 开合度有逐年缓慢增加的趋势，图中粗线所示，而 JF3 开合度波动水平相对较为稳定，无明显的趋势性变化。

截至 2016 年 8 月 16 日，JF1、JF3 开合度分别为 4.81mm、3.04mm，符合开合度变化的一般规律，处于安全状态。

渗压计：如图 12.5 所示，PF4 渗压水头变化主要受上游库水位变化影响。由于库盘至渐变段断面 0＋009.00 底部位置，渗径较长，渗流沿程损失较大，PF4 渗压水头增幅小于上游库水位增幅。

截至 2016 年 8 月 16 日，PF4 渗压水头为 703.08m，主要随水位波动而变化，处于安全状态。

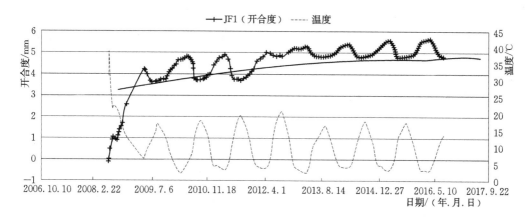

图 12.3　发电引水洞 JF1（渐变段断面 0－006.00 顶部，高程 673.50m）开合度时序过程线

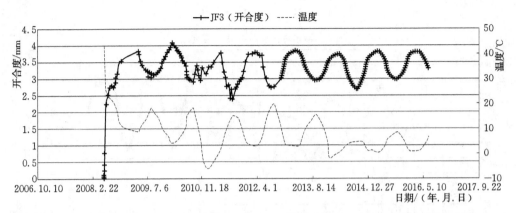

图 12.4　发电引水洞 JF3（渐变段断面 0＋009.00 顶部，高程 672.80m）开合度时序过程线

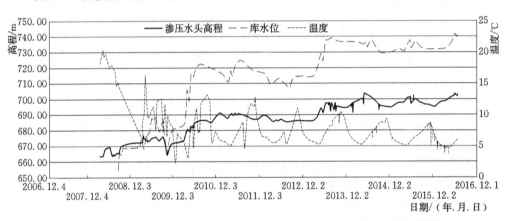

图 12.5　发电引水洞 PF4（渐变段 0＋009 断面底部）渗压水头时序过程线

12.2　厂房监测资料分析

12.2.1　基础底板扬压力及变形监测

12.2.1.1　仪器布置

为监测厂房基础沉陷和变位，同时监测基础底板扬压力的分布情况（厂房基础为弱风化—微风化变质砂岩）。如图 12.6 所示，在 1# 机组沿中心线上、下游方向基岩内埋设 2 组多点变位计，如图同时在 1#、3# 机组中心线，沿上、下游方向基础与基岩结合面各埋设 3 支渗压计。

多点变位计仪器编号为 MC - 1（1# 机组中心线，厂 0－10.88，高程 626.70m）、MC - 2（1# 机组中心线，厂 0＋16.66，高程 626.50m）。

渗压计仪器编号为 PC - 1（1# 机组中心线，厂 0－009.52，高程 626.44m），PC - 2（1# 机组中心线，厂 0＋3.94，高程 626.56m），PC - 3（1# 机组中心线，厂 0＋15.54，高程 626.54m）；PC - 4（3# 机组中心线，厂 0－9.56，高程 626.68m），PC - 5（3# 机组中心线，厂 0＋4.03，高程 626.72m），PC - 6（3# 机组中心线，厂 0＋15.50，高程 626.72m）。

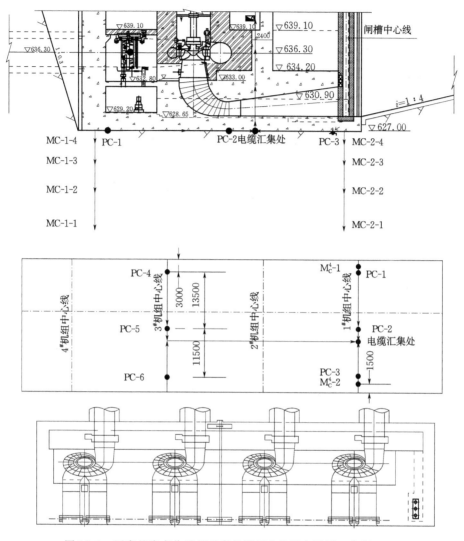

图 12.6　厂房基岩变位及基础底板扬压力监测布置图（高程：m）

12.2.1.2　时空分析

基岩变位：多点变位计 MC1、MC2 时序过程线如图 12.7～图 12.8 所示，由图可知：

多点位移计 MC1（1# 机组中心线，厂 0－10.88）各测点基岩变位主要可分为三个阶段：在仪器埋设初期，建基面处基岩较之其他测点变位较为明显，如图中粗黑线所示（MC1－1）。自 2007 年 7 月 9 日至 2008 年 3 月 20 日，建基面高程 626.70m 处基岩下沉量为 0.58mm，期间其他位置基岩变位量相对较小；2008 年 4 月—2009 年 2 月，各测点基岩变位量有所回落。自建基面以下四个测点，均呈微抬状态；2009 年 3 月起，除 MC1－4 基岩变位维持在较为稳定的水平外，其他三测点主要随基岩温度变化呈明显的周期性波动，年变幅约为 0.10mm。

多点位移计 MC2（1#机组中心线，厂 0+16.66）在仪埋初期，MC2-1 与 MC1-1 基岩变位规律基本一致。自 2007 年 7 月 9 日至 2008 年 2 月 1 日，建基面高程 626.50m 处基岩下沉量为 0.62mm，期间 MC2-2、MC2-3、MC2-4 测点基本呈不同幅度有所抬升，最终抬升量分别为 0.31mm、0.54mm、0.52mm。与 MC1 类似，2009 年 3 月起，MC2-1 基岩变位维持在较为稳定的水平外，MC2-2、MC2-3、MC2-4 主要随基岩温度变化呈明显的周期性波动。

总体而言，在仪器埋设初期，基岩变形处于不断调整中，各岩层间发生了垂直向的相对位移（裂隙张合），位移量较小，处于正常变位水平。2009 年起，各测点位移变位趋于平稳或随基岩温度呈周期性变化，符合一般规律。

截至 2016 年 8 月 16 日，厂房 1#机组中心线（厂 0-10.88、厂 0+16.66）基岩变位分布如图 12.9 所示。可以看出，当前厂 0-10.88 位置基岩变位量在 -0.03~0.08mm 之间，变形量值很小，可以忽略不计。而厂 0+16.66 位置基岩变位量在 -0.50~0.09mm 之间，高程 623.50m 以下基岩处于微沉状态，但各测点间位移过渡平缓，属基岩协调变形。

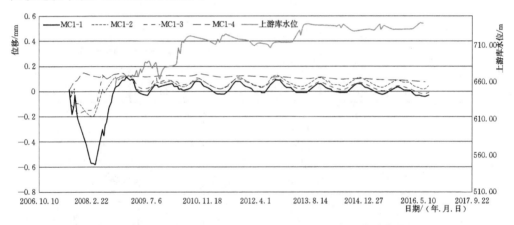

图 12.7　MC1（1#机组中心线，厂 0-10.88）基岩变位时序过程线

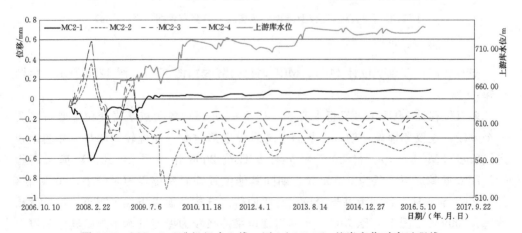

图 12.8　MC-2（1#机组中心线，厂 0+16.66）基岩变位时序过程线

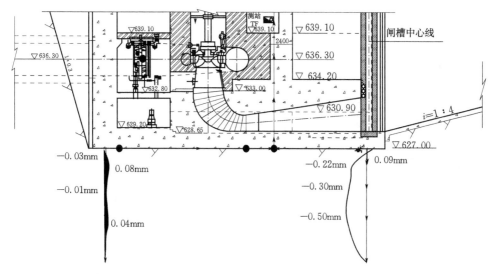

图 12.9　1#机组中心线（厂 0−10.88、厂 0＋16.66）基岩变位分布图（高程：m）

基岩底板渗压计：图 12.10～图 12.13 为 1# 及 3# 机组中心线的典型渗压计折算水位过程线，渗压折算水位变化规律表现出了良好的一致性，自始测日期至 2009 年 9 月，厂房底板渗压水头一直处于较为稳定的状态。2009 年 9 月 28 日—2010 年 1 月 1 日（期间上游库水位有约 20.00m 变幅），期间各测点渗压水头也随之增加，1# 机组中心线 PC1、PC2、PC3 渗压水头增量分别为 6.64m、9.35m、13.19m，3# 机组中心线 PC4、PC5、PC6 渗压水头增量分别为 6.49m、9.42m、10.98m，自上游边墙侧测点渗压水头增量较小，下游边墙侧测点增量较大。

2010 年 4 月上旬，受厂房尾水抽水影响。厂房 1# 及 3# 机组中心线的六支渗压计渗压水头均明显地降低，至 2010 年 4 月 29 日，1# 机组中心线 PC1、PC2、PC3 渗压折算水位分别为 633.14m、624.99m、629.73m，3# 机组中心线 PC4、PC5、PC6 渗压折算水位分别为 632.84m、631.57m、630.30m。2010 年 5 月初，各测点渗压水头又有所回升。

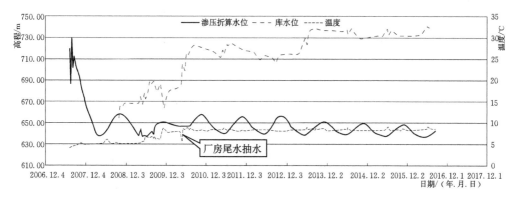

图 12.10　1#机组中心线 PC1（厂 0−009.520，高程 626.44m）渗压折算水位时序过程线

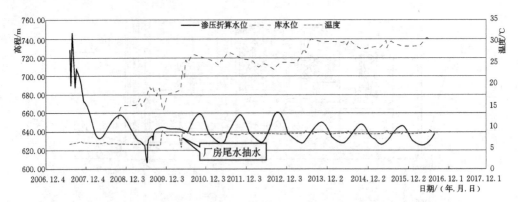

图 12.11　1#机组中心线 PC2（厂 0＋3.94，高程 626.55m）渗压折算水位时序过程线

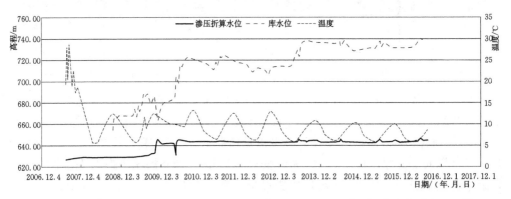

图 12.12　3#机组中心线 PC5（厂 0＋4.03，高程 626.72m）渗压折算水位时序过程线

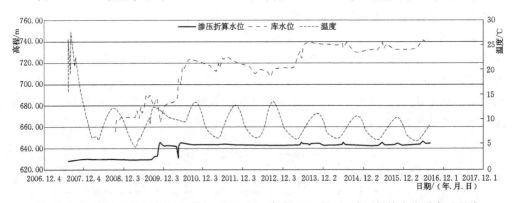

图 12.13　3#机组中心线 PC6（厂 0＋15.50，高程 626.72m）渗压折算水位时序过程线

自 2010 年 6 月至今，厂房底板渗压折算水位一直处于较为稳定的状态。截至 2016 年 8 月 16 日，当前各测点渗压折算水位分布如图 12.14、图 12.15 所示，1#机组中心线近上下游边墙处基础渗压水位较高，均为 644.52m，高出发电尾水水位（640.48m）约 4.00m。中部 PC2 测点（厂 0＋3.94）渗压水位相对较低，为 640.09m，基本与发电尾水水位持平；3#机组中心线，渗压水位则分布较为均匀，各测点渗压水位在 644.52～644.98m 之间。

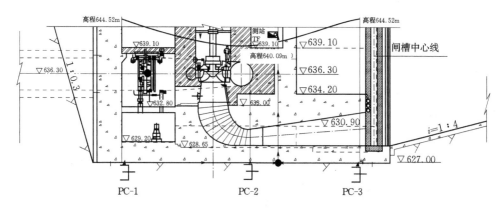

图 12.14　1#机组中心线渗压折算水位分布图（2016 年 8 月 16 日）（高程：m）

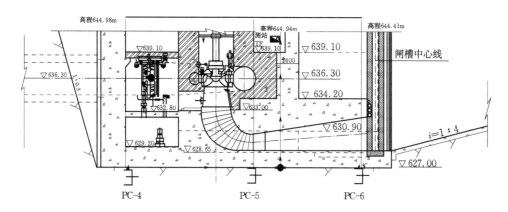

图 12.15　3#机组中心线渗压折算水位分布图（2016 年 8 月 16 日）（高程：m）

12.2.2　蜗壳及尾水管钢筋（板）应力监测

12.2.2.1　仪器布置

为监测尾水管外围钢筋的受力情况，在厂房 1#尾水管桩号为厂 0+007.00、厂 0+014.00 的底部和顶部分别布置钢筋计 RC1、RC2、RC3、RC4。在厂房 3#尾水管桩号为厂 0+007.00、厂 0+014.00 的底部和顶部分别布置钢筋计 RC5、RC6、RC7、RC8，如图 12.16 所示。

为监测蜗壳及蜗壳外围钢筋及钢板受力情况，在 1#及 3#蜗壳分别布置钢板计 4 支，钢筋计 2 支，如图 12.17 所示。

1#蜗壳钢筋计仪器编号为 RC9（1#蜗壳腰线，厂 0+000.00，高程 636.30m）、RC10（1#蜗壳顶部，厂 0+000.00，高程 637.50m）；钢板计仪器编号为 GBC1（1#蜗壳腰线，厂 0+000.00，高程 636.30m）、GBC2（1#蜗壳顶部，厂 0+000.00，高程 637.50m）、GBC3（1#蜗壳腰线，厂 0+004.200，高程 636.30m）、GBC4（1#蜗壳顶部，厂 0+003.30，高程 637.50m）。

3#蜗壳钢筋计仪器编号为 RC11（3#蜗壳腰线，厂 0＋000.00，高程 636.30m）、RC12（3#蜗壳顶部，厂 0＋000.00，高程 637.50m）；钢板计仪器编号为 GBC5（3#蜗壳左侧腰线环向，厂 0＋000.00，高程 636.30m）、GBC6（3#蜗壳左侧顶部环向，厂 0＋000.00，高程 637.50m）、GBC7（3#蜗壳下游侧腰线环向，厂 0＋004.30，高程 636.30m）、GBC8（3#蜗壳钢管下游侧顶部环向，厂 0＋003.10，高程 637.50m）。

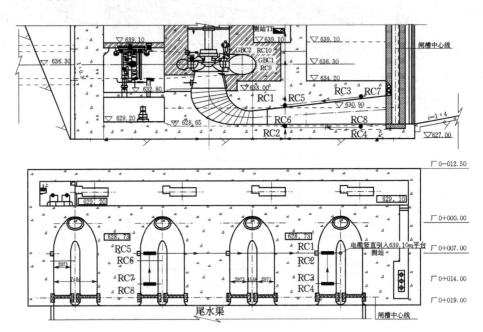

图 12.16　1#及 3#尾水管钢筋计布置示意图（高程：m）

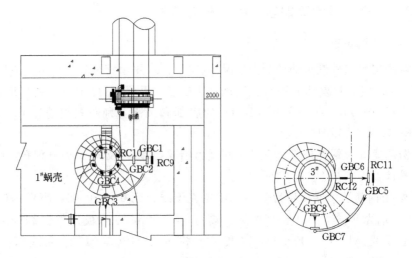

图 12.17　1#及 3#蜗壳钢筋计及钢板计布置示意图

12.2.2.2 时空分析

1. 1# 尾水管、蜗壳

如图 12.18～图 12.21 所示，1# 尾水管于厂断面 0＋007.00、厂 0＋014.00 底部和顶部的四支钢筋计应力变化均与温度呈明显的负相关关系。

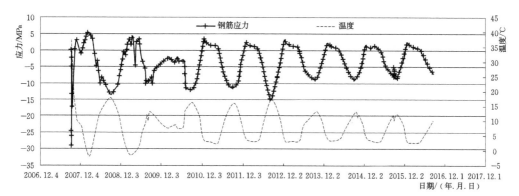

图 12.18　1# 尾水管厂断面 0＋007.00 顶部 RC1 钢筋应力时序过程线

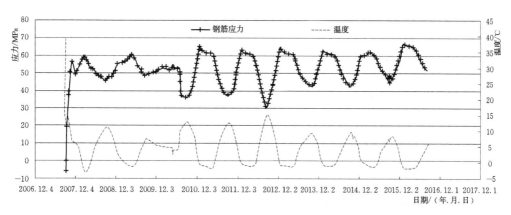

图 12.19　1# 尾水管厂断面 0＋007.00 底部 RC2 钢筋应力时序过程线

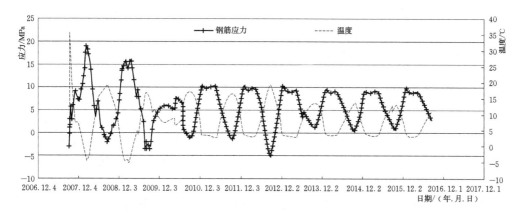

图 12.20　1# 尾水管厂断面 0＋014.00 顶部 RC3 钢筋应力时序过程线

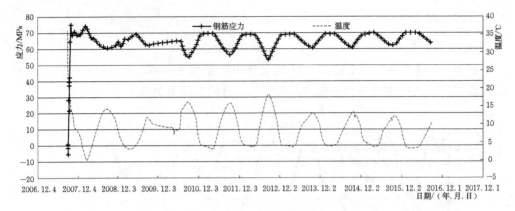

图 12.21   1#尾水管厂断面 0+014.00 底部 RC4 钢筋应力时序过程线

其中，顶部钢筋计 RC1、RC3 应力水平较小，RC1 主要呈压应力状态，每年 12 月下旬至 3 月上旬呈微拉状态。2015 年 12 月 25 日拉应力极大值为 2.66MPa。RC3 主要呈拉应力状态，每年 9 月中旬拉应力降至极小值，2015 年 9 月 19 日，拉应力为 0.28MPa。

底部钢筋计 RC2、RC4，初期由于温度下降速率快，拉应力增长明显，应力水平较高。随着钢筋计外包混凝土温度变幅逐渐趋于稳定，RC2、RC4 钢筋应力也主要呈周期性稳定波动。自 2013 年起，RC2 应力波动范围 45～65MPa，RC4 应力波动范围 60～70MPa。

1#蜗壳腰线及顶部布置的两支钢筋计 RC9、RC10 钢筋应力如图 12.22、图 12.23 所示。位于腰线位置的钢筋计 RC9 初期受混凝土凝结硬化影响，压应力增长明显。而后，应力变化主要与混凝土温度呈明显的负相关关系，即温度下降，钢筋计拉应力增大或压应力减小，温度上升，钢筋计拉应力减小或压应力增大。2011—2014 年，RC9 钢筋压应力波动水平有逐渐降低的趋势（图中粗线），当前应力主要呈微拉或微压状态。2014 年后，应力波动逐渐趋于平缓。而位于蜗壳底部的钢筋计 RC10，初期由于温度下降较快，拉应力明显增长，之后，温度变化主要随环境温度呈周期性波动，此时钢筋计应力也随之呈稳定波动趋势，自 2013 年起，钢筋计 RC10 拉应力波动范围为 15～35MPa。截至 2016 年 8 月 16 日，当前 RC9、RC10 应力值分别为 -2.72MPa、21.09MPa，呈稳定波动，属正常状态。

1#蜗壳布置的四支钢板计，典型钢板计过程线如图 12.24、图 12.25 所示，位于 1#蜗壳腰线（厂 0+000.00，高程 636.30m）的钢板计 GBC1 与 1#蜗壳顶部（厂 0+003.30，高程 637.50m）GBC4 自始测日期起，钢板应力变化就与混凝土温度呈良好的正相关关系，初期混凝土水化热散失较快，温度降低速率较快，钢板计压应力明显增大。至 2009 年 2 月 22 日，钢板计 GBC1 与 GBC4 压应力分别为 8.80MPa、12.12MPa。2010 年 6 月 26 日管道充水，1#蜗壳腰线压应力环向应力明显减小，至 2010 年 7 月 1 日，压应力减小 2.33MPa。2010 年 7 月 17 日，首台机组发电，GBC1

腰线环向压应力减小 0.47MPa，GBC4 顶部环向压应力增大 0.75MPa。自 2013 年起，GBC1 钢板应力随温度波动平稳，波动范围为 -4～0MPa，GBC4 钢板应力除随温度呈周期性波动外，压应力有缓慢增长的趋势（图中粗线）。

截至 2016 年 8 月 16 日，当前钢板计 GBC1、GBC4 压应力值分别为 0.86MPa、8.26MPa，应力变化符合一般规律。

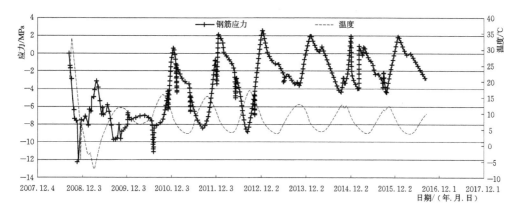

图 12.22　1# 蜗壳腰线（厂 0+000.00，高程 636.30m）RC9 钢筋应力时序过程线

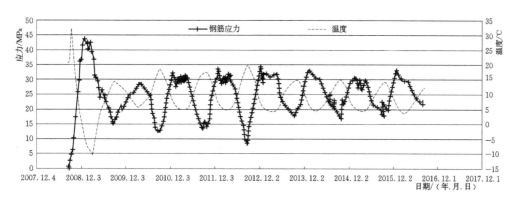

图 12.23　1# 蜗壳顶部（厂 0+000.00，高程 637.50m）RC10 钢筋应力时序过程线

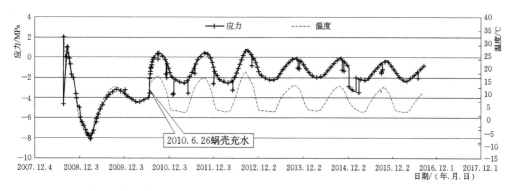

图 12.24　1# 蜗壳腰线（厂 0+000.00，高程 636.30m）GBC1 应力时序过程线

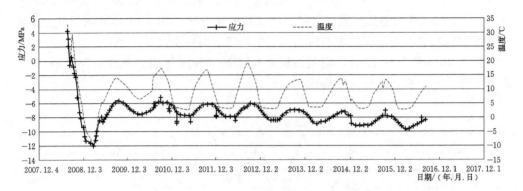

图 12.25　1#蜗壳顶部（厂 0+003.30，高程 637.50m）GBC4 应力时序过程线

2. 3#尾水管、蜗壳

如图 12.26～图 12.29 所示，3#尾水管位于厂 0+007.000、厂 0+014.000 断面底部和顶部的四支钢筋计应力变化均与温度呈明显的负相关关系。

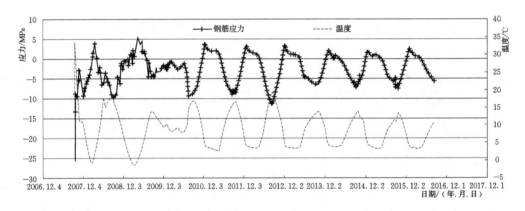

图 12.26　3#尾水管厂断面 0+007.00 顶部 RC5 钢筋应力时序过程线

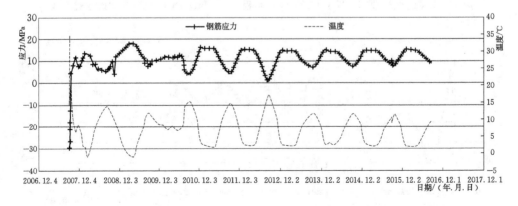

图 12.27　3#尾水管厂断面 0+007.00 底部 RC6 钢筋应力时序过程线

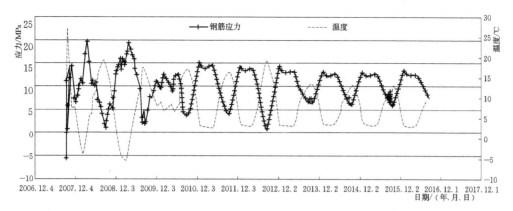

图 12.28　3#尾水管厂断面 0+014.00 顶部 RC7 钢筋应力时序过程线

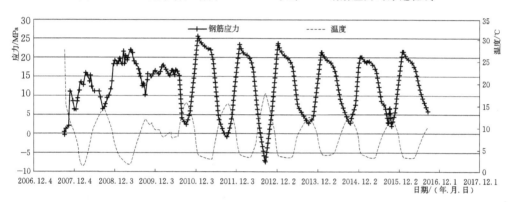

图 12.29　3#尾水管厂断面 0+014.00 底部 RC8 钢筋应力时序过程线

其中，顶部钢筋计 RC5、RC7 应力水平较小，与 RC1 类似，RC5 主要呈压应力状态，每年 12 月下旬至 3 月上旬呈微拉状态，2015 年 12 月 24 日拉应力年极大值为 2.76MPa。与 RC3 类似，RC7 主要呈拉应力状态，每年 9 月中旬拉应力降至极小值，2015 年 9 月 19 日，拉应力为 5.45MPa。

与 1#尾水管底部钢筋计 RC2、RC4 拉应力较大不同，RC6、RC8 受初期混凝土水化热散失温度下降速率快影响，拉应力有所增长，但增长幅度小于 RC2、RC4。随着钢筋计外包混凝土温度变幅逐渐趋于稳定，RC6、RC8 钢筋应力也主要呈周期性稳定波动。自 2013 年起，RC6 应力波动范围为 5～15MPa，RC8 应力波动范围为 2～23MPa。

3#蜗壳腰线及顶部布置的两支钢筋计 RC11、RC12 钢筋应力如图 12.30、图 12.31 所示。位于腰线位置的钢筋计 RC11 初期受混凝土凝结硬化影响，压应力增长明显。而后应力受混凝土温度变化的滞后影响呈周期性波动。2011 年至今，RC11 钢筋应力主要呈微拉或微压状态。而位于蜗壳底部的钢筋计 RC12，测值都与温度呈良好的负相关关系，仪埋期由于温度上升，压应力明显增长。而后混凝土温度逐渐趋于稳定并呈周期性变化，此时钢筋计应力也随之呈稳定波动趋势，自 2013 年起，钢筋计 RC12 压应力波动范围为 5～22MPa。截至 2016 年 8 月 16 日，当前 RC11、RC12 压应力分别为 3.99MPa、15.36MPa。

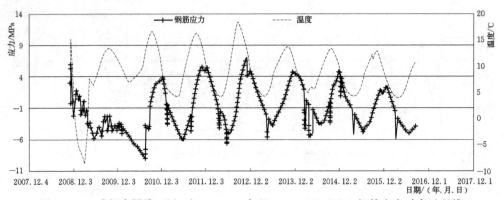

图 12.30 3#蜗壳腰线（厂 0+000.00，高程 636.30m）RC11 钢筋应力时序过程线

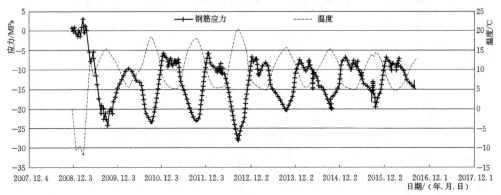

图 12.31 3#蜗壳顶部（厂 0+000.00，高程 637.50m）RC12 钢筋应力时序过程线

如图 12.32～图 12.34 所示，3#蜗壳布置的四支钢板计初期受混凝土凝结硬化影响，压应力呈明显的增长趋势，至 2009 年 3 月 4 日，GBC5、GBC6、GBC7、GBC8 钢板计压应力分别为 7.73MPa、2.81MPa、6.84MPa、1.66MPa。而后，3#蜗壳各部位钢板计应力变化主要随温度呈周期性波动，位于蜗壳腰线（厂 0+000.00）GBC5 与位于蜗壳顶部（厂 0+003.10）GBC8 压应力波动中线有缓慢增长的趋势（图中粗线）。当前除 GBC6（厂 0+000.00，高程 637.50m）应力状态在微压和微拉之间相互交替外，其他三个测点均呈压应力状态。截至 2016 年 8 月 16 日，3#蜗壳钢板计压应力在−17.17～0.18MPa 之间，呈稳定变化趋势。

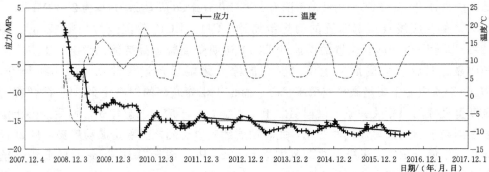

图 12.32 3#蜗壳腰线（厂 0+000.00，高程 636.30m）GBC5 应力时序过程线

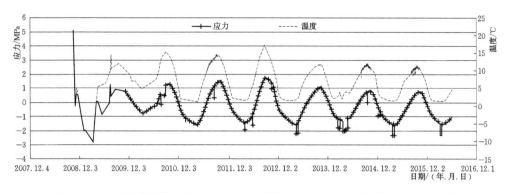

图 12.33 3#蜗壳顶部（厂 0+000.00，高程 637.50m）GBC6 应力时序过程线

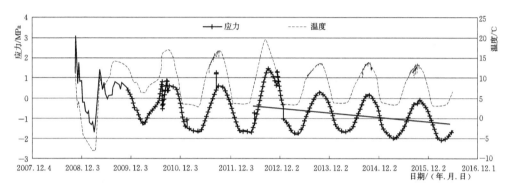

图 12.34 3#蜗壳顶部（厂 0+003.10，高程 637.50m）GBC8 应力时序过程线

12.2.3 厂房结构缝开合度监测

12.2.3.1 仪器布置

如图 12.35 所示，沿主厂房中心线结构缝处 636.30m 和 639.10m 监测截面的上、中、下游布设测缝计，共计 5 支，以监测厂房结构缝的开合度。

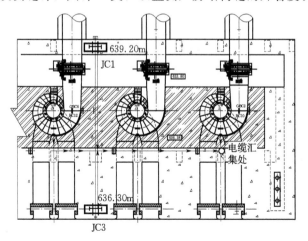

图 12.35 厂房结构缝布置示意图

JC3（2#和3#机组机结构缝，厂0+17.95，高程636.30m）与JC5（2#和3#机组机结构缝，厂0+17.95，高程639.10m）。

12.2.3.2 时空分析

如图12.36与图12.37所示为厂房结构缝开合度（JC3、JC5）时序过程线。由图可知，两结构缝开合度与温度呈良好的负相关关系。初期温度变化较大，测点开合度波幅也相对较大。如图12.38与图12.39所示，选取2008年11月20日—2009年11月20日气温波幅较大的时段分析可知，温度与开合度呈良好的负相关关系，判定系数 R^2 分别为0.9433、0.9773。且根据线性变化趋势，可得温度每升高 1.00℃，JC3、JC5 开合度分别增加0.28mm、0.29mm。自2010年至今，由于温度波幅趋于稳定，JC3与JC5开合度也基本呈年周期性变化。

截至2016年8月16日，厂房测缝计JC3、JC5开合度分别为4.39mm、3.33mm，量值变化符合一般规律。

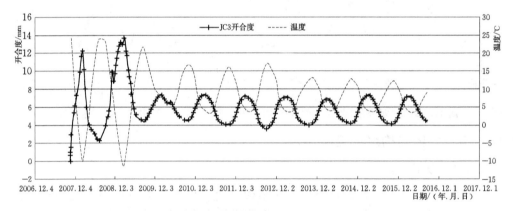

图12.36 厂房结构缝测缝计JC3开合度时序过程线

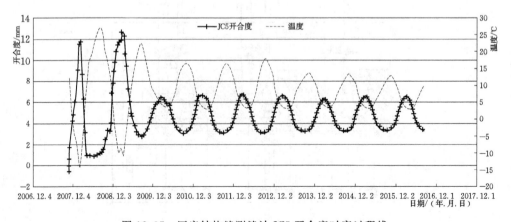

图12.37 厂房结构缝测缝计JC5开合度时序过程线

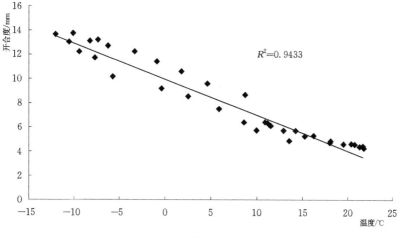

图 12.38　JC3 与伴测温度相关分析图

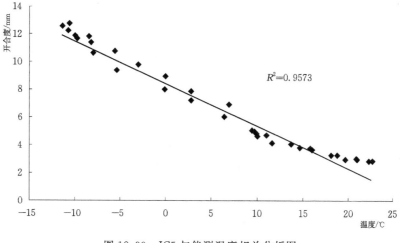

图 12.39　JC5 与伴测温度相关分析图

12.3　发电引水系统小结

12.3.1　发电引水洞

钢筋应力：发电引水洞渐变段断面 0－006.00 钢管右侧腰线钢筋应力自埋设至今，钢筋应力变化主要随温度的变化呈周期性波动。两者呈良好的负相关关系，即温度上升，拉应力降低或压应力增加，反之，拉应力增大或压应力减小。每年 3 月下旬或 4 月上旬拉应力达到极大值。每年 9 月拉应力降到极小值。截至 2016 年 8 月 16 日，钢筋计 RF13 拉应力为 98.14MPa，符合一般规律，处于正常状态。

施工缝开合度：测缝计开合度变化与温度变化呈明显的负相关关系。初期由于接缝温度下降较快，开合度增加明显。2009 年后无明显的趋势性变化。

截至 2016 年 8 月 16 日，JF1、JF3 开合度分别为 4.81mm、3.04mm，符合开合度变化的一般规律。

渗流渗压：PF4 渗压水头变化主要受上游库水位影响。由于库盘至渐变段 0＋009 断面底部位置渗径较长，渗流沿程损失较大，渗压水头增幅小于上游库水位增幅。

截至 2016 年 8 月 16 日，PF4 渗压折算水位为 703.08m，主要随水位波动而变化。

12.3.2 厂房

1. 厂房基础变形

仪埋初期，基岩变形处于不断调整中，各岩层间发生了垂直向的相对位移（裂隙张合），位移量较小，处于正常变位水平。2009 年起，各测点位移变位趋于平稳或随基岩温度呈周期性变化，符合一般规律。高程 623.50m 以下基岩处于微沉状态，但各测点间位移过渡平缓，属基岩协调变形。

2. 基底扬压力

$1^\#$ 及 $3^\#$ 机组中心线的 6 支渗压计渗压折算水位变化规律表现出了良好的一致性：自始测日期至 2009 年 9 月，厂房底板渗压水头一直处于较为稳定的状态。2009 年 9 月 28 日—2010 年 1 月 1 日期间（上游库水位有约 20.00m 变幅），各测点渗压水头也随之增加，上游边墙侧测点渗压水头增量较小，下游边墙侧测点增量较大。2010 年 4 月上旬，受厂房尾水抽水影响，厂房 $1^\#$ 及 $3^\#$ 机组中心线的六支渗压计渗压折算水位均明显降低。基底扬压力处于正常状态。

3. 蜗壳及尾水管钢筋（板）应力

$1^\#$ 尾水管及尾水管钢筋应力变化主要与温度呈明显的负相关关系。

$1^\#$ 蜗壳及 $3^\#$ 蜗壳腰线及顶部布置的四支钢筋计初期受混凝土凝结硬化影响，压应力增长明显。目前应力变化主要与混凝土温度呈明显的负相关关系。

截至 2016 年 8 月 16 日，钢筋计应力在 $-15.36\sim63.40$MPa 之间，钢板计应力值在 $-17.17\sim0.18$MPa 之间，两者变化趋势符合一般规律，处于正常状态。

4. 结构缝开合度

结构缝开合度与温度呈良好的负相关关系。初期温度变化较大，测点开合度波幅也相对较大。自 2010 年至今，缝开合度呈年周期性变化。

截至 2016 年 8 月 16 日，厂房测缝计 JC3、JC5 开合度分别为 4.39mm、3.33mm，量值及变化趋势均符合一般规律。

第13章　安全监测工程总体评价

本水利枢纽工程是该河流干流河道上具有不完全多年调节功能的控制性工程，也是重要的水源工程之一。工程任务是在保证及改善流域、社会经济发展和生态环境用水的条件下，向经济区供水，并兼顾发电和防洪。自 2008 年 9 月下闸蓄水后，工程经历了 2013 年、2016 年高于正常蓄水位的运行检验，其中 2016 年 8 月 5 日大坝最高档水位达到 742.26m，高于 1000 年一遇的设计洪水位。经本枢纽调节，2008—2016 年向总干进水闸累计供水 71.32 亿 m^3，每年 5—6 月人工制造洪峰灌溉下游生态河谷林，累计供水 56.46 亿 m^3。截至 2017 年 2 月底，工程累计发电量 31.53 亿 kW·h。本水利枢纽工程自建成以来，发挥了显著的供水、生态补水和发电等综合效益。

本水利枢纽工程已按批准的设计内容建设完成。工程设计满足规程规范要求，工程施工质量总体符合相关规范和设计要求，安全监测成果和运行检查表明，工程建成后运行情况总体良好。下面对各工程部位施工期、蓄水初期和近十年运行期的安全监测成果总结如下：

（1）本水利枢纽工程地处高寒地区，冬季寒冷；夏季炎热，昼夜温差大，干燥少雨，蒸发量大；春秋两季只有 4 月、10 月两个月，还常有寒潮袭击。施工期为每年 4—10 月，只有 7 个月时间。在 7 个月的时间里，5—9 月为高温季节施工。在这种气候条件下进行碾压混凝土施工，必须高度重视混凝土的温度控制，通过综合性的温度控制措施，力争做到不发生或少发生因温度变化引起的裂缝，杜绝危害性裂缝的出现。通过建设单位、设计单位、施工单位、监理单位及各职能部门的高度重视，认真贯彻执行制定的温控措施，并且在施工过程中不断完善，创造出在高寒地区修建高碾压混凝土坝的经验。

（2）本水利枢纽工程共布置 1064 支监测仪器，参与鉴定的传感器共 1035 支，合格数 919 支，留待观察 52 支，失效 64 支，本水利枢纽工程整体仪器完好率为 88.79%。从各部位监测仪器合格率来看，坝体和坝基部位传感器合格率 89.7%，监测仪器整体运行良好，满足设计要求和大坝应力应变安全评价需要；发电引水系统传感器合格率 66.7%，发电引水系统监测仪器整体合格率偏低。本水利枢纽工程安全监测仪器和自动化监测系统整体运行良好，满足设计、规范要求和工程安全分析评价需要。

（3）目前影响大坝变形的主要因素是水压和温度，地质及荷载条件与变量的空间分布也存在一定的相关性。坝体位移的方向和大小，取决于不同荷载组合下，水压和温度各自产生的位移分量的方向和大小。总体上说，大坝变形是符合的一般规律的。

（4）主坝各类接缝开合度与环境量及伴测温度的相关性较为明显，总体而言，缝开合度发展规律性强，空间分布合理，变化处于正常安全范围内。

（5）工程主要问题在大坝渗流渗压和近坝踵位置拉应力区混凝土强度问题上。

1）受水库初蓄期蓄水及运行期高水位运行影响，部分坝段坝基扬压力和坝体渗压较高，主要有：$11^{\#}$、$13^{\#}$、$30^{\#}$、$53^{\#}$坝段上游侧坝基渗压系数高于设计要求，$28^{\#}$坝段扬压力超标，$13^{\#}$坝段坝基渗压较大，$35^{\#}$坝段高程691.00m坝体渗压和$57^{\#}$坝段高程686.10m坝体渗压较大。

2）同样，受初蓄期蓄水影响并考虑到混凝土的材料性质，对于近坝踵位置坝体拉应力区混凝土的拉应力发展应予关注，其中拉应力超1.5MPa的测点有：S2－5（$29^{\#}$坝段左右岸方向混凝土应力，高程660.00m的坝下3.20m部位），S3－2、S3－3（$35^{\#}$坝段顺水流方向混凝土应力，高程631.50m的坝下23.50m和46.00m部位）。截至2015年10月26日，此三测点对应方向拉应力值分别为1.73MPa、1.79MPa、1.62MPa。

（6）由于统计模型主要依靠数学处理，如果仅仅基于该碾压混凝土重力坝的观测资料进行常规分析和建立统计模型，无法较好地联系大坝和地基的结构性态，因此，对大坝运行期遇到的上述疑难问题，其工作性态不能从力学概念上加以本质解释。建立大坝—地基三维整体有限元模型，利用有限元计算成果得到效应量与原因量之间的确定性关系表达式，进而建立变形混合模型或确定性模型；与此同时，基于监测资料和有限元计算成果对计算参数（坝体混凝土弹性模量、热膨胀系数、渗透参数等等）、荷载工况等进行反演分析，拟定各监测量的监控指标，用以监测和评价大坝的安全，是今后大坝运行管理工作中一项不可或缺的内容。

通过对本水利枢纽碾压混凝土重力坝和发电引水系统的变形、渗流渗压、应力应变、接缝裂缝、温度等近十年监测资料的定性和定量分析，枢纽各水工建筑物变化性态总体正常，但还存在部分坝段扬压力过大、部分部位混凝土应力偏高等问题，因此应加强监测和分析，必要时对出现的不安全现象进行及时处理，确保大坝安全。对于本工程所处地理位置的特殊性，应重点关注坝体混凝土在寒潮来临、夏季高辐射时期混凝土的应力应变变化状况，并加强巡视检查。